全国中医药行业高等职业教育“十三五”规划教材

康复心理

（供中医康复技术、中医养生保健、康复治疗技术、
老年服务与管理、针灸推拿、中医学等专业用）

主　编◎杨小兵　李凌霞

中国中医药出版社
·北　京·

图书在版编目（CIP）数据

康复心理 / 杨小兵，李凌霞主编 .—北京：中国中医药出版社，2018.7（2023.3重印）
全国中医药行业高等职业教育“十三五”规划教材
ISBN 978 - 7 - 5132 - 4954 - 6

Ⅰ.①康…　Ⅱ.①杨…　②李…　Ⅲ.①康复医学 - 精神疗法 - 高等职业教育 - 教材　Ⅳ.① R493

中国版本图书馆 CIP 数据核字（2018）第 090368 号

中国中医药出版社出版
北京经济技术开发区科创十三街 31 号院二区 8 号楼
邮政编码　100176
传真　010-64405721
万卷书坊印刷（天津）有限公司印刷
各地新华书店经销

开本 787×1092　1/16　印张 15.25　字数 314 千字
2018 年 7 月第 1 版　2023 年 3 月第 4 次印刷
书号　ISBN 978 - 7 - 5132 - 4954 - 6

定价　49.00 元
网址　www.cptcm.com

服务热线　010-64405510
购书热线　010-89535836
维权打假　010-64405753

微信服务号　zgzyycbs
微商城网址　https：//kdt.im/LIdUGr
官方微博　http：//e.weibo.com/cptcm
天猫旗舰店网址　https：//zgzyycbs.tmall.com

如有印装质量问题请与本社出版部联系（010-64405510）
版权专有　侵权必究

全国中医药职业教育教学指导委员会

主任委员

卢国慧（国家中医药管理局人事教育司司长）

副主任委员

赵国胜（安徽中医药高等专科学校教授）
张立祥（山东中医药高等专科学校党委书记）
姜德民（甘肃省中医学校校长）
范吉平（中国中医药出版社社长）

秘书长

周景玉（国家中医药管理局人事教育司综合协调处处长）

委员

王义祁（安徽中医药高等专科学校党委副书记）
王秀兰（上海中医药大学教授）
卞　瑶（云南中医学院继续教育学院、职业技术学院院长）
方家选（南阳医学高等专科学校校长）
孔令俭（曲阜中医药学校校长）
叶正良（天士力控股集团公司生产制造事业群CEO）
包武晓（呼伦贝尔职业技术学院蒙医蒙药系副主任）
冯居秦（西安海棠职业学院院长）
尼玛次仁（西藏藏医学院院长）
吕文亮（湖北中医药大学校长）
刘　勇（成都中医药大学峨眉学院党委书记、院长）
李　刚（亳州中药科技学校校长）
李　铭（昆明医科大学副校长）

李伏君（千金药业有限公司技术副总经理）
李灿东（福建中医药大学校长）
李建民（黑龙江中医药大学佳木斯学院教授）
李景儒（黑龙江省计划生育科学研究院院长）
杨佳琦（杭州市拱墅区米市巷街道社区卫生服务中心主任）
吾布力·吐尔地（新疆维吾尔医学专科学校药学系主任）
吴　彬（广西中医药大学护理学院院长）
宋利华（连云港中医药高等职业技术学院教授）
迟江波（烟台渤海制药集团有限公司总裁）
张美林（成都中医药大学附属针灸学校党委书记）
张登山（邢台医学高等专科学校教授）
张震云（山西药科职业学院党委副书记、院长）
陈　燕（湖南中医药大学附属中西医结合医院院长）
陈玉奇（沈阳市中医药学校校长）
陈令轩（国家中医药管理局人事教育司综合协调处副主任科员）
周忠民（渭南职业技术学院教授）
胡志方（江西中医药高等专科学校校长）
徐家正（海口市中医药学校校长）
凌　娅（江苏康缘药业股份有限公司副董事长）
郭争鸣（湖南中医药高等专科学校校长）
郭桂明（北京中医医院药学部主任）
唐家奇（广东湛江中医学校教授）
曹世奎（长春中医药大学招生与就业处处长）
龚晋文（山西职工医学院/山西省中医学校党委副书记）
董维春（北京卫生职业学院党委书记）
谭　工（重庆三峡医药高等专科学校副校长）
潘年松（遵义医药高等专科学校副校长）
赵　剑（芜湖绿叶制药有限公司总经理）
梁小明（江西博雅生物制药股份有限公司常务副总经理）
龙　岩（德生堂医药集团董事长）

前言

中医药职业教育是我国现代职业教育体系的重要组成部分，肩负着培养新时代中医药行业多样化人才、传承中医药技术技能、促进中医药服务健康中国建设的重要职责。为贯彻落实《国务院关于加快发展现代职业教育的决定》（国发〔2014〕19号）、《中医药健康服务发展规划（2015—2020年）》（国办发〔2015〕32号）和《中医药发展战略规划纲要（2016—2030年）》（国发〔2016〕15号）（简称《纲要》）等文件精神，尤其是实现《纲要》中“到2030年，基本形成一支由百名国医大师、万名中医名师、百万中医师、千万职业技能人员组成的中医药人才队伍”的发展目标，提升中医药职业教育对全民健康和地方经济的贡献度，提高职业技术院校学生的实际操作能力，实现职业教育与产业需求、岗位胜任能力严密对接，突出新时代中医药职业教育的特色，国家中医药管理局教材建设工作委员会办公室（以下简称“教材办”）、中国中医药出版社在国家中医药管理局领导下，在全国中医药职业教育教学指导委员会指导下，总结“全国中医药行业高等职业教育‘十二五’规划教材”建设的经验，组织完成了“全国中医药行业高等职业教育‘十三五’规划教材”建设工作。

中国中医药出版社是全国中医药行业规划教材唯一出版基地，为国家中医中西医结合执业（助理）医师资格考试大纲和细则、实践技能指导用书、全国中医药专业技术资格考试大纲和细则唯一授权出版单位，与国家中医药管理局中医师资格认证中心建立了良好的战略伙伴关系。

本套教材规划过程中，教材办认真听取了全国中医药职业教育教学指导委员会相关专家的意见，结合职业教育教学一线教师的反馈意见，加强顶层设计和组织管理，是全国唯一的中医药行业高等职业教育规划教材，于2016年启动了教材建设工作。通过广泛调研、全国范围遴选主编，又先后经过主编会议、编写会议、定稿会议等环节的质量管理和控制，在千余位编者的共同努力下，历时1年多时间，完成了83种规划教材的编写工作。

本套教材由50余所开展中医药高等职业教育院校的专家及相关医院、医药企业等单位联合编写，中国中医药出版社出版，供高等职业教育院校中医学、针灸推拿、中医骨伤、中药学、康复治疗技术、护理6个专业使用。

本套教材具有以下特点：

1. 以教学指导意见为纲领，贴近新时代实际

注重体现新时代中医药高等职业教育的特点，以教育部新的教学指导意

见为纲领，注重针对性、适用性以及实用性，贴近学生、贴近岗位、贴近社会，符合中医药高等职业教育教学实际。

2. 突出质量意识、精品意识，满足中医药人才培养的需求

注重强化质量意识、精品意识，从教材内容结构设计、知识点、规范化、标准化、编写技巧、语言文字等方面加以改革，具备“精品教材”特质，满足中医药事业发展对于技术技能型、应用型中医药人才的需求。

3. 以学生为中心，以促进就业为导向

坚持以学生为中心，强调以就业为导向、以能力为本位、以岗位需求为标准的原则，按照技术技能型、应用型中医药人才的培养目标进行编写，教材内容涵盖资格考试全部内容及所有考试要求的知识点，满足学生获得“双证书”及相关工作岗位需求，有利于促进学生就业。

4. 注重数字化融合创新，力求呈现形式多样化

努力按照融合教材编写的思路和要求，创新教材呈现形式，版式设计突出结构模块化，新颖、活泼，图文并茂，并注重配套多种数字化素材，以期在全国中医药行业院校教育平台“医开讲－医教在线”数字化平台上获取多种数字化教学资源，符合职业院校学生认知规律及特点，以利于增强学生的学习兴趣。

本套教材的建设，得到国家中医药管理局领导的指导与大力支持，凝聚了全国中医药行业职业教育工作者的集体智慧，体现了全国中医药行业齐心协力、求真务实的工作作风，代表了全国中医药行业为“十三五”期间中医药事业发展和人才培养所做的共同努力，谨此向有关单位和个人致以衷心的感谢！希望本套教材的出版，能够对全国中医药行业职业教育教学的发展和中医药人才的培养产生积极的推动作用。需要说明的是，尽管所有组织者与编写者竭尽心智，精益求精，本套教材仍有一定的提升空间，敬请各教学单位、教学人员及广大学生多提宝贵意见和建议，以便今后修订和提高。

国家中医药管理局教材建设工作委员会办公室

全国中医药职业教育教学指导委员会

2018 年 1 月

《康复心理》
编 委 会

主　　编

杨小兵（湖南中医药高等专科学校）
李凌霞（黑龙江中医药大学佳木斯学院）

副 主 编

朱　玲（四川中医药高等专科学校）
吴淑娥（江西中医药高等专科学校）
马帮敏（南阳医学高等专科学校）

编　　委（以姓氏笔画为序）

马　静（河南推拿职业学院）
马军峰（渭南职业技术学院）
毛　怡（湖北中医药高等专科学校）
刘红云（湖南中医药高等专科学校）
张艳平（山东中医药高等专科学校）
单军娜（黑龙江中医药大学佳木斯学院）
彭咏梅（湖南中医药高等专科学校）
杨在攀（保山中医药高等专科学校）
潘　虹（济南护理职业学院）
蔺振林（甘肃省天水市第三人民医院）

学术秘书

刘红云（湖南中医药高等专科学校）

编写说明

现代医学模式的确立和新的健康观念的形成，使得人们日益认识到心理社会因素对个体健康的影响，康复心理已经成为各大医学院校的必修课程。

本教材强调心理社会因素在伤残和疾病的发生、发展、治疗、康复、转归之间的相互作用，强调医务人员服务的对象是人而不仅仅是伤残和疾病，强调以全面整体的观点看待患者，更强调心理学技术的掌握和应用，以及心理学理论和技术与康复治疗技术、针灸推拿技术等的结合。

本教材力求突出职业教育技能教育培养目标，注重实用性、理论联系实际和对临床工作的指导性。在编写内容上加重对心理治疗技术的论述，其作用至少体现在三个方面：一是作为医学治疗和康复技术的辅助，促进患者的全面治疗和康复；二是在某些时候可以单独作为治疗和康复的手段；三是心理治疗技术不仅能解决个体的心理问题和心理障碍，还能解决日常生活中遇到的问题，从而能够促进个体更好地成长。因此，本教材除供中医康复技术、中医养生保健、康复治疗技术、老年服务与管理专业使用之外，亦适用于针灸推拿、中医学专业的学生，还可以作为参考书供医务人员阅读使用。

本教材编委会成员为长期从事心理学教学与心理咨询的教师或临床经验丰富的医务人员。教材共计十七章：杨小兵编写第一章和第十三章，张艳平编写第二章，蔺振林编写第三章，李凌霞编写第四章，杨在攀编写第五章和第十二章，潘虹编写第六章，彭咏梅编写第七章，吴淑娥编写第八章，单军娜编写第九章，毛怡编写第十章，朱玲编写第十一章，马军峰编写第十四章，马邦敏编写第十五章和第十七章，马静编写第十六章。任课教师可以根据各自学校的需要和自身特点安排具体的授课计划。

本教材在编写过程中参阅了专家、学者的著作和文献，在此致以诚挚的谢意，对帮助我们的老师和医务人员致以诚挚的谢意。因水平所限，如有不尽人意之处，诚挚地希望使用本教材的老师和同学们提出宝贵意见，以便再版时修订提高。

《康复心理》编委会

2018 年 1 月

目录

扫一扫，看课件

第一章
绪　论

【学习目标】

掌握：医学心理学、康复心理学的概念；医学心理学的基本观点；心理学在新的医学模式中的意义。

熟悉：医学模式的发展；康复心理学的研究内容。

了解：医学心理学的分支；康复心理学的研究方法。

案例导入

在一个老修道院里，朗格教授和学生精心搭建了一个“时空胶囊”，这个地方被布置得与20年前一模一样。他们邀请了16位老人，年龄都在七八十岁，8人一组，让他们在这里生活一周。在这一周里，这些老人都沉浸在1959年的环境里，他们听20世纪50年代的音乐，看50年代的电影和情景喜剧，读50年代的报纸和杂志，讨论50年代的时事。他们都被要求更加积极地生活，比如一起布置餐桌，收拾碗筷。没有人帮他们穿衣服，或者扶着走路。唯一的区别是，实验组的言行举止必须遵循现在时——他们必须努力让自己生活在1959年，而控制组用的是过去时——用怀旧的方式谈论和回忆1959年发生的事情。实验结果是，两组老人的身体素质都有了明显改善。他们刚出现在朗格的办公室时，大都是家人陪着来的，老态龙钟，步履蹒跚。一周后，他们的视力、听力、记忆力都有了明显的提高，血压降低了，平均体重增加了3磅，步态、体力和握力也都有了明显的改善。

1. 是什么导致了这一现象？

2. 这对我们有何启示？

第一节 医学心理学概述

一、医学心理学概念

心理学是研究心理现象及其规律的一门学科，而医学心理学是从心理学中发展起来的一个分支，是研究心理活动与病理过程相互影响的一门学科，是医学与心理学相交叉的一门新兴学科。医学心理学至少有两个研究方向，一是从医学角度研究心理社会因素在疾病的发生、发展、转归、康复等过程中的作用，二是从心理学角度研究心理学理论和技术在疾病治疗中的作用。前者主要是从医学角度出发，心理学理论和技术更多的只是作为一种辅助手段和工具；后者则从心理学的角度出发，不仅认为心理学的理论和技术可以作为医疗的辅助手段，而且有时可以作为一种主要的手段而发生作用。

医学心理学作为一门交叉学科，将心理学的理论和技术结合医学实践，应用到医学的各个领域，包括医院、疗养院、康复中心、防疫机构、健康服务中心等。

学习和掌握医学心理学知识，将有效扩大自己的知识面。一方面，学会从生物、心理、社会等多个角度全面认识人的健康和疾病，从而更高效地为患者服务；另一方面，学习和掌握医学心理学的理论和技术，可为治疗疾病提供新的思路、方法和技术。

二、医学模式的发展

医学是从哲学中产生和发展起来的，深受哲学思想的影响，不同时期的哲学会影响医学看待疾病和健康的方式，即医学模式。所谓医学模式，是指一定历史时期，人类观察和处理医学领域中各种问题的一般思想和方法。医务工作者都会自觉或不自觉地受医学模式的影响。随着社会的发展，医学模式经历过神灵医学模式、自然哲学医学模式、生物医学模式、生物－心理－社会医学模式的演变。

（一）神灵医学模式

人类早期，由于社会生产力水平低下，认识和实践能力的限制，不能对疾病和健康形成正确的认识，只能根据直观的医疗经验和想象，用神话、宗教和巫术进行解释，把疾病看成是鬼神作祟、天谴神罚，以有限的药物治疗与祈祷神灵相结合，在此基础上逐渐形成了神灵医学模式。

神灵医学模式至今仍在某些地方流传着，虽然原始、粗糙，但它毕竟是早期人类艰难探索和智慧的结晶，同时也确实能“治愈”某些疾病，其中的原因是值得我们探索的。

（二）自然哲学医学模式

随着社会的发展，出现了以朴素唯物论为代表的自然哲学医学模式，主要以传统医学为代表，如古代中医、古希腊医学等，都体现了自然哲学思想的影响。

自然哲学医疗模式的方法论虽然是直观观察和思辨的整体论，但其某些观点，如天人合一、天人相应等，对今天来说仍然是有实际意义的。

（三）生物医学模式

生物医学模式是工业社会背景下的产物，西方的工业革命和文艺复兴运动极大地促进了自然科学的发展和进步，生物学、物理学、化学等学科的先进理论和技术为医学的研究提供了极大的帮助，促使医学对人体进行逐步深入的研究，医学科学开始出现，诸如哈维（Harvey）的实验生物学和魏尔啸（Virchow）的细胞病理学。人们对自身的认识水平不断提高，从整体到系统、器官，直至现在的亚细胞和分子水平，在近 200 年的时间里，人们对病原微生物的认识大大地向前迈进了一步，在防治某些生物源性疾病诸如传染病方面，成绩尤为突出。例如，在 20 世纪初，世界上大多数国家的主要死亡原因还是传染病（高达 580/10 万）；而目前大多数国家传染病的死亡率已下降至 30/10 万以下，传染病已退出疾病死因谱的前五位。

生物医学模式为医学的发展做出了巨大的贡献，奠定了近代西医的基础，但在其发展过程中也存在着一些不足：这一模式下的经典西方医学习惯于将人看成是生物的人，忽视人作为社会成员的一面；在实际工作中，重视躯体的因素而不重视心理和社会的因素；在科学研究中，较多地着眼于躯体的生物活动过程，却很少注意行为和心理过程，忽视后者对健康的作用。

正如美国学者恩格尔（G.L.EngEl）所指出的，经典的西方医学将人体看成是一台机器，疾病被看成是机器发生了故障，医生的工作则是对机器的维修。其特点是：疾病只是发生在组织或器官上，只要除去患病的组织或器官，就可达到治疗疾病的目的，没有考虑到当人被除去这些组织或器官时，会有哪些心理和生理方面的变化，这显然会导致一些新的问题出现。

人并非是单一的生物体，而是具有生物－心理－社会等多种属性，这就决定了医学应该是自然科学和社会科学相结合的一门综合科学。

（四）生物－心理－社会医学模式

20 世纪中叶以来，生物因素引起的疾病，如传染病正逐渐被控制，冠心病、恶性肿瘤、脑血管疾病、意外死亡等已取代传染病而成为人类的主要死亡原因；人们的生活与工作方式也发生了巨大的变化，生活节奏加快，生活方式、社会和心理因素的对人的健康和疾病的影响变得日益突出。据分析，目前人类死亡的前 10 种因素中，约有半数死亡直接或间接地与吸烟、酗酒、滥用药物、过量饮食与肥胖、运动不足和对社会压力的不良反应等生活方式有关。因此，国内外医学界掀起了有关生物医学模式必须转变的大讨论。1977 年，美国精神病学家和内科专家恩格尔（G.L.EngEl）在《科学》杂志上发表《需要新的医学模式——对生物医学的挑战》的论文，提出了“生物－心理－社会”医学模式的概念，对这一新医学模式进行了开创性的分析和说明，指出为了理解疾病的本质和提供合理的医疗卫生保健，新医学模式除了生物学观点外，还必须考虑人的心理和环境因素的影响。

通过近几十年的科学研究，人们对心理社会紧张刺激造成躯体疾病的中介机制有了较深入的了解和认识。诸如生物反馈、催眠暗示、自我放松、认知行为矫正等心理技术的发展，从实验和临床应用角度证明，心理活动的操作和调节对维持健康具有不可忽视的作用。随着人类物质文明的发展，人们对身心健康的要求已经不断提高，迫切需要医生在解决其身体疾病造成的痛苦的同时，能够帮助他们消除或减轻精神上的痛苦。这些都给医学提出了新的研究课题和工作任务。

三、心理学在新的医学模式中的意义

（一）心理社会因素是导致疾病的重要因素

有研究认为，目前人类的诸多疾病大部分与人的情绪有密切关系，从我国的疾病谱可知，目前我国死亡率较高的几类疾病，如癌症、冠心病、糖尿病、高血压等，都与心理社会因素存在着紧密关系，目前普遍认为，心理社会因素已经成为导致疾病的重要因素之一。

（二）全面了解患者是治疗疾病的需要

现代医学模式强调心理社会因素的作用，认为疾病的产生存在着心理因素，同样，疾病的治疗也需要考虑患者的心理因素。此外，患者是否愿意接受治疗，愿意接受何人何种治疗等，也受心理社会因素的影响。因此，全面了解患者成为疾病治疗的需要。

（三）心理状态的改变可影响机体功能的改变

有研究认为，个体的生理状态可以影响到人的心理状态，如生病了人就会产生某些消极的情绪；同样，心理状态也可以影响到的人的生理功能，如当个体紧张时，会感到心跳加快，愤怒时会产生血压升高等。有意识地调控和形成良好的心理状态，有可能促进个体的功能得到改善。

（四）心理学理论和技术的应用可以提高治疗的效果

同样的疾病，同样的治疗方式，为什么有的人好得快而有的人却好得慢？这里有个体的差异，也有心理因素的影响，如信任医生的人，会主动遵守医生的医嘱，按时服药，按时运动，自然会好得快，反之亦然。

（五）心理学理论和技术可以扩展医学的治疗手段

在古代，当人们生病了而医生也无能为力时，有些人会选择求神拜佛，这中间有部分人会恢复健康，人们将之归结为神佛的作用。现代研究认为，这是心理暗示的作用，人是有自愈能力的。西医非常重视技术和设备，没有了相应的设备，不少治疗的手段就用不上，如果我们掌握一些心理学的理论和技术，就意味着我们可以在缺少相应设备的情况下，也能帮助患者减轻痛苦，甚至治愈他们的疾病。

第二节　医学心理学的分支和基本观点

一、医学心理学的分支

从不同的角度进行研究，或从不同的方面进行探讨，形成了医学心理学的不同分支，简介如下。

1. 临床心理学　主要研究和解决心理学的临床问题，包括心理评估、心理诊断、心理咨询和心理治疗等具体工作。目的在于调整和解决人类的心理问题，改善人们的行为方式，以及最大限度地发挥人的潜能。从事临床心理学工作的人被称为“心理医生”，在西方发达国家，心理医生遍布学校、医院、商业、法律、政府、军事等部门和领域。

2. 神经心理学与生理心理学　神经心理学主要研究动物和人的高级神经功能与心理行为的关系。生理心理学研究心理现象的生理机制，其内容主要涉及本能、动机、情绪、睡眠、学习、记忆等心理和行为活动的生理机制等。

3. 心身医学　心身医学又称心理生理医学，研究心身疾病的病因、发病机制、诊断、治疗和预防，研究生理、心理和社会因素的相互作用及其对人类健康和疾病的影响。

4. 变态心理学　变态心理学又称病理心理学，是一门以心理与行为异常表现为研究对象的心理学分支。着重探讨心理行为异常的原因、性质、特点、种类及个体差异和环境对心理异常的发生、发展的影响。变态心理学与精神病学关系密切，但精神病学属于临床医学范畴，侧重于精神障碍的诊断、治疗、转归、康复等。

5. 行为医学　顾名思义，行为医学是研究人的行为的医学。具体地说，侧重从研究行为入手，如对烟瘾、酒瘾、过食肥胖或 A 型行为等的研究，以此来揭示人的生命活动、健康与疾病的本质、规律，探索诊断、治疗、预防疾病、增进健康的行为科学技术和方法，是整合行为科学与生物医学知识的交叉学科。

6. 健康心理学　健康心理学是运用心理学知识和技术，探讨和解决有关保持或促进人类健康、预防，以及治疗躯体疾病的心理学分支。主要是将心理学知识与方法用于预防医学领域，以保持和增进心身健康、预防疾病为目的的医学心理学分支。

7. 康复心理学和缺陷心理学　康复心理学研究解决伤残患者、慢性疾病患者和老年人存在的心理行为问题，以使这类服务对象适应工作、生活和社会，降低因伤残、疾病等导致的心理行为障碍。缺陷心理学研究心理或生理缺陷者的心理行为问题，例如通过指导和训练，使缺陷者在心理和生理功能方面得到部分补偿，故与康复心理学关系密切。可将康复心理学和缺陷心理学看作是医学心理学在康复医学领域的延伸。

8. 护理心理学　护理心理学研究护理工作中的心理学问题，是医学心理学在护理工作中的分支。其研究内容一般包括各类患者的角色与求医行为、医患或护患关系、心理护理等。

二、医学心理学的基本观点

1. 心身统一的观点　完整的个体应包括心、身两部分，不应只看到人生物性的一面。人的心、身相互影响，是作为一个整体对外界环境刺激进行反应的。对待健康和疾病问题，应同时考虑心身两方面因素的影响。

2. 社会对个体影响的观点　人不仅是心身统一体，还与环境密切联系。人是各种社会关系的总和。人是社会的人，所生活的特定社会环境，实际是一个多层次、多等级的社会关系网。文化背景、职业、家庭、人际关系等都是具体的社会要素，都能影响人的心身健康。其他如气候、地域、污染、瘟疫等自然环境因素，对人的心、身也都产生影响。

3. 认知和自我评价作用的观点　事情对个体的影响，往往不取决于是何种事情，而取决于个体对这件事的态度和看法，即认知和自我评价。譬如，上课不认真，被老师狠狠地批评了一顿，如果你认为老师是有意刁难你，你会如何？如果你认为老师批评我是因为他关注我，希望我更好地成长，如果你这样看又会如何？

4. 主动适应与调节的观点　人不仅受到社会环境、自然环境的影响与制约，对环境也有能动的反作用。人在与周围的人和事交往中，维持心身与环境的动态平衡，当这种动态平衡暂时被打破时，人可通过心理的能动作用随时进行适应性调整，这种适应性调整是通过人的认识和行为，去主动努力而实现的。医学心理学中的心理干预正是着眼于心理能动作用这一基础而发展起来的一门治疗技术。

知识链接

1920年，印度心理学家辛格在一个深山的狼洞中发现了两个女孩子，其中大的约七八岁，取名“卡玛拉”，辛格夫妇将其送往孤儿院精心抚养，一心想让其恢复人性。开始时卡玛拉一身的狼性，吃饭喝水都是趴在地上舔，通过两年的矫正才改过来。卡玛拉10岁时还从死鸡肚子里掏肠子吃，晚上还抓着房门，像狼一样嚎叫。她被带回来3年半才学会直立行走；直到6年多的时候，走起路来还不如两岁的孩子稳当，每当遇到惊吓，她便马上趴下，“四蹄”逃跑。刚被“抓住”时，她根本不会说话，经过两年的训练才学会4个词。直到17岁死亡时，她才学会45个词，智力水平刚刚抵得上3岁半的孩子。这一事例说明，卡玛拉缺少社会生活条件，失去了人的社会生活环境，没有语言交际，没有使用工具和参加劳动的机会，尽管她具备了人的大脑，却没有人的心理。

第三节 康复医学与康复心理学

一、康复医学

康复医学是促进病、残、伤者康复的医学，是研究有关功能障碍的预防、评定、处理（治疗、训练）等问题的一门医学学科。它与心理学、社会学、工程学等相互渗透、相互交叉。其主要研究对象是由于损伤、疾病和老龄等带来的功能障碍者和先天性发育障碍者。

所谓康复，是一个帮助病员或残疾人在其生理或解剖缺陷的限度内和环境条件许可的范围内，根据其愿望和生活计划，促进其在身体、心理、社会生活、职业、业余消遣和教育上的潜能得到最充分发展的过程。这一康复过程是一项综合的工程，需要多专业联合，一般包括物理治疗师/士（PT）、作业治疗师/士（OT）、言语矫正师（ST）、心理治疗师、假肢与矫形器师（P&O）、文体治疗师（RT）、社会工作者（SW）。

在实际的康复过程中，康复对象能否主动积极地参与康复过程，会直接影响康复的效果。因此，心理康复在康复过程中起着十分重要的作用。

二、康复心理学

1. 概念　康复心理学是运用心理学的理论和技术，研究和揭示康复过程中的心理活动、现象及规律的科学。

2. 发展　康复心理学是根据现实的需要，在康复医学与心理学相交交叉、相互渗透的基础上发展起来的。

康复医学的发展初期是以骨科和神经系统疾病为主，康复技术包括运动疗法、作业疗法、矫正训练、言语康复等，而后心肺康复、糖尿病和肥胖症、癌症、疼痛等的康复也逐渐开展，康复技术也从单一的模式向跨学科、综合的模式演变，康复的目标从只重视器官、肢体的康复向“全面康复”，即包括医学康复、心理康复、职业康复等发展。目前“全面康复”的理念已经得到了广泛的传播和认可。

第四节 康复心理学的研究内容与方法

一、康复心理学的研究内容

康复心理学主要是研究康复过程中的心理问题，主要包括如下几个方面。

1. 研究康复对象的心理。

2. 研究情绪和个性等心理行为因素在健康保持和疾病发生、发展变化过程中的影响作用及其规律。

3. 研究心身相互作用的规律和机制。

4. 康复对象的心理评定。

5. 为康复对象、家属提供心理咨询。

6. 研究康复治疗方法过程中的心理活动及其规律。

7. 研究如何将心理学的理论和技术应用于治病、防病和养生保健，即研究心理学理论和治疗在康复中的作用。

二、康复心理学的研究方法

康复心理学是研究康复领域中的心理现象，是对心理现象的研究。目前，已经形成了一套行之有效的研究方法，归纳如下。

（一）观察法

在自然条件下，有目的、有计划地对个体行为和活动进行系统观察记录，并加以分析，以发现心理现象产生和发展规律的方法。例如，观察康复对象的康复训练，记录他们在训练中的语言、行为和表现等，从而了解他们对待训练的态度、看法及变化规律等。

在进行观察的时候，观察者不应干预活动的进行，而只是忠实地按照事件发生的先后顺序进行记录，并在此基础上进行分析。观察法可保持被观察对象心理活动的自然流露，获得的资料比较真实、客观。观察法的不足是效率较低，观察者处于被动地位，被观察者的某些行为是否出现及何时出现无法预测，因而导致其研究过程较为缓慢；其次，所收集资料的质量受多种因素的影响，如观察者的素质、当时的环境等。

（二）调查法

调查法是通过会谈、访问、填写问卷等方式获得资料，并加以分析研究的方法。

1. 访谈法 用口头提问的方法，称访谈法。在进行口头调查时，应做好准备，事先列出问题的提纲，以保证资料的一致性和完整性。在访谈时还应注意观察被调查者的表情、行为等反应。访谈法的效果往往取决于问题的性质和研究者本身的访谈技巧。

2. 问卷法 问卷法是调查者事先拟好调查问卷，让被调查者回答，如此进行的调查叫问卷法。调查问卷的设计要符合科学要求：有明确的调查目的，问题的设计是否围绕目的进行，提问简明且不带方向性等。问卷法可同时调查很多人，简单快捷，信息容量大，当需要收集大量信息时，往往采用调查法。

（三）实验法

实验法是在严格控制的条件下，操纵某一变量的变化，观察不同情境下被试验者的反应，以此研究该变量的变化对个体心理活动所产生的影响。实验者操纵的刺激变量称自变量，自变量引起的心理和行为的变化称因变量。实验法通常是研究在排除无关变量的情况下，自变量的变化是否可导致因变量的相应变化，以此来说明两者之间是否存在因果关系。

实验法研究的质量很大程度上取决于对无关变量的控制。例如，我们要观察某种新药的疗效，至少需要找两组病情病程等相似的患者，两组都服药，一组为真药，一组为与真药外形完全一致的安慰剂（通常是淀粉），医生、患者都不知道哪一组服的是真药，在这种情况下，如果实验组患者的病情改善更为显著，那就可以说明真药是有效果的；反之，就不能说明患者的病情改善是因为药物的作用，而很可能是心理安慰效应。

（四）个案法

个案法是对某一被试者所做的深入研究，搜集其多方面的资料，如成长经历、家庭、教育、社会关系等，以发现影响其心理和行为形成的原因。个案法又叫个案历史技术，如对超常儿童的个案研究（他们表现出超常时我们才能知道），可以通过了解他们的成长经历，大致推断出他们超常的原因。个案法是对个体的研究，其结论能否推广需要慎重，但个案法是康复心理研究的一个重要的方法，不可或缺。有些个案我们只能从现实中得到，如早期的听力缺陷儿童，其残疾会对他的心理和行为产生什么影响，听力缺陷对他的语言发展的影响等；再譬如狼孩，这些只能通过现有的个案去进行研究，不能人为地去制造。

复习思考

在我国，有的人生病了，不是去医院，而是去求助“神”或“神医”，其中确实有些人的疾病被治愈了，请问如何解释这一现象？这对康复医学的发展有何启示？

扫一扫，知答案

扫一扫，看课件

第二章 心理学基础

【学习目标】

掌握：心理学的基本研究方法。

熟悉：心理学的基本现象、基本概念和基本理论。

了解：心理学发展的一般趋势。

案例导入

医生、房地产商与艺术家——注意力的选择性

医生、房地产商和艺术家三个人一同去看望他们共同的朋友。路上他们经过一条繁华的街道，到了朋友家之后，朋友的小女儿请他们讲个故事。艺术家说道："今天，我沿着街道走，看见在天空的映衬下，城市像一个巨大的穹窿，暗暗的金红色在落日的余晖中泛着微光，像一幅美丽的图画。"房地产商说："我在街道上看到两个男孩子在讨论怎样挣钱，一个男孩说他想摆一个冰激凌小摊，并把地址选在两条街道的交汇处，紧挨地铁的入口处，因为在这里，两条街道上的人和乘坐地铁的人都可以看见他。我发现这个男孩懂得经营位置的价值，没准他将来能成为一个很好的商人。"医生的故事是这样的："有一个橱窗从上到下都摆满了各种药品的瓶子，这些药品用于治疗各种消化不良，有一些人正在挑选。可是我明白，他们所要的也许不是什么药，而是新鲜空气和睡眠，但我却不能告诉他们。"

医生、房地产商与艺术家走的是同一条街道，看到的却不尽相同，原因在于他们对事物的注意具有不同的选择性。三人的选择之所以不同，是因为他们所受过的不同的教育和训练。教育本身具有一个很重要的作用，就是使人们选择不同

的刺激，即注意不同的事物。这种注意长时间就形成了一种习惯，使人们对某个领域的事物更加关注，并形成比较高的认知和技能。

第一节　心理现象及其实质

一、心理学与心理现象

心理现象人皆有之，它是宇宙中最复杂的现象之一，从古至今为人们所关注，历代哲学家、思想家以及近代的心理学家们对它进行了不懈的探索。

动物也有心理，而且不同发展阶段的动物，它们的心理发展水平也不一样。猴子就比狗能够解决更为复杂的问题，狗和猫又比鱼类更聪明。心理是从低级向高级不断发展的，心理学就是研究心理发生、发展和活动规律的科学。

心理学的研究包含了许多分支。从心理现象发生、发展的角度进行研究，形成了动物心理学和比较心理学；从人类个体心理发生和发展的角度进行研究，形成了发展心理学，其中包括儿童发展心理学、老年心理学等；研究社会对心理发展的制约和影响，形成了社会心理学；研究心理现象的神经机制，形成了生理心理学。把心理学研究的成果应用于解决人类实践活动中的问题，以服务于提高人们工作水平，改善人们生活质量，又形成了应用心理学的众多分支。例如，服务于人类心理健康的临床心理学；服务于教育的教育心理学；服务于管理的人力资源管理心理学。此外，还有工程心理学、环境心理学、体育运动心理学、司法心理学、康复心理学、心理测验学等心理学分支。

心理学的任务是把心理学各个分支研究的成果集中起来加以概括，总结出心理活动最一般的规律。从儿童到成人，其心理活动是处于发展过程中的，只有到了成人阶段，各种心理现象才发展成熟，在他们身上才能够表现出心理活动最一般的规律。所以，心理学是以正常成人的心理现象为研究对象，总结心理活动最普遍、最一般规律的学科。心理学所总结出来的规律，来自于心理学的各个分支，又对心理学的各个分支的研究具有指导意义。

动物有意识吗?

动物有没有自我意识，即能否作为一个观察者感知到自己？最广为人知的研究方法就是它们能否认出镜中的自己。

查理斯•达尔文（1872）最先报告了这个实验。他在动物园两只黑猩猩面前放了一面镜子，据他所知，这两只猩猩从没见过镜子。他报告说，两只猩猩惊奇地盯着自己的镜像，时常移动和改变视点。它们接近镜子，向自己的镜像伸出嘴唇，像要吻它一样；它们看着镜子做各种鬼脸，按压并摩擦镜子，并最终生气起来，拒绝再看镜子。

一百年后，比较心理学家加洛普（Gallup，1970）给一群未成年的黑猩猩一面镜子。最初它们的反应就像是见到其他黑猩猩，但是几天后，它们已经在用镜子察看嘴的内部和其他通常看不见的身体部位。从它们拔自己的牙和做鬼脸的方式来看，它们能够识别自己，但我们能确定吗？

为了找出答案，加洛普将上述动物麻醉，在它们脸上点了两个红点，一个在一侧眉峰上，一个在对侧耳朵上。当它们从麻醉中清醒过来，向镜中观察时，它们看见了标记，并试图去摸，或把它们抹掉，就像你和我很可能做的一样。通过计算黑猩猩摸标记的次数，并与它们抹无标记的对侧位置的次数相比，加洛普可以确定，它们真的是把镜中的影像看成了自己的身体。

二、心理的实质

心理现象是非常复杂的。辩证唯物主义对人的心理做出了科学的解释，认为人的心理是脑的机能，是对客观现实的反应。

（一）心理是脑的机能

心理是脑的机能，也就是说，脑是心理活动的器官，心理现象是脑活动的基础。正常发育的大脑为心理发展提供了物质基础。人的大脑是最为复杂的物质，是物质发展的最高产物。

心理是脑的机能，在今天已经成为常识，但是，人们获得这样的认识，走过了漫长的探索道路。

无机物和植物没有心理，没有神经系统的动物也没有心理，心理现象是在动物适应环境的活动过程中，随着神经系统的产生而出现的，又是随着神经系统的不断发展和不断完善，才由初级不断发展到高级。

最原始的动物是单细胞动物，如变形虫，它的身体在蠕动的时候，遇到可以消化的食物，便可以用身体把食物包围起来，把食物变成身体的组成成分；遇到有害的东西，它又可以向相反的方向移动身体，远离有害的东西。可见，单细胞动物有趋利避害的能力，但这种表现只能称为感应性，而不能称为心理现象，因为这种动物的心理，有些植物也拥有。

无脊椎动物发展到环节动物阶段，如蚯蚓时，开始有了“感觉”的心理现象。它们能够对具有生物学意义的信号刺激做出反应，也就是说形成了条件反应。我们可以把这种能力的产生，看作是心理现象产生的标志。环节动物为什么能够产生心理现象呢？环节动物和同样属于无脊椎动物的腔肠动物相比，前者有了神经系统，而腔肠动物却没有神经系统。这说明，心理现象的产生是和神经系统的出现相联系的。

环节动物开始有了心理现象，但是，此时的心理现象又是非常简单的，动物的心理只处于感觉阶段，因为它们的神经系统非常简单，如蚯蚓只有一条简单的神经链。它们只有皮肤作为感觉器官，所以能起信号作用的只能是触觉的刺激。环节动物之后的其他无脊椎动物，也只有某一个感觉器官，如蚂蚁只有嗅觉器官，蜘蛛只有感受震动的器官。

脊椎动物有了脊髓和脑，神经系统便有了很大的发展，它们有了各种感觉器官，能认识到动物的各种属性，而不只是动物的个别属性，即有了知觉的心理现象。

灵长类动物，像猩猩、猴子等，其大脑有了相当程度的发展，但还不能认识事物的本质和事物之间的内在联系，它们的心理发展到了思维萌芽的阶段。

只有到了人类才有了思维，才能认识到事物的本质和事物之间的内在联系，这是人的心理和动物心理的本质区别，我们把人的心理称为思维、意识、精神。人的心理是心理发展的最高阶段。

从心理产生和发展的历程，可以清楚地看到，心理现象的产生和神经系统的出现相联系，心理由初级向高级的发展，又是和神经系统的不断完善相联系的。人的心理是心理发展的最高阶段，人的大脑又是神经系统发展的最高产物。所以，心理现象产生和发展的过程，充分说明了心理是神经系统，特别是大脑活动的结果。神经系统，特别是大脑，是从事心理活动的器官。

（二）心理是对客观现象的反映

健全的大脑为心理现象的产生提供了物质基础，但是大脑只是从事心理活动的器官，心理并不是大脑本身所固有的。心理是大脑所具有的功能，即反映的功能。客观外界事物作用于人的感觉器官，通过大脑的活动将客观外界事物变成映像，从而产生了人的心理。所以客观现实是心理的源泉和内容。离开客观现实来考察人的心理，心理就变成了无源之水、无本之木。对人来说，客观现实既包括自然界，也包括人类社会，还包括人类自己。

20世纪20年代，印度发现了两个狼孩，即让狼叼走养大的孩子。他们拥有健全人的大脑，但是他们脱离了人类社会，在狼群中长大。他们不习惯直立行走，吃东西用舌头舔，没有语言，不能和人交流；他们只有狼的本性，而不具备人的心理。可见，心理是社会的产物，离开了人类社会，即使有人的大脑，也不能自发地产生人的心理。

心理的反映不是镜子式的反映，而是能动的反映。因为通过心理活动不仅能认识事物的外部现象，而且还能认识事物的本质和事物之间的联系，并用这种认识来指导人的实践活动，改造客观世界。

心理是大脑活动的结果，却不是大脑活动的物质产品，因为心理是一种主观映像，这种主观映像既可以是事物的形象，也可以是概念，还可以是体验。它是主观的，而不是物质的。

心理是在人的大脑中产生的客观事物的映像，这种映像从外部看不见、摸不着，但心理可以支配人的行为活动，又通过行为活动表现出来。因此，可以通过观察和分析人的行为活动，客观地研究人的心理。

心理现象既是脑的机能，又受社会的制约，是自然和社会相结合的产物。只有从自然和社会两个方面进行研究，才能揭示心理的实质和规律。所以，研究心理现象的心理学是一门自然科学和社会科学相结合的中间科学。研究心理现象的生理机制是自然科学的任务，研究社会对心理活动的影响是社会科学的任务。一个心理学家既需要具备自然科学的知识和素养，也需要具备社会科学的知识和素养。由于研究课题性质的不同，他们的研究可能偏重于自然科学，也可能偏重于社会科学，但就心理学而言，它是一门中间学科。

第二节　认知过程

一、感觉

（一）感觉的定义

感觉是人脑对直接作用于感觉器官的客观事物的个别属性的反映。

一个物体有它的光线、温度、气味等属性，我们没有一个感觉器官能够对这些属性都加以认识，只能通过一个一个的感觉器官，分别反映物体的这些属性，如眼睛看到了光线，耳朵听到了声音，鼻子闻到了气味，舌头尝到了滋味，皮肤摸到了物体的温度和光滑度。每个感觉器官对物体某一属性的反映就是感觉；有时，我们对物体个别属性的反映却不是感觉。例如，我们回忆起看到过一个物体的颜色，虽然反映的是这个物体的个别属性，但这种心理活动已不属于感觉而属于记忆。所以，感觉反映的是当前直接作用于感觉器官的物体的个别属性。

感觉剥夺实验

研究者首次报告了感觉剥夺的实验结果。在实验中，要求被试者者安静地躺在实验室一张舒适的床上，室内非常安静，听不到一点声音；一片漆黑，看不见任何东西；被试者两只手戴上手套，并用纸卡卡住。吃喝都由测试者事先安排好，不需要移动手脚。总之，来自外界的刺激几乎都被“剥夺”了。实验开始时，被试者还能安静地睡着，但稍后，被试者开始失眠、不耐烦，急切地寻找刺激，他们唱歌、吹口哨、自言自语，用两只手套互相敲打，或者用它去探索这间小屋。被试者变得焦躁不安，觉得很不舒服，经常想活动。实验中，被试者每天可以得到20美元的报酬，但即使是这样，也难以让他们将实验坚持2～3天。这个实验说明，来自外界的刺激对维持人的正常生存是十分重要的。

（二）感觉的种类

感觉是由物体直接作用于感觉器官而引起的，按照刺激来源于身体的外部还是内部，可以把感觉分为外部感觉和内部感觉。

外部感觉是由身体外部刺激作用于感觉器官所引起的感觉，包括视觉、听觉、嗅觉、味觉和皮肤感觉。其中，皮肤感觉又包括触觉、温觉、冷觉和痛觉。

内部感觉是由身体内部的刺激而引起的感觉，包括运动觉、平衡觉和机体觉。其中，机体觉又叫内脏感觉，它包括饿、胀、渴、窒息、恶心、便意、性和疼痛等感觉。

（三）感受性与感觉阈限

每个人都有感觉器官，但是每个人感觉器官的感觉能力却各不相同，有人感觉能力强，有人感觉能力弱。同一个声音，有人听得见，有人听不见；同样大小的物体，有人看得见，有人看不见。这就是感觉能力的差别。

感觉器官对适宜刺激的感觉能力叫做感受性。感觉能力强，感受性就高；感觉能力弱，感受性就低。感受性的高低可以拿刚刚引起感觉的刺激强度加以度量。能引起感觉的最小刺激量叫感觉阈限。感觉阈限低的，很弱的刺激就能感受到，其感受性高；感觉阈限高的，需要比较强的刺激才能感受到，其感受性低。感受性是用感觉阈限的大小来度量的，两者成反比。

客观事物对感觉器官发生的作用叫做刺激，发生作用的物体叫做刺激物。刺激有时指的是对感觉器官发生的作用，有时又是指发生作用的物体。有的感觉器官能反映几种刺激，例如，感觉器官可以看到光线，用手按压眼球的触压刺激也可以引起光感。但是，一种感觉器官只对一种刺激最敏感，比如，视觉器官对光最敏感，按压只能引起模糊的光感而不能清楚地看见物体。一种刺激能引起某一感觉器官最敏锐的感觉，这种刺激就是这种感觉器官的适宜刺激，其他的刺激对这种感觉器官来说就是非适宜刺激。光对于视觉器官来说是适宜刺激，对于听觉器官来说则是非适宜刺激；声音对于听觉器官是适宜刺激，对于视觉器官则是非适宜刺激。

（四）感觉现象

1. 感觉适应　在外界刺激的持续作用下，感受性发生变化的现象叫感觉适应。所谓“入芝兰之室久而不闻其香，入鲍鱼之肆久而不闻其臭”，说的就是这种嗅觉感受性发生变化的现象。所有这些感受性发生变化的现象，都是在刺激物的持续作用下发生的。各种感觉都能发生适应的现象，有些适应现象表现为感受性的降低，有些适应表现为感受性的提高。

2. 感觉后像　电灯熄灭了，但是眼睛里还保留着亮灯泡的形象；声音停止以后，耳朵里还有这个声音的余音在萦绕。外界刺激停止作用后，还能暂时保留一段时间的感觉形象叫做感觉后像。影视作品利用的就是感觉后像，可以让我们看到的物体“动”起来。

3. 感觉对比　不同刺激作用于同一感觉器官，使感受性发生变化的现象叫做感觉对比。生活中有很多的对比现象，如先吃了甜的水果，再吃有点酸的东西，会觉得这比平常“酸”多了。

4. 联觉　看到红色会觉得温暖，看到蓝色会觉得清凉；听到节奏明快的音乐会觉得屋里的灯光也和音乐节奏一样在闪动。一种刺激不仅引起一种感觉，同时还引起另一种感觉的现象叫做联觉。联觉在现实生活中有广泛的运用，大家可以观察一下教室，主要以黑白两色为基调，而很多运动场馆，通常会配以红、黄等暖色调。

二、知觉

（一）知觉的定义

知觉是在人脑中对直接作用于感觉器官的客观物体整体属性的反映。知觉是各种感觉的结合，它来自于感觉，却又高于感觉。感觉只反映事物的个别属性，知觉却认识了事物的整体；感觉是单一感觉器官获得的结果，知觉却是各种感觉器官协同活动的结果；感觉不依赖于各人的知识和经验，知觉却受个人知识和经验的影响。同一物体，不同的人对它的感觉可能是相同的，但对它的知觉就会有差别。知识和经验越丰富，对事物的知觉就越完善、越全面。例如，显微镜下的血样，只要不是色盲，无论谁看到的都是红色，但是医生却可以分析看到红细胞、白细胞和血小板等，没有医学知识的人就无法看出来。

知觉和感觉之间又有不可分割的联系，知觉虽然是对事物整体的认识，比反映事物个别属性的感觉更高级，但是知觉来源于感觉，两者反映的都是事物的外部现象，都属于对事物的感性认识。

（二）知觉的基本特征

知觉不同于感觉，它不仅是各种感觉的结合，而且还是运用知识和经验对外界进行解释的过程，所以知觉具有不同于感觉的一些特征。

1. 整体性　知觉是对物体整体的反映，它已经把对这一物体的各种感觉结合在一起了。这说明知觉具有在过去经验的基础上，把物体的各个部分、各种属性结合起来成为一个整体的特性，知觉的这种特性就叫知觉的整体性。整体性可以提高我们知觉事物的数量和范围，有助于我们的记忆。

2. 选择性　在每一时刻，人们知觉外部物体的范围都是有限的，但每一时刻作用于感觉器官的外界物体有时很多，人们不可能把作用于其感觉器官的所有物体都纳入自己意识的范围。人们可根据感觉通道的容量和自己的需要，把一部分物体当作知觉的对象，而把其他对象当作背景，知觉的这种特性叫做知觉的选择性。

3. 恒常性　在一定范围内，知觉的条件发生了变化，而知觉的影像却保持相对稳定不变的特性叫做知觉的恒常性。从不同距离看同一个人，他在视网膜上形成的视像大小是不同的，离得近时视像大，离得远时视像小，但是并不会因为这个人离得远了，他在视网膜上的像变小了，人们就觉得他变矮了。不管一个人离得远还是近，他在视网膜上的像是大还是小，人们都会把他知觉为一样的高矮，这就是知觉的恒常性。

4. 理解性　在知觉外界事物时，人们总想用过去的经验对其加以解释，或用词揭示出它的特性，这叫做知觉的理解性。理解性可以帮助我们迅速认识事物，如有的医生看到患者的脸色就能大概知道他所患的疾病，这样可以提高诊断的速度。

（三）知觉的种类

1. 空间知觉　对物体的大小、形状、距离、方位等空间特性的知觉叫做空间知觉。空间知觉包括大小知觉、形状知觉、距离知觉和方位知觉。

2. 时间知觉　对物质现象的延续性和顺序性的反映叫做时间知觉。时间知觉的产生可以借助许多线索，如计时器提供的信息；自然界昼夜的交替、四季周期性的变化；人体生理活动等。

3. 运动知觉　对物体在空间中的位移产生的知觉叫做运动知觉。运动知觉的产生需要物体的运动有一定的速度，物体位移的速度太快或太慢，人们都不能知觉到运动。

三、记忆

1. 记忆的定义　记忆是过去经验在头脑中的反映。所谓过去的经验，是指过去对事物的感知、对问题的思考、对某个事物引起的情绪体验，以及进行的动作操作等，这些经验都可以作为映像的形式储存在大脑中，在一定条件下，这种映像又可以从大脑中提取出来，这个过程就是记忆。所以，记忆不像感觉、知觉那样，反映当前作用于感觉器官的事物，而是对过去经验的反映。

2. 记忆的种类　记忆按照其内容可以分为五种：形象记忆、情景记忆、情绪记忆、语义记忆、动作记忆。按照是否意识到，可以把记忆分为外显记忆和内隐记忆；按照能否加以陈述，可将记忆分为陈述性记忆和程序性记忆。

认知心理学按照信息保存时间的长短以及信息的编码、储存和加工的方式不同，将记忆分为瞬间记忆、短时记忆和长时记忆。外界刺激以极短的时间一次呈现后，保持时间在1秒以内的记忆叫做瞬间记忆；保持在1分钟以内的叫做短时记忆；保持在1分钟以上的记忆叫做长时记忆。瞬间记忆的容量较大，短时记忆的容量只有 7+2 个单位。

3. 记忆的过程　记忆从识记开始，识记是学习和取得知识和经验的过程，读书、听讲、经历某个事件的过程就是识记的过程。

知识和经验在大脑中储存和巩固的过程叫做保持。识记不仅获得知识和经验，而且能把识记过的内容储存在大脑中，识记的遍数越多，知识和经验在大脑中保存得越牢固。

从大脑中提取知识和经验的过程叫做回忆，又叫再现。识记过的材料不能回忆，但是在它重现时却能有一种熟悉的感觉，并能确认是自己接触过的材料，这个过程叫再认。回忆和再认都是从大脑中提取知识和经验的过程，只是形式不一样罢了。

识记是记忆的开始，是保持和回忆的前提，没有识记就不可能有保持。记忆的材料如果没有保持，或保持得不牢固，也不可能有回忆和再认，所以，保持是识记和回忆之间的中间环节。回忆是识记和保持的结果，也是对识记和保持的检验，而且通过回忆还能巩固所学的知识。记忆的过程是一个完整的过程，这三个环节之间密切联系、不可分割。

4. 遗忘　对识记过的材料既不能回忆，也不能再认，或者发生了错误的回忆或再认叫做遗忘。遗忘是记忆的反面，记住了就没有遗忘，遗忘了就是没有记住。

德国心理学家艾宾浩斯是对记忆和遗忘进行实验研究的创始人。他认为遗忘的进程是先快后慢，即遗忘的速度开始很快，随着时间的推移，遗忘的速度越来越慢。

记忆之后都会发生遗忘，是什么原因造成遗忘呢？一般认为，遗忘是因自然的衰退，或因干扰造成的。前者说明时间是决定记忆保存的一个原因，识记之后，随着时间的推移，遗迹的痕迹越来越淡薄，最终导致了遗忘。后者说是新进入记忆系统的信息和已经进入记忆系统的信息相互干扰，使其强度减弱，因而导致遗忘。干扰又分为前摄抑制和倒摄抑制两种。前摄抑制是指先前学习的材料，对识记和回忆后学习材料的干扰作用；倒摄抑制是指后学习材料，对识记和回忆先前学习的材料的干扰作用。

四、思维

（一）思维的定义及特征

思维是人脑对客观事物的本质和事物之间内在联系的认识。思维作为一种反映形式，它最主要的特征是间接性和概括性。

1. 思维的间接性　思维的间接性表现在，它能以直接作用于感觉器官以外的事物为媒介，对没有直接作用于感觉器官的客观事物加以认识。例如，早起看到外面白茫茫的雪，尽管没有直接看到，但可以推断出昨天晚上下雪了。

思维不仅能对没有直接作用于感觉器官的事物加以认识，而且能对根本不能直接感知到的客观事物加以反映，例如，古人对经络的认知等。人通过思维还能对尚未发生的事件做出预见，例如天气预报等。

人类之所以能进行间接的反映，就是因为认识到了事物之间的内在联系，如果事物之间没有这种内在联系，那么人们就很难通过已知来推断未知。

2. 思维的概括性　思维的概括性表现在，它可以把一类事物的共同属性抽取出来，形成概括性的认识。例如，从众多物体中抽取出它们的数量属性，形成数的概念。

正是因为思维具有间接性和概括性，人的思维才能超出感性认识的范围，人才能认识到感性认识所不能达到的事物的内在规律。因为人能认识到事物的本质，能预见到事物的发展，所以人的认识又具有超脱现实的性质，如果没有这种超脱现实的能力，人类的发明、创造就不可能产生。

（二）思维的智力操作过程

思维是大脑对外界事物的信息进行复杂加工的过程，分析、综合、抽象、概括是思维操作的基本形式。

1. 分析与综合　事物本来就是一个有机整体，它的各个部分、各个属性是彼此密切地联系在一起的。分析就是在头脑中将事物分解为各个部分和各种属性的过程；综合就是在头脑中将事物的各个部分或各种属性结合起来，形成一个整体的过程。在分析与综合的过程中，人达到对事物本质的认识。分析和综合是思维过程中两个不可分割、互相联系的方面。

2. 抽象与概括　抽象是在思想上把事物的共同属性和本质特征抽取出来，并舍弃其非本质的属性特征的过程；概括是把抽取出来的共同属性和本质特征结合在一起的过程。

通过分析认识了事物的各种属性，把它们从事物身上抽取出来，进一步对这些属性加以比较，区分出哪些属性是共同的，哪些属性不是共同的，这些属性之间有什么关系。在此基础上，进一步对事物的属性进行分类，再把共同属性结合起来，得出概念，用词把这个概念表示出来，这就是概括的过程。

（三）思维的种类

根据思维的形态，可以把思维分为动作思维、形象思维和抽象思维。动作思维是以实际动作作为支柱的思维过程，例如儿童堆积木的过程。形象思维是以直观形象和表象为支柱的思维过程，例如画家创作一幅图画。抽象思维是用词进行判断、推理并得出结论的过程，又叫词的思维或者逻辑思维。抽象思维以词为中介来反映现实，这是思维最本质的特征，也是人的思维和动物心理的根本区别所在。

按照探索问题答案方向的不同，可以把思维分为辐合思维和发散思维。辐合思维是按照已知的信息和熟悉的规则而进行的思维，又叫求同思维，如利用公式解题。发散思维是沿着不同的方向探索问题答案的思维，又叫求异思维。辐合思维和发散思维是相辅相成、密切联系的。

按照思维是否具有创造性，可以把思维分为再创性思维和创造性思维。再创性思维是用已知的方法去解决问题的思维；创造性思维是用独创性的方法去解决问题的思维。

五、注意

（一）注意的定义

外部世界纷繁复杂，每时每刻都有大量的刺激作用于人的感觉器官，但人的感觉器官接受外界刺激的能力是有限的，人只能有选择地接受外界刺激，人的这种属性就是注意。

注意是心理活动或意识活动对一定对象的指向和集中。意识的指向性是指由于感觉器官容量的限制，心理活动不能同时指向所有的对象，只能选择某些对象，舍弃另一些对象；意识的集中性是指心理活动能全神贯注地聚焦在所选择的对象上，表现在心理活动的紧张度和强度上。

（二）注意的特征

1. 注意广度　在同一时间内，个体能清楚地把握的对象的数量叫注意广度。简单任务下，注意广度是 7+2 个单位。一般而言，单位越大，注意的数量越多，如有的人阅读时是以“字”为单位的，一次注意到的是 7+2 个字；有的人是以“行”为单位的，就能做到“一目十行”。

2. 注意的稳定性　对选择的对象能稳定地保持多长时间的特性叫注意的稳定性。注意维持的时间越长，注意越稳定。注意稳定性受多种因素的影响，如年龄、时间、兴趣等，注意稳定了一段时间后，会自然衰退，学校安排课间休息，就是考虑到注意的稳定性。

3. 注意转移　由于任务的变化，注意从一种对象转移到另一种对象上去的现象叫注意转移。注意转移的速度和质量，取决于前后两种活动的性质和个体对这两种事物的态度，前后两种活动性质上越相近，越容易转移；对前一种活动越投入，注意的转移越难。

4. 注意分配　在同一时间，把注意指向不同的对象，同时从事几种活动的现象叫注意分配。例如，边听讲边做笔记、自弹自唱等。

注意分配的一个条件，是所从事的活动中必须有一些活动是非常熟练的，甚至已经达到了自动化的程度。只有这样，人才能把更多的注意指向不太熟悉的活动。

（三）注意种类

1. 无意注意　无意注意是没有预定目的，不需要付出一直努力就能维持的注意，又叫不随意注意。强大的、对比鲜明的、出然出现的、变化运动的、新颖的刺激，自己感兴趣的刺激，觉得有价值的刺激容易引起无意注意。

2. 有意注意　有意注意是有预定目的，需要付出一定意志努力才能维持的努力。有意注意是在无意注意的基础上发展起来的，是人所特有的一种心理现象。对学习和工作来说，它有较高的效率。要充分发挥有意注意的效率，就要加深对活动目的的认识，还要培养广泛的兴趣和优秀的意志品质，加强抗干扰的能力。无意注意和有意注意之间可以相互转化。

第三节 情 绪

一、情绪概述

（一）情绪的定义

由于情绪的复杂性，情绪的概念至今还没有得到一致的意见。一般认为，情绪是人对客观外界事物的态度的体验，是人脑对客观外界事物与主体需要之间关系的反映。

情绪是不同于认识过程的一种心理过程。首先，情绪是以人的需要为中介的一种心理活动，它反映的是客观外界事物与主体需要之间的关系；认识过程只是对事物本身的认识。其次，情绪是主体的一种主观感受，而认识过程是以形象或概念的形式反映外界事物的。再次，可以从一个人的外部表现看到他情绪上的变化，却看不到他所进行的认识活动的过程。最后，情绪会引起一定的生理上的变化，如紧张时心跳加快、脸色变白等，认识活动则不伴有这种生理上的变化。

（二）情绪的功能

1. 适应功能 有机体在生存和发展中，有多种适应方式。情绪是有机体适应生存和发展的一种重要方式。如动物遇到危险时产生害怕的呼救；婴儿借情绪传递信息，得到成人抚养；成人在生活中的攻击行为、躲避行为、寻求舒适、帮助别人和生殖行为等基本行为都与情绪密切相关。

2. 动机功能 情绪是动机的源泉之一，它能激励人的活动，提高人的活动效率。适度的情绪兴奋，可以使身心处于活动的最佳状态，推动人们有效地完成任务。

3. 组织功能 情绪的组织功能是指情绪对其他心理过程的影响。这种作用表现为积极情绪的协调作用和消极情绪的破坏、瓦解作用。

（三）情绪的维度与两极性

情绪的维度是指情绪所固有的某些特征，如情绪的动力性、机动性、强度和紧张度等。这些特征的变化幅度具有两极性，即存在两种对立的状态。情绪的动力性有增力和减力两极；情绪的机动性有激动和平静两极；情绪的强度有强、弱两极；情绪还有紧张和轻松两极。

二、情绪理论

（一）情绪的早期理论

1. 詹姆斯－兰格理论 美国心理学家詹姆斯和丹麦生理学家兰格分别于1884年和1885年提出内容相同的一种情绪理论，他们强调情绪的产生是植物性神经活动的产物，与人的一般认识相反，认为是因为笑了才高兴，哭了才伤心。这种理论有一定的实用价值，如人高兴的时候大多是抬头的，当人抬头的时候就很难想起伤心的事。

小思考：你有哪些方式让伤心的人抬头？

2. 坎农－巴德学说 坎农认为情绪的中心不在外周神经系统，而在中枢神经系统的丘脑。坎农的情绪学说得到了巴德的支持和发展，故后人称坎农－巴德情绪学说。

现在的研究认为，丘脑是一个古脑区，主要控制情绪，负责将接收到的信息上传到大脑，但丘脑同时可以给躯体发出指令，躯体这时做出的反应就是"情绪反应"，通常比"理智反应"要快0.2秒左右。

（二）情绪认知理论

1. 阿诺德的"评定－兴奋"说 美国心理学家阿诺德在20世纪50年代提出了情绪的评定－兴奋学说，该理论认为，刺激情景并不直接决定情绪的性质，从刺激出现到情绪的产生，要经过对刺激的估量和评价，情绪产生的基本过程是刺激情景－评估－情绪。同一刺激情景，由于对它的评估不同，会产生不同的情绪反应。

2. 沙赫特－辛格的情绪理论 20世纪60年代初，美国心理学家沙赫特和辛格提出，对于特定的情绪来说，有三个因素是必不可少的。第一，个体必须体验到高度的生理唤醒，如心率加快、手出汗、胃收缩、呼吸急促等；第二，个体必须对生理状态的变化进行认知性的唤醒；第三，相应的环境因素。

3. 拉扎勒斯的认知－评价理论 拉扎勒斯是情绪的认知－评价理论的代表。他认为情绪是人与环境相互作用的产物。在情绪活动中，人不仅接受环境中的刺激事件的影响，同时要调节自己对刺激的反应。也就是说，情绪活动必须有认知活动的指导，只有这样，人才能了解环境中刺激事件的意义，选择适当的有价值的动作组合，即动作反应。

三、基本情绪与情绪的状态

（一）基本情绪

基本情绪是人和动物共有的、不学而会的，又叫原始情绪。每一种原始情绪都有其独立的神经生理机制、内部体验、外部表现和不同的适应能力。基本情绪的种类有不同的分法，近代研究中常把快乐、悲哀、愤怒和恐惧列为情绪的基本形式。

1. 快乐 快乐是个体追求某一目标，经自身努力，目标实现后，紧张状态消失所产生的一种态度体验。快乐的程度取决于愿望的满足程度。

2. 悲哀　悲哀是个体失去追求目标或丧失有价值的事物所产生的一种态度体验。悲哀的程度取决于失去的事物的价值。

3. 愤怒　愤怒是个体追求某一目标屡遭挫折，紧张状态不断积累而形成的态度体验。挫折如果是由于不合理的原因或被人恶意造成时，最容易产生愤怒。愤怒时人会异常紧张，有时不能自我控制，往往会出现攻击行为。

4. 恐惧　恐惧是个体回避某一目标而又无能为力时的态度体验。恐惧往往是由于无法处理或缺乏摆脱可怕的情景（事物）的力量和能力所造成。恐惧比其他任何情绪都更具有感染力。

上述四种最基本的情绪，在体验上是单纯的、不复杂的。在这四种基本情绪的基础上，可以派生出许多种不同组合的复合情绪和情感，例如恨就包含愤怒、惧怕、厌恶等成分，而内疚、愤怒和恐惧组合起来的复合情绪就是焦虑。

（二）情绪的状态

按照情绪的状态，也就是按情绪发生的速度、强度和持续时间的长短，可以把情绪划分为心境、激情和应激。

1. 心境　心境是一种微弱、持久而又具有弥散性的情绪体验的状态，通常叫做心情。心境并不是对某一事件的特定体验，而是以同样的态度对待所有的事件，让所遇到的各种事件都具有当时心境的性质。愉快的心境使人觉得轻松，看待周围事物也都非常美好；不愉快的心境使人觉得沉重，对任何事物都不感兴趣。心境持续的时间短的只有几小时，长的可到几周、几个月，甚至更长时间。

2. 激情　激情是一种强烈的、爆发式的、持续时间较短的情绪状态，这种情绪状态具有明显的生理反应和外部行为表现。激情往往由重大的、突如其来的事件或激烈的意向冲突引起。激情既有积极的，也有消极的。在激情状态下，人能做出平时做不出来的事情，在消极时容易产生鲁莽的行为。所以，人应当善于控制自己的情绪，学会做自己情绪的主人。

3. 应激　应激是在出现意外事件或遇到危险情景时出现的高度紧张的情绪状态。应激将在第三章重点讲述。

四、情绪与健康

（一）情绪与健康的关系

情绪的变化与神经生理反应密切相关，情绪反应与自主神经活动联系密切，情绪发生时伴随着交感和副交感等自主神经和内分泌系统的改变。早在2000年前，中外医学家就注意到了消极情绪对身体健康的影响。我国古代医学典籍《内经》中曾经明确指出：“大怒伤肝，暴喜伤心，思虑伤脾，惊恐伤肾。”

人类的任何一种情绪都是由内在的化学和物理变化形成的，消极的情绪体验在很大程度上可能诱发一些生理疾病。强烈或持续的消极情绪刺激，可导致神经、内分泌机制失调，降低人体免疫力，人易产生疲劳，从而容易致病。例如，我们平时出现的“胀气”现象，是由于情绪引起的消化道肌肉痉挛，而打嗝则是情绪在胃部肌肉上的体现。处于消极情绪状态时，个体的思维也会变得狭窄，过度聚焦于引起消极情绪的事件，心态会变得警惕、紧张，肢体血液流动加快，不仅增加心血管的负担，导致个体在不清醒、不理智状况下做出错误判断和决定，甚至会做出危害性举动；积极的情绪则会激发人们工作的热情和潜力。各种情绪均会不同程度地影响着人的工作和生活，只有了解了情绪，才能控制并管理情绪，使其发挥其积极作用。

（二）情绪对健康的影响

古人很早就认识到情绪对个体健康的影响，《素问·阴阳应象大论》中有“喜伤心，怒伤肝，思伤脾，忧伤肺，恐伤肾”的说法，认为七情内伤是外界刺激引起情志异常的主因，可导致内脏阴阳气血失调而发病。七情内伤的病因与外感六淫不同，六淫致病是六淫外邪从皮肤或口鼻而入，由表入里，发病初期常有表证。

现代西方研究也证明，情绪对个体健康存在着影响。美国生理学家艾尔马曾做过这样的实验研究：将人在不同情绪状态下呼出的气体收集在玻璃试管中，冷却后变成水，发现个体在心平气和的状态下呼出的气体冷却成水后，水是澄清透明的；在悲伤状态下呼出的气体冷却成水后，水中有白色沉淀；在愤怒、生气状态下呼出的气体冷却成水后，将其注射到大白鼠身上，几分钟后可以导致大白鼠死亡。

上述我们主要说明了情绪对健康的消极影响，其实情绪对个体的健康也可以产生积极的作用。古人云“笑一笑，十年少；愁一愁，白了头”，就说明了这点。现代的研究也支持这种说法，有人发现，当个体处在情绪愉悦的状态时，个体会更多地分泌如多巴胺等类型的激素，这类激素可使人兴奋，可提高人体的免疫力。

五、情绪的调节

（一）情绪调节的定义

情绪调节是每个人管理和改变自己或他人情绪的过程。在这个过程中，通过一定的策略和机制，使情绪在生理活动、主观体验、表情行为等方面发生一定的变化。成功的情绪调节，主要是要管理情绪体验和行为，使之处在适度的水平，其中包括“削弱或去除正在进行的情绪，激活需要的情绪，掩盖或伪装一种情绪”等。可见，情绪调节既包括抑制、削弱和掩盖等过程，也包括维持和增强的过程。

（二）情绪调节类型

根据情绪的来源不同，情绪调节可分为内部调节和外部调节。内部调节是指通过个体自我暗示、深呼吸、体育运动等进行的生理、心理、行为调节。外部调节是指可以通过与朋友谈心进行人际调节，通过爬山、游泳等进行自然调节。

根据情绪的不同特点，情绪调节可分为修正调节、维持调节和增强调节等，这种调节在临床中常常运用。

根据调节发生的阶段，情绪调节可分为原因调节和反应调节。原因调节是针对引起情绪的原因或起源进行加工和调整，包括对情境的选择、修改、注意的调整，认识的改变等策略。反应调节发生于情绪激活或诱发之后，是个体对已经发生的情绪，在生理反应、主观体验和表情行为等方面，通过增强减少、延长、缩短等策略进行调整。

（三）情绪调节方法

1. 生理调节 根据詹姆斯－兰格理论，生理可以影响到人的心理。人是因为笑才高兴，因此，当自己不开心的时候，不妨装出笑脸，特别是有程度较低的消极情绪时，“强迫”自己露出笑脸，你会发现，你的消极情绪似乎在减轻或消退。

2. 适当的发泄 有时人要学会发泄，适当的发泄可以很好地调节自己的情绪。如很多女孩都有这样的体会，当自己情绪不好时，大哭一场之后，会发觉自己好受多了。发泄的方式有很多，如哭、运动、倾诉、写日记等，也可以将自己的情绪发泄到一些替代物上，如橡皮人、枕头、纸张等，只要不对他人产生伤害，都是较积极的发泄方式。

3. 认知调节 积极心理学认为，当个体倾向于用积极的眼光看待问题时，其心态和情绪趋向于积极，反之则趋向于消极。譬如，某同学的违纪行为被班干部告诉了老师，他可以这样想：“打小报告的家伙，我一定要警告他（打他一顿）。”这时他会产生消极的情绪，与这位班干部的关系会如何？他也可以这样想：“他这样做，表明他是关心我的，最终是想让我更好地成长，如果他不在乎我，他就不会管我了。”这时他就会产生积极的情绪，同时也能处理好与班干部以及其他同学的关系。所以，当我们遇到事情的时候，不妨多想想我们遇到的事情“能给我们带来什么好处或背后隐藏着什么机会”。

4. 人际调节 人际调节属于社会调节或外部环境调节。在人际调节中，个体的动机状态、社会信号、自然环境、记忆等因素都起着重要作用。坎培斯（1989）认为，个体的动机状态，主要指个体正在追求的目标。如果外部事件与个体追求的目标有关，那么这些事件就可能引起个体的情绪。在社会信号中，他人的情绪信号，尤其是与个体关系密切的人（如母亲、教师、朋友等）发出的情绪信号对情绪调节有较大的作用。在自然环境中，美丽风景令人赏心悦目，而混乱、肮脏、臭气熏天的环境则令人恶心。个人记忆也会影响人们的情绪，有些环境让人想起愉快的事情，而有些环境则让人回忆起痛苦。

第四节 个 性

一、个性概述

1. 个性的定义　个性就是个别性、个人性，是一个人在思想、性格、品质、意志、情感、态度等方面不同于其他人的特质，这个特质表现于外就是他的言语方式、行为方式和情感方式等。任何人都是有个性的，人是一种个性化的存在，个性化是人的存在方式。

2. 个性的特征　研究个性必须探讨它的特性及表现，这样才能把个性心理与其他心理现象区别开来。个性具有以下几方面的特性。

（1）自然性与社会性　人的个性是在先天自然素质的基础上，通过后天的学习、教育与环境的作用而逐渐形成起来的。因此，个性具有自然性，人们与生俱来的感知器官、运动器官、神经系统和大脑在结构上与机能上的一系列特点，是个性形成的物质基础与前提条件。但人的个性并非单纯自然的产物，它总是要深深地打上社会的烙印。初生的婴儿作为一个自然的实体，还谈不上有个性。个性是在个体生活过程中逐渐形成的，在很大程度上会受到社会文化、教育教养内容和方式的影响。可以说，每个人的人格都打上了他所处的社会的烙印，即个体社会化结果。正如马克思所说："'特殊的人格'的本质不是人的胡子、血液、抽象的肉体本性，而是人的社会特质。""人的本质并不是单个人所固有的抽象物，实际上，它是一切社会关系的总和。"由此可见，个性是自然性与社会性的统一。

（2）稳定性与可塑性　个性的稳定性是指个体的人格特征具有跨时间和空间的一致性。在个体生活中暂时的、偶然表现的心理特征，不能认为是一个人的个性特征。例如，一个人在某种场合偶然表现出对他人冷淡，缺乏关心，不能以此认为这个人具有自私、冷酷的个性特征。只有一贯的、在绝大多数情况下都得以表现的心理现象才是个性的反映。

在学校教育中，我们经常可以看到，每个学生都具有一些不同的、经常表现的心理特征，如有的学生关心集体，热情帮助同学，活泼开朗；有的学生对集体的事也关心，但不善言谈，踏实稳重，埋头苦干，这些不同的行为表现不仅是在班集体中，在其他场合也是如此。因此，才能把某个学生同另一个学生在精神面貌上区别开，也才能预料某学生在一定情况下会有什么样的行为举止。总之，一个人的个性及其特征一旦形成，我们就可以从他儿童时期的人格特征推测其成人时期的人格特征。

尽管如此，个性或人格绝不是一成不变的。因为现实生活非常复杂，随着社会现实和生活条件、教育条件的变化，年龄的增长，主观的努力等，个性也会发生某种程度的改变。特别是在生活中经过重大事件或挫折，往往会在个性上留下深刻的烙印，从而影响个性的变化，这就是个性的可塑性。当然，个性的变化比较缓慢，不可能立竿见影。

由此可见，个性既具有相对的稳定性，又有一定的可塑性。教育工作者要充分认识到这一点，履行教育职责时才能有耐心和信心。

（3）独特性与共同性　个性的独特性是指人与人之间的心理和行为是各不相同的。因为构成个性的各种因素在每个人身上的侧重点和组合方式是不同的。如在认识、情感、意志、能力、气质、性格等方面反映出每个人独特的一面，有的人知觉事物细致、全面，善于分析；有的人知觉事物较粗略，善于概括；有的人情感较丰富、细腻，而有的人情感较冷淡、麻木等。如同世界上很难找到两片完全相同的叶子一样，也很难找到两个完全相同的人。

强调个性的独特性，并不排除个性的共同性。个性的共同性是指某一群体、某个阶级或某个民族在一定的群体环境、生活环境、自然环境中形成的共同的典型的心理特点。正是个性具有的独特性和共同性，才形成了一个人复杂的心理面貌。

二、个性倾向性

个性倾向性是指人对社会环境的态度和行为的积极特征，它是推动人进行活动的动力系统，是个性结构中最活跃的因素。决定着人对周围世界认识和态度的选择和趋向，决定人追求什么，包括需要、动机、兴趣、理想、信念、世界观等。个性倾向性是人的个性结构中最活跃的因素，它是一个人进行活动的基本动力，决定着人对现实的态度，决定着人对认识活动的对象的趋向和选择。个性倾向性是个性系统的动力结构，它较少受生理、遗传等先天因素的影响，主要是在后天培养和社会化过程中形成的。个性倾向性中的各个部分并非孤立存在，而是互相联系、互相影响和互相制约的。其中，需要又是个性倾向性乃至整个个性积极性的源泉，只有在需要的推动下，个性才能形成和发展。动机、兴趣和信念等都是需要的表现形式。世界观处于最高指导地位，它指引和制约着人的思想倾向和整个心理面貌，它是人的言行的总动力和总动机。由此可见，个性倾向性是以人的需要为基础、以世界观为指导的动力系统。

三、个性心理特征

个性心理特征是指个体在其心理活动中经常地、稳定地表现出来的特征，它影响着一个人的言行举止，体现着一个人心理活动的独特性。我们常说某人“精明强干”，指的就是个性特征。个性心理特征主要包括气质、性格和能力等成分，主要是指人的能力、气质和性格。

1. 能力　能力是顺利、有效地完成某种活动所必须具备的心理条件。

人的能力是多方面的，人应该根据自己的能力特点扬长避短，如有音乐天赋的人，适合从事与音乐有关的事业；有运动的天赋，适合从事与运动有关的工作；有人擅长思考，或许适合从事理论研究工作；有人擅长动手，或许更适合操作性的工作。即使同一工作，能力不同，也可以考虑如何更好地发挥自己的特长，如同样是学医的，有的从事临床，有的从事医疗宣传，有的从事医疗营销等，都是根据自身能力的不同而决定的。

2. 气质　气质是心理活动表现在强度、速度、稳定性和灵活性等方面动力性质的心理特征。气质相当于日常生活中所说的脾气、秉性或性情。

心理活动的动力特征既表现在人的感知、记忆、思维等认识活动中，也表现在人的情绪和意志活动中，特别是在情绪活动中表现得更为明显。例如，一个人言谈举止的敏锐性、注意力集中的程度、思维的灵活性等，都是他心理活动的动力特征的表现。

气质有很多特征，按照这些特征的不同组合，可以把人的气质分为几种不同的类型。2500 多年以前，古希腊医生、哲学家希波克拉底就观察到了人的心理活动的这种现象，他根据自己的观察，将人划分为胆汁质、多血质、黏液质和抑郁质四种体质类型。500 年后，罗马医生盖伦才在希波克拉底类型划分的基础上提出了气质这一概念，所以，希波克拉底是最早划分气质类型并提出气质类型学说的人。

3. 性格　性格是一个人在对现实的稳定的态度和习惯化了的行为方式中表现出来的人格特征。

态度是性格中最重要的特征，是一个人对人、物或思想观念的一种反映倾向性，它是在后天生活中习得的，由认知、情感和行为倾向三个因素组成。一个人对现实的态度，表现在他在生活中追求什么、拒绝什么，如有的人喜欢平平淡淡，有的人追求轰轰烈烈。一个人对现实的稳定的态度决定了他的行为方式，当他们遇到同样的事情，由于态度不同，采取的方式方法就不同，因而我们可以通过他人习惯化了的行为方式推测出他对现实的态度。

性格是在社会生活实践中逐渐形成的，一经形成便比较稳定。性格的稳定性并不是说它一成不变，性格也是可塑的。个体在其性格形成和稳定后，如遇到生活环境的重大变化，也可能会带来他性格特征的显著变化。性格不同于气质，它受历史文化的影响，有明显的社会道德评价的意义，直接反映了一个人的道德风貌。所以说，气质更多地体现了人格的生物属性，性格则更多地体现了人格的社会属性，个体之间人格差异的核心是性格的差异。

复习思考

1. 心理学的研究对象是什么？心理学的基本任务是什么？

2. 前摄抑制和倒摄抑制提示我们在进行听写时，注意力应该放在材料的什么部位？为什么？

3. 两位患者同时去做推拿，康复师让 B 在旁边等着，先给 A 推拿了 40 分钟，然后给 B 推拿了 40 分钟，结果导致 B 的不满，认为康复师给 A 推拿的久而给自己推拿的短。请问，为什么会导致这种现象？如何防范？

4. 你的个性特征是什么？哪些有助于你的学习、工作和生活？

扫一扫，知答案

扫一扫，看课件

第三章 心理应激

【学习目标】

掌握：应激、应激源的含义；危机与危机干预的含义。

熟悉：个体对应激源做出反应的心理中介因素；应激的生理心理反应和表现。

了解：常见的心理应激源；应激与健康的关系；常见危机及危机干预的方法。

案例导入

到出榜那日……范进三两步走进屋里来，见中间报帖已经升挂起来，上写道：“捷报贵府老爷范讳高中广东乡试第七名亚元。京报连登黄甲。”

范进不看便罢，看了一遍，又念一遍，自己把两手拍了一下，笑了一声，道：“噫！好了！我中了！”说着，往后一跤跌倒，牙关咬紧，不省人事。老太太慌了，慌将几口开水灌了过来。他爬将起来，又拍着手大笑道：“噫！好！我中了！”笑着，不由分说，就往门外飞跑……走出大门不多路，一脚踹在塘里，挣起来，头发都跌散了，两手黄泥，淋淋漓漓一身的水。众人拉他不住，拍着笑着，一直走到集上去了。众人大眼望小眼，一齐道：“原来新贵人欢喜疯了。”

在社会心理因素与健康、疾病的联系中，心理应激是一个十分重要的中间环节，它是机体在适应内外环境变化的过程中产生的。人的一生中会遇到各种不同的心理应激，心理应激可来源于社会各种环境，有积极的，也有消极的，当超出人们的应对能力时，便会产生应激，出现身体或精神上的应激反应。适度的心理应激不但对个体的成长、发展，而且对人的健康和功能活动都有积极的促进作用；过度的心理应激则可使机体的生理、心理产生损伤性变化，从而使机体抗病能力下降，使已有的疾病加速或复发，或使人罹患心身疾病，甚至会危及生命。

第一节 应激与应激源

一、应激

应激源于物理学，原意是“张力或压力”。1936年，加拿大学者塞里首次将这个词引入到生物学和医学领域，并在此研究的基础上提出了应激学说，认为“应激是机体对紧张刺激的一种非特异性的适应性反应”，其作用在于调动机体的潜能去应对紧张刺激。

随着对应激研究的深入，应激的定义也有了很大的变化，其中有代表性的是美国心理学家拉扎洛斯，他认为个体的认知评价是影响应激重要的中介因素。由于个体对情境的察觉和评价存在差异，因此个体对应激源的反应也就存在差异。

近年来，在拉扎洛斯理论的基础上，逐渐趋向于将心理应激看作是以认知评价因素为核心的过程，并从应激源、应激中介因素和应激反应三个方面及其相互关系来进行认识。根据这一观点，我们将心理应激定义为：个体察觉到内外环境的需求和机体满足需求的能力不平衡时，倾向于通过心理和生理反应所表现出的调节应对过程，反应可以是适应或适应不良。

二、应激源

应激源是作用于个体，使之产生应激反应，并处于应激状态下的各种刺激，又常被称为生活事件。按应激源的内容可分为四类。

1. 躯体性应激源　指直接作用于躯体而产生应激反应的刺激物，包括理化因素、生物学因素和疾病因素。例如寒冷、高温、高压、噪音、振动、药物、毒物、病原微生物、寄生虫、外伤、噪音、射线、感染、外伤、睡眠障碍、性功能障碍等疾病或健康问题。

2. 心理性应激源　指来自人们头脑中的紧张性信息。如个体不切实际的过高期望或不祥预感，来自于社会的压力、挫折、烦恼、冲突和人际关系矛盾等。

3. 社会性应激源　指各种自然灾害和社会动荡，例如战争、动乱、天灾人祸、政治经济制度变革、失业、竞争、生活节奏加快、喜庆事件等。

4. 文化性应激源　指一个人从熟悉的生活方式、语言环境和风俗习惯迁移到陌生环境中所面临的各种文化冲突和挑战，或遇到外来文化的冲击等。

1967年，美国华盛顿大学医学院的精神病学专家Holmes和Rahe通过对5000多人进行社会调查和实验所获得的资料，编制了《社会再适应评定量表》（SRRS）。量表中列出了43种生活事件，每种生活事件标以不同的生活变化单位（life change units，LCU），用以检测事件对个体的心理刺激强度（见表 3-1）。Holmes 通过早期研究发现，若 LCU 一年累计超过 300，第二年有 86% 的人将会患病；若一年 LCU 为 150 ～ 300，则有 50% 的人可能在第二年患病；若一年 LCU 小于 150，第二年则可能平安无事，身体健康。

表 3-1　生活变化单位计算

变化事件	LCU	变化事件	LCU
1. 配偶死亡	100	23. 子女离家	29
2. 离婚	73	24. 姻亲纠纷	29
3. 夫妇分居	65	25. 个人取得显著成就	28
4. 坐牢	63	26. 配偶参加或停止工作	26
5. 亲密家庭成员丧亡	63	27. 入学或毕业	26
6. 个人受伤或患病	53	28. 生活条件变化	25
7. 结婚	50	29. 个人习惯的改变（如衣着、习俗、交际等）	24
8. 被解雇	47		
9. 复婚	45	30. 与上级矛盾	23
10. 退休	45	31. 工作时间或条件的变化	20
11. 家庭成员健康变化	44	32. 迁居	20
12. 妊娠	40	33. 转学	20
13. 性功能障碍	39	34. 消遣娱乐的变化	19
14. 增加新的家庭成员（如出生、过继、老人迁入）	39	35. 宗教活动的变化（远多于或少于正常）	19
15. 业务上的再调整	39	36. 社会活动的变化	18
16. 经济状态的变化	38	37. 少量负债	17
17. 好友丧亡	37	38. 睡眠习惯变异	16
18. 改行	36	39. 生活在一起的家庭人数变化	15
19. 夫妻多次吵架	35	40. 饮食习惯变异	15
20. 中等负债	31	41. 休假	13
21. 取消赎回抵押品	30	42. 圣诞节	12
22. 所担负工作责任方面的变化	29	43. 微小的违法行为（如违章穿马路）	11

第二节　应激的中介机制

在刺激与反应之间存在着中介机制，心理应激的中介机制主要包括认知评价、社会支持、个性特征等中介因素，主要负责对应激源进行加工、处理，确定应激反应的有无和强烈程度，进而产生对个体的影响。

一、认知评价

认知评价是指个体从自己的角度，对遇到的生活事件的性质、程度和可能的危害情况做出评价。目前的研究倾向于认为认知评价在生活事件与应激之间起着决定性的作用，是应激过程中最关键的因素。同样是受到老师的严厉批评，不同的学生会产生不同的认知评价，如有的会认为“老师是故意针对我，给我穿小鞋”，因而会愤怒生气；有的会认为“老师是关心我，是觉得我是可造之材，希望我能更好地成长”，有这种想法的学生受到的刺激就较小，甚至可能会为此而产生积极的情绪。可见，不同的认知评价，导致不同的应对和结果，从而决定这一生活事件是否引起应激反应，以及反应的方向和强烈程度。

二、社会支持

社会支持是指个体与社会各方面所产生的精神上和物质上的联系程度。在应激研究领域，一般认为社会支持具有减轻应激的作用，是应激作用过程中个体“可利用的外部资源”。它本身对健康并无直接作用，而是通过提高个体对生活事件的应对能力和顺应性达到缓冲应激反应的作用。

社会支持概念所包含的内容相当广泛，包括一个人与社会所发生的客观的或实际的联系，例如得到物质上的直接援助和社会网络；还包括主观体验到的或情绪上的支持，即个体体验到在社会中被尊重、被支持、被理解和满意的程度。

动物实验表明，在实验室导致的应激情景下，若有同窝动物或动物母亲的存在，或有实验人员安抚时，可以减少实验动物疾病的发生；生活中，丧偶的老人与有配偶的老人相比，其死亡率较高。有报道说，世界上很多国家，包括美国等发达国家年轻女子晚上不敢单独上街，而在中国却是常见的现象，这些都说明社会支持的作用。

三、个性特征

个性是应激系统中的核心因素，与生活事件、认知评价、应对方式、社会支持、应激反应的形成和程度都有关系。个性赋予个体独特的行为模式，决定个体对刺激的反应方式和态度。生活事件的刺激只有在一定的个性和行为基础上，才对个体产生影响。同样的事件，对个性不同的个体产生的影响是不一样的。《西游记》中，当遭遇险情的时候，孙悟空会想办法解决，而猪八戒则动不动就喊“散伙”，这反映的就是不同个性的处理方式。

第三节　应激反应及其作用

应激反应是指个体因为应激源所致的各种生物、心理、行为方面的变化，常称为应激的心身反应。应激反应是个体对变化着的内外环境所做出的一种适应，这种适应是生物界赖以发展的原始动力。

某一强度的生活事件或精神刺激，对绝大多数人都会引起应激反应，但反应强度和反应持续时间却有明显的个体差异。由于人体具有适应、代偿和调节的能力，大多数人可以很快恢复健康，少数人可以因反应过度而出现精神障碍或引发躯体疾病。

应激反应包括生理反应和心理反应两方面。

一、应激的生理反应

在应激情况下，机体会产生不同的生理反应，这是人们对应激的最初理解，这些反应体现在机体的适度调节活动，这有助于机体对抗应激源所造成的变化，恢复内稳态。这些反应如果过于激烈、持久，便会引起机体损害，可能导致躯体疾病，所以它们又可能是某种情况下导致疾病的生理基础。

（一）全身适应综合征

塞里认为，有害刺激作用于机体后，无论刺激性质如何，机体均会产生一种非特异性的“全身适应综合征”（GAS），表现为一种特殊症状群，这些生理和生化方面的变化，可以分警戒、阻抗和衰竭三个阶段，这三个阶段均系垂体－肾上腺系统激活的表现。

1. 警觉阶段　机体受到伤害性刺激之后，在最初的一个短暂的过程里出现“体克”现象，然后产生生理、生化的一系列变化，进行体内动员和防御。主要表现有肾上腺活动增强，心率和呼吸加快，心、脑、肺和骨骼肌血流量增加，以及血糖增加、血压升高、出汗、手足发凉等现象。

2. 抵抗阶段　表现为肾上腺皮质变小，淋巴腺恢复正常，激素水平恒定。生理和生化改变继续存在，垂体促肾上腺皮质激素和肾上腺皮质激素分泌增加，机体调动了全部资源，生物适应性也处于最高水平，但是，糖皮质激素的释放会影响机体的免疫功能，盐皮质激素则可导致体内钾钠等电解质平衡失调，抗利尿激素分泌增加而致水潴留，长期抵抗则会耗竭机体资源，导致衰竭和崩溃。同时，塞里指出，在大多数情况下，应激只引起这两个阶段的变化，且绝大多数是可逆的，机体功能可恢复正常。

3. 衰竭阶段　表现为较高的皮质醇水平对循环、消化、免疫等系统产生影响，机体出现各种疾病。如果刺激源持续存在，抵抗阶段过长，机体最终将进入衰竭阶段，表现为淋巴组织、脾脏、肌肉和其他器官发生变化，导致躯体的损伤而患病，甚至死亡。

（二）生理反应的表现

生理反应在各系统可表现为以下几个方面。①神经系统：头晕、头昏、头痛、耳鸣、无力、失眠、惊跳、颤抖等。②循环系统：心动过速、心律失常、血压不稳等。③呼吸系统：胸闷、气急、胸部压迫感、呼吸困难等。④消化系统：恶心、呕吐、腹痛、腹胀、腹泻、食欲下降或上升等。⑤泌尿系统：尿频、尿急等。⑥生殖系统：月经紊乱、性欲下降、阳痿、早泄、阴冷等。⑦内分泌系统：甲状腺素升高或降低、血糖升高或降低等。⑧皮肤：脸红、出汗、瘙痒、忽冷忽热等。

如果应激状态持续，有可能进一步发展，出现心身疾病。

二、应激的心理反应

应激引起的心理反应可分为两类：一是积极的心理反应；二是消极的心理反应。积极的心理反应是指适度的皮层唤醒水平和情绪唤起；注意力集中；积极的思维和动机的调整。这种反应有利于机体对传入信息的正确认知评价、应对策略的抉择和应对能力的发挥。消极的心理反应是指过度唤醒（焦虑）、紧张；过分的情绪唤起（激动）或低落（抑郁）；认知能力降低；自我概念不清等。这类反应妨碍个体正确地评价现实情境、选择应对策略和正常应对能力的发挥。

在机体应激过程中，心理和生理反应是密切联系的，生理应激与心理反应常伴随出现。生理应激与心理应激是应激时机体以整体方式做出的反应，两者同时存在，相互影响，相互作用，彼此转化。

（一）心理应激反应的表现

1. 情绪反应　主要表现为焦虑、恐惧、愤怒、抑郁等情绪反应。

（1）焦虑　焦虑是人们面对即将来临的，预期可能要造成危险或发生某种不良后果时的一种紧张和不愉快的情绪状态。产生焦虑的原因可以是明确的，如考试焦虑；也可以是广泛焦虑，即无明确对象的焦虑。有研究表明，适度的焦虑可以唤起人们对应激的警觉状态，促进个体水平的发挥；而过度的焦虑则会对个体水平的发挥产生消极影响，如学生在考场上可能会感到某个问题很熟悉，但就是想不起来，是他不记得了吗？显然不是，很多学生都遇到过这种情况，在考场里想不起来，一旦交卷就想起来了。

（2）恐惧　恐惧是面临危险或即将受到伤害时所产生的逃避情绪或害怕感，通常产生逃避行为。多发生于个体生命、价值观等安全受到威胁的情况，与个体感觉而非实际缺乏力量和能力摆脱危险情境所致。恐惧虽会导致回避行为，但并非所有的回避都是消极的，有时回避行为也具有一定的积极意义。例如，年轻女孩因为恐惧而不敢随意去见网友，毕业生应聘的时候因恐惧不随便上接送车而自己打车前往，这些都是因为恐惧导致了他们正确的应对行为，具有积极的意义。

（3）愤怒　愤怒多出现于一个人在追求某一目标的道路上遇到挫折、失败，而产生的一种情绪反应。因个性因素，愤怒时的表现是不同的，有的人喜发泄，遇事即怒，这时交感神经兴奋，心跳加快，血压升高，行为常具有攻击性，有不自觉的握拳动作，这类人易产生高血压和冠心病；而有的人习惯压抑自己的愤怒，即俗话说的生闷气，这种人易患癌症。

（4）抑郁　抑郁是一组诸如悲观、失望、绝望和无助等消极的情绪状态。如愉快感丧失、自我感觉不良，对日常生活的缺乏兴趣，常有自责倾向，自我评价降低，多伴有睡眠和食欲障碍，有自杀倾向。灾难性事件如地震、亲人死亡等易导致抑郁，失恋、失业等重大生活事件、地位变化导致的失落感、认知方式、个性特征等，均可导致抑郁。

2. 行为反应　应激状态下机体的行为可表现为“战”或“逃”。“战”是知难而上，去接近应激源，去面对挑战，可以是与愤怒有关的拼搏与攻击行为；也可以是非攻击性的，表现为正视现实，分析研究，想方设法解决问题。“逃”则是回避远离应激源的防御行为，或虽不逃避远离应激源，但逃避个体应承担的责任，多受安全动机驱使，与恐惧情绪有关，如某学生成绩优秀，其父母和老师都对他寄予了很高的期望，他自己的期待也很高，临近高考时突然生病，这时的“病”往往是他逃避高考失利的最佳“借口”，高考一过，其“病”可不治而愈。有时个体既不能“战”，又不能“逃”，只能不“战”又不“逃”，这样的行为是一种退缩性反应，表现为归顺、依附、抑制与讨好，多与保存实力及安全的需要有关，具有一定的生物学与社会学意义。如有的动物在遇到猛兽无路可逃时，会躺在地上装死，就属于这一类。总之，应激状态下产生的各种行为反应都具有一定的适应意义，在一定范围内和一定限度内是有益的。

3. 防御反应　防御反应是指在挫折和应激条件下，个体不自觉采用的自我保护方法，其目的在于避免精神上过分的痛苦、不快或不安，这种心理反应大多是在潜意识中进行的，又称心理防御机制。

三、应激对健康的影响

塞里将个体对应激的认知评价分为两种，积极的和消极的。积极的应激给人以力量并提高个体识别与作业的能力；消极的应激则耗费能量储备，并以维护和防卫的形式增加机体系统的负担。塞里把维持生命的能量储备称为“适应能”，消极的、适应不良的应激反应最终将使这种生理意义上有限度的适应能耗尽而导致死亡。

曾有人做过这样的实验，将同种小白鼠随机分成四组：A 组小白鼠可得到充足的食物；B 组小白鼠只得到 80% 的食物；C 组小白鼠在得到食物的同时，会遭到电击；D 组小白鼠在得到食物的时候，会伴随随机的电击。以上各组小白鼠面对的应激状况是不同的，实验的目的是观察不同程度的应激对小白鼠生存状况的影响。结果显示：B 组小白鼠的寿命更长，皮毛更为光滑；A 组次之；D 组最差，死亡最早，死后的解剖发现这些小白鼠胃壁出现了大面积的溃疡。这从某方面证实了中医的某些说法，譬如中医强调人吃七八分饱比较合理。

1. 心理应激对健康的积极影响 适度的应激使人体处在维持一定张力的准备状态，有利于机体在遇到突发性刺激时全面动员；适度的应激是维持人正常心理和生理功能的必要条件；适度的应激可以提供应对经验，是人的成长和发展的必要条件，可增强有机体适应的能力。

2. 心理应激对健康的消极影响 强烈而突然的应激造成有机体唤醒不足，使心身功能和社会活动迅速出现障碍或崩溃；持久的慢性应激使人长期紧张，个体的心理和生理抵抗力均会耗竭，会击溃人体的生物化学保护机制，导致疾病的发生，或加重已有的精神和躯体疾病，使这些疾病复发；多次未转向良好适应的应激，会破坏适应力，造成原来的社会心理活动和心理适应能力下降，甚至遇到新的轻微的应激时，会出现退缩反应和过度反应，或对强烈的刺激出现“无反应”。

流行病学研究指出，心理紧张刺激与高血压、溃疡病、脑血管意外、心肌梗死、癌症等发病率的增高有一定的关系。

第四节　应对与危机干预

一、应对概述

（一）应对的概念和种类

应对是个体对生活事件以及因生活事件而出现的自身不平衡状态所采取的认知和行为措施。

应对的概念是很广的，或者说是多维度的：①从应对与应激过程的关系看，应对活动涉及应激作用过程的各个环节，包括生活事件（如面对、回避、问题解决）、认知评价（如自责、幻想、淡化）、社会支持（如求助、倾诉、隔离）和心身反应（如放松、烟酒、服药）。②从应对的主体角度看，应对活动涉及个体的心理活动（如再评价）、行为操作（如回避）和躯体变化（如放松）。③从应对的指向性看，有的应对策略是针对事件或问题的，有的则是针对个体情绪反应的，前者被称为问题关注应对，后者为情绪关注应对。一般而言，男性趋向于问题关注而女性趋向于情绪关注，但并不绝对。④从应对是否有利于缓冲应激的作用，从而对健康产生有利或者不利的影响来看，有积极应对和消极应对。⑤从应对策略与个性的关系来看，可能存在一些与个性特质有关的、相对稳定的和习惯化了的应对风格或特质应对。例如，日常生活中某些人习惯于面对，有些人习惯于幽默。

（二）常见的应对方式

机体通过改变自身结构或调整其功能，对应激源所产生的动态反应过程有一个适应过程。适应分为无意识的心理应对和有意识的心理应对。

无意识的心理应对，即各种无意识的防御策略，如合理化，自己得不到的，就认为不好，即常说的“甜柠檬和酸葡萄”心理。除此之外，还有否认、投射、退行、幻想、转移、补偿、升华、幽默等。

有意识的心理应对，包括消除或减弱应激源，改变环境远离应激源，改变认知从而调整对刺激事件的态度，面对现实，寻求社会支持，宣泄、运动、放松等。

（三）心理防御机制与应对的关系

心理防御机制与应对虽然是不同的概念，分属两个不同的领域，两者之间强调的内容不同，有一定的区别，但两者之间仍然存在着一些联系。

1. 它们都是人们应对心理压力或挫折和适应环境而使用的一种策略。心理防御机制主要是潜意识的、不知不觉中被运用的心理保护机制；而应对活动是人们有意识性的、主动的心理和行为策略。

2. 心理防御机制偏向于思维活动，应对偏向于行为。

3. 心理防御机制虽然定义为潜意识的活动，但许多防御机制仍可部分地被有意识使用，也可通过有意识的训练成为习惯性的应对活动。

4. 许多心理防御机制也表现出外显的行为活动方式，故而是可以被观察到的。

心理防御机制与应对策略本身并无好坏之分，均可在一定时候发挥作用、保护自己，关键在于运用是否恰当和有效。有效的应对和防御可以成功地应对应激，增强自信，提高身心素质；应用不当则可能产生更严重的心理反应，甚至危及生命安全。

二、心理危机干预

（一）心理危机概述

每个人在其一生中经常会遇到应激、压力或挫折，一旦这种应激或挫折自己不能解决或处理时，就会发生心理失衡，这种失衡的状态便称为危机。心理危机实质包括三个基本部分：危机事件的发生；对危机事件的感知导致当事人的主观痛苦；惯常的应对方式失败，导致当事人的心理、情感和行为等方面的功能水平在突发事件面前降低。危机事件是指负性或灾难性的，对人的心理有相当大冲击性的事件，包含两方面的含义：一是突发性的公共危机事件，如瘟疫、地震、水灾、空难、恐怖事件、战争；二是个体的内心冲突，如失恋、事业、生意破产、丧失亲人、遭遇性侵犯等。

危机事件对心理的影响历程可分为三期。初期会惊讶、否认、恐惧，出现从众行为，逃避或退缩；中期会接受事实，表现出巨大的情感变化，或狂喜或悲痛或发疯；后期情绪逐渐平缓，行为逐渐恢复原状，但可随时出现痛苦的回忆、后怕心理及行为退缩等改变。

心理危机会产生的四种结局：①当事人不仅顺利地渡过危机，而且通过这次生活的变故，学会了处理困境的新方法，整个心理健康水平得到了提高。②危机虽然渡过，但当事人却在心理留下一块“疤痕”，形成偏见，留下痛点，限制其今后的社会适应能力。③自杀，当事人经不住强大的心理压力，对未来绝望，以死解脱。④未能渡过危机，陷于神经症或精神病。

总之，危机是一种认识，当事人认为某一件事或境遇是个人的资源和应对机制所无法解决的困难。除非及时缓解，否则危机会导致情感、认识、行为和躯体方面的功能失调。危机通常最多持续 6 到 8 周，在危机的最后，主观不适的感觉会减轻，但危机事件后立即发生的事情决定了危机是否会变成一种疾病倾向。另外，不管是不是因心理创伤、人格特质、物质滥用、精神病或长期的环境刺激所引起的危机，它总是不能彻底消失，总是反复出现，总是维持在一定的程度。任何单一的、小的、额外的刺激都可以打破平衡，使他们陷于危机状况之中。

（二）心理危机的分类

1. 发展性危机　指在正常成长和发展过程中，急剧的变化或转变所导致的异常反应。

2. 境遇性危机　当出现罕见或超常事件，且个人无法预测和控制时出现的危机称为境遇性危机。区分境遇性危机和其他危机的关键，在于它是否是随机的、突然的、震撼性的、强烈的和灾难性的。

3. 存在性危机　指伴随着重要的人生问题，如关于人生目的、责任、独立性、自由和承诺等出现的内部冲突和焦虑。

（三）危机干预原则与目标

心理危机干预就是给应激障碍患者或处于紊乱状态的人提供及时的帮助，使其安全渡过危机，迅速恢复到应激前的生理、心理和社会功能水平，预防不测的发生。

危机干预遵循分秒必争、主动参与指导的原则。

危机干预最低目标是缓解求助者的心理压力，使其打消自杀念头；中级目标是帮助求助者恢复以往的社会适应力，使其重新面对自己的困境，采取积极而有建设性的对策；最高目标是帮助求助者把危机转化为一次成长的体验，并帮助求助者发展新的应对机制。

（四）基本的心理危机干预技术

1. 对心理危机的评估　首先要确定危机的严重程度（认知、情感、行为、躯体）；根据求助者情绪能动性或无能动性的水平，评估求助者目前的情绪状态；确定有哪些可变通的应对方式、应对机制、支持系统，或对求助者而言切实可行的其他资源；评估求助者致死的水平（对自我或对他人的伤害危险性）等。

2. 心理危机干预六步法　第一步，确定问题。从求助者的角度，确定和理解求助者本人所认识的问题。在整个危机干预过程中，工作人员应该围绕所确定的问题，使用积极的倾听技术：同情、理解、真诚、接纳及尊重，既注意求助者的言语信息，也注意其非言语信息。

第二步，保证求助者的安全。保证求助者对自我和他人的生理、心理危险性降到最低程度，这是危机干预全过程的首要目标。危机干预者在检查评估、倾听和制定行动策略的过程中，安全问题都必须予以首要的、同等的、足够的关注。

第三步，给予支持。保持与求助者沟通与交流，使求助者相信工作人员是能够给予关心和帮助的人。工作人员不要去评价求助者的经历或感受是否值得称赞，而是应该提供这样一种机会，让求助者相信“这里有一个人确实很关心你”。工作人员必须无条件地以积极的方式接纳所有的求助者，不在乎报答与否。能够在危机中真正给予求助者以支持的工作人员，应该能够接纳和肯定那些无人愿意接纳的人，表扬那些无人会表扬的人。

第四步，提出并验证可变通的应对方式。工作者要帮助求助者认识到，有许多变通的应对方式可供选择。思考变通方式的途径：①环境支持，这是提供帮助的最佳资源，帮助分析和寻求有哪些人现在或过去能关心求助者。②应对机制，求助者有哪些行动、行为或环境资源可以帮助自己战胜危机。③积极的、建设性的思维方式，可以用来改变自己对问题的看法并减轻应激与焦虑水平。工作者帮助求助者探索他自己可以利用的替代解决方法，促使求助者积极探索可以获得的环境支持、可以利用的应对方式，并发掘积极的思维方式。如果能够从这三个方面客观地评价各种可变通的应对方式，危机干预工作者就能够给感到绝望和走投无路的求助者以极大的支持。虽然有许多可变通的方式来应对求助者的危机，但只需要与求助者讨论其中的几种即可，因为处于危机中的求助者不需要太多的选择，他们需要的是能够改变其目前境遇的适当选择。

第五步，制定计划。帮助求助者做出现实的短期计划，确定求助者理解的、自有的行动步骤。将变通的应对方式以可行性时间表和行动步骤的形式列出来，必须确保计划制订过程中求助者的参与和自主性。计划的制订应该与求助者合作，让其感觉到这是他自己的计划，这点很重要。制订计划的关键在于让求助者感觉到没有被剥夺其权利、独立性和自尊。

第六步，得到承诺。帮助求助者向工作人员承诺采取确定的、积极的行动步骤，这些行动步骤必须是求助者自己的，从现实的角度是可以完成或接受的。让求助者复述一下计划：“现在我们已经商讨了你计划要做什么，下一步你将……”在结束危机干预前，工作者应该从求助者那里得到诚实、直接和适当的承诺。核心倾听技术在这一步中很重要。

在干预过程中，要将检查评估贯穿于整个六步法的过程中。

3. 危机干预具体做法

（1）运用人本主义的方法，建立良好的医患关系　一般而言，个体更愿意听从与自己有良好关系的人的意见。因此，只有建立了良好的关系，才能更好地达到干预的目的。在此过程中，我们可以对求助者充分表达理解与关怀，充分肯定求助者求助是做出了明智的选择，明确而清楚地告诉对方：自杀是解决问题的一种方式，但不是最好的方式，让我们来共同寻找解决问题的建设性方式。

（2）激发求助者的生存欲望　个体的生存欲望可以是内在的，也可以是外在的，如实现自身的价值，完成父母的愿望等。让求助者生存下去最好的方法，就是激发他生存的欲望，他对家人的牵挂，未了的心愿等，都可用来激发个体的生存欲。

（3）帮助求助者发掘自身的资源和可以利用的社会资源　求助者必定经历了一段时间的痛苦，能坚持到现在，一定有让他坚持下来的资源，我们需要的是让他认识到自身的这些资源；同时引导他看到其他可以利用的社会资源。

（4）与对方坦诚地交流　在交流的过程中，应注意倾听，并先肯定求助者的想法，再想方法引导他看到事物的另一面，直接地反驳很容易让求助者产生抵触情绪，从而可能使干预失败。

（5）打听危机者的地址　在危机发生和干预的整个过程中，工作人员应尽一切可能，想办法打听危机者的地址，并和有关方面如警察、家属等联系，以便采取紧急措施，从而有效制止自杀行为。

复习思考

1. 影响应激反应严重程度的心理因素有哪些？

2. 当你的好友有自杀倾向时，你有哪些办法可以打消他的自杀念头？

扫一扫，知答案

扫一扫，看课件

第四章 心身疾病

【学习目标】

掌握：心身疾病的概念及病因；心身疾病的治疗原则和治疗目标。

熟悉：心身疾病的发病机制及常见心身疾病的种类。

了解：常见心身疾病的发病心理因素及其常用心理治疗方法。

案例导入

“三气周瑜”是明代罗贯中所作《三国演义》中的一个故事，说的是“第五十一回曹仁大战东吴兵，孔明一气周公瑾”“第五十五回玄德智激孙夫人，孔明二气周公瑾”，以及“第五十六回曹操大宴铜雀台，孔明三气周公瑾”的故事。讲述了周瑜三次用计都被诸葛亮识破，第三次被诸葛亮气得金疮迸裂，最后哀叹一声“既生瑜，何生亮！”，气厥身亡的故事。

第一节 心身疾病概述

人是形神合一的整体，不仅客观物质因素会对机体造成损伤，不良情绪等心理因素对机体健康的影响甚至更大，会导致各种心身疾病，严重的可能危及生命。心身疾病的治疗离不开对心理的治疗。

一、心身疾病概念

心身疾病是一组有躯体症状表现的心理生理综合征，又称心理生理障碍，它们的发生、发展和预防、康复与心理因素密切相关，是康复心理学的主要研究内容之一。

1818年，德国精神病学家Heinroth提出了“心身概念”一词，美国心身医学研究所于1980年正式命名心身疾病。其包括三个方面：①心身反应，指精神性刺激引起的生理反应，刺激消失，反应恢复。②心身障碍，指精神刺激引起的功能障碍，即刺激消失，反应仍然存在，但没有器质性变化。③心身疾病，指精神刺激引起的器质性病变，即刺激消失，反应持续存在，并伴有器质性病变。关于心身疾病，有狭义和广义两种理解。狭义的心身疾病是指心理社会因素在发病、发展过程中起重要作用的躯体器质性疾病，例如高血压、消化性溃疡等；心理社会因素在发病、发展过程中起重要作用的躯体功能性障碍，则被称为心身障碍，例如神经性厌食症、睡眠障碍等。广义的心身疾病则包括上述所说的心身疾病和心身障碍。心身疾病和心身障碍，在范围上存在交叉和重叠，在症状上也有密切的相关性，因此心身疾病和心身障碍的概念在目前文献中有时被混合或等同应用。

二、心身疾病的分类

随着社会的发展和医学模式的转变，心理和社会因素对躯体健康和疾病的影响作用越来越受到重视。现代医学和心理学研究证明，很多疾病都能找到其致病的心理或社会因素，所导致的疾病的范围也在逐渐扩大。

心身障碍的范围目前尚缺乏一致的意见，结合国内外学者的观点及《中国精神障碍分类与诊断标准（第3版）》，概括为三个方面：一是器官性神经症，如心脏神经症、胃肠神经症、躯体化障碍等，这类障碍主要是以心理社会因素为病因，有以躯体症状表现为主的自觉症状。二是心理因素相关的生理障碍，如进食障碍、睡眠障碍、性功能障碍等，主要是一些功能性疾病，是一组与心理社会因素有关的相关功能障碍。三是器质性疾病，如支气管哮喘、消化性溃疡、冠心病、原发性高血压等，指机体已发现明确的器质性病变，其作为病因的躯体性因素作用较大。

心身障碍几乎涉及人体的各个系统和各临床科室，从系统与科别的角度分类，常见的心身障碍如下。

（1）消化系统　胃及十二指肠溃疡、溃疡性结肠炎、肠道易激综合征、神经性贪食症、神经性厌食、神经性呕吐等。

（2）心（脑）血管系统　冠状动脉粥样硬化性心脏病、阵发性心动过速、心律不齐、偏头痛、原发性高血压、原发性低血压等。

（3）呼吸系统　支气管哮喘、过度换气综合征、发作性呼吸困难、神经性咳嗽等。

（4）内分泌系统　甲状腺功能亢进、糖尿病、低血糖、艾迪生病肥胖症等。

（5）神经系统　血管神经性头痛、肌紧张性头痛、睡眠障碍等。

（6）泌尿生殖系统　神经性尿频、功能性性功能障碍、过敏性膀胱炎、慢性前列腺炎、女性功能性子宫出血、月经紊乱、痛经、经前期紧张征、不孕症等。

（7）骨骼及肌肉系统　紧张性头痛、类风湿性关节炎、慢性腰背痛、肌肉疼痛、颈臂综合征、痉挛性斜颈、书写痉挛等。

（8）皮肤　皮肤瘙痒症、慢性荨麻疹、神经性皮炎、湿疹、银屑病、斑秃、神经性多汗症等。

（9）五官　原发性青光眼、眼肌疲劳症、眼睑痉挛、低眼压综合征、弱视、中心性视网膜炎、晕动症、咽部异物感、特发性舌痛、口腔溃疡、颞下颌关节紊乱综合征等。

（10）其他　癌症。

第二节　心身疾病的发病机制与诊治原则

一、心身疾病的发病机制

（一）心身障碍病因

心身障碍致病的主要因素有心理因素、社会因素和生理因素。

1. 心理因素　心理因素是指个体本身的心理素质、个性特征和心理反应。

心理素质是指在外界因素影响下，个体倾向于易患某种心身障碍的心理特征，指个体对各种外在刺激的认识、评价和应对能力，对内心矛盾和冲突的自我排解能力，以及个体独特的行为模式等。生活事件的刺激只有在一定的个性素质和行为基础上，才有可能发生过度的情绪反应和心理应激，最终通过一定的中介机制，导致心身障碍的出现。

个性特征是个体在其心理活动中经常地、稳定地表现出来的特征，主要是指人的气质、性格和能力。个性赋予个体独特的行为模式，决定个体对刺激的反应方式和态度。个性特征与心身障碍之间存在一定的关系。

生活事件能引起人们的心理反应，并伴明显的生理应激。很多疾病常常是由生活事件引起的应激而诱发。研究发现，中年丧偶对健康影响更明显，调查一组新近丧偶者，发现他（她）们在居丧3年内的死亡率比同年龄组高7倍。死亡原因中以心脑血管病、肝炎、结核和流感等最为显著，其他如恶性肿瘤、糖尿病等，发病比例也很高。

由于人们的文化教育、知识、信念、经历的不同，对同样的生活事件有着不同的理解，心理反应也不同。例如等级制度明显的国家，对名誉地位看得尤其重要；吝啬的人对财物损失造成的影响特别明显；感情亲密的子女对于父母患病或去世能引起强烈的悲痛；过度担心健康的人，一旦知道自己患癌症，则处于深深的绝望之中，情绪沮丧，机体功能状态更加低下，从而影响了疾病的治疗和预后。

2. 社会因素　人不仅是一个生物的有机体，而且也是社会的一员，在人类社会生活中，社会因素对人类的健康和疾病起着相当重要的作用。人不只是被动地适应环境，而是要在社会实践中主动去改造环境以实现自身的需求。因此，人既要承受个体环境变更的影响，也要适应整个社会环境的变动。这种变动越大，对个体的影响就越大，心理应激也就越多，当个体与社会环境之间出现矛盾和冲突时，如果个体无法很好地调适，则容易形成心身障碍。持久的内心矛盾和冲突所造成的负性情绪如愤怒、怨恨、焦虑、痛苦、悲伤、委屈等，是致病的重要心理原因，这种情绪状态如果不能很好地排解，长期持续下去，便会导致躯体患病或病情加重，甚至死亡。

政治、经济、社会制度的不同，对人类健康的影响也不同。流行病学调查结果显示，日本人胃癌与食管癌患病率较高；美国和芬兰冠心病患病率最高，尼日利亚最低。这里有种族差异、人口年龄组成、饮食习惯、体力劳动多寡等多种因素的影响，但总体上，这些疾病的患病率是发达国家高于发展中国家，城市高于农村，脑力劳动者高于体力劳动者。不良社会环境因素的致病作用，还体现在个体对现代都市生活不适应所带来的影响。在现代社会，住房问题、交通拥挤、环境污染、人际关系的紧张等不良社会因素的刺激，均会不同程度地作用于个体，引起相应的情绪反应，从而产生心身障碍。

嵇康，“竹林七贤”之一，三国时期曹魏诗人、音乐家、玄学家。在他的养生著作《养生论》中，他说：“精神之于形骸，犹国之有君也。神躁于中，而形丧于外，犹君昏于上，国乱于下也。”“修性以保神，安心以全身，爱憎不栖于情，忧喜不留于意。”“清虚静态，少私寡欲……旷然无忧患，寂然无思虑。”“忘欢而后乐足，遗生而后身存。”“世人目惑玄黄，耳务淫哇……喜怒悖其正气，思虑销其精神，哀乐殃其平粹。夫以蕞尔之躯，攻之者非一涂，易竭之身，而外内受敌，身非木石，其能久乎？”以上这些内容，很好地论述了养神（精神情感因素）对于养生的必要性与重要性。

3. 生理因素　虽然心理社会因素在心身障碍发生发展过程中起主导作用，但并不是每一个个体在应激状态下都会产生障碍。首先，心身障碍是与心理社会因素密切相关的躯体障碍，因此，躯体的改变是心身障碍的基础。同时，躯体的自觉症状与病变是一种重要的社会生活事件，其本身也可以引起患者的心理变化、情绪反应，从而构成心身障碍的心理社会性致病因素。另外，躯体障碍的生物因素，尤其是一些慢性疾病，常削弱机体的抵抗力，使个体更易产生心身障碍。综上所述，躯体因素在心身障碍的成因中仍不可忽视，其主要反映在机体器官易感性、机体功能状态及理化生物因素等方面。①机体器官易感性。个体的特异性决定个体反应特性，个体反应特性又决定了机体器官的易感性。个体反应特性是由恩格尔（G.L.EngEl）所提出，用以描述个体最大程度地、一贯地对某一特殊生理系统的反应趋势。这就解释了为什么同样的心理社会因素作用下，有些人患病，而有些人不患病；有些人易患这种病，有些人易患那种病。个体反应特性已被广泛接受，作为心身障碍的原始生理病因，受其影响的机体器官易感性，使个体易于出现心身症状或某一特殊综合征，如个体高脂血症决定了冠心病的易患性，高蛋白结合碘者则更易罹患甲状腺功能亢进症，胃蛋白酶原增高则是溃疡病的易感因素。②机体功能状态。个体在不同时期，其功能状态不一，对心理社会因素的承受能力也有所不同。影响机体功能状态的因素是多方面的，如性别、年龄、疲劳、月经期、妊娠与分娩等。③理化生物因素。生物源性因素，如各种病原微生物的侵袭，导致各种感染性疾病的发生。理化因素，如高温、高压、强光、噪音、药物、射线、化学制剂、外伤、冻伤、中毒等理化刺激和损伤，对器官和组织产生影响，降低了机体的抵抗力，使个体易于罹患各种心身障碍。另外，心理因素、社会及文化因素、生物因素是心身障碍病因学的外部条件，而心理易患素质与器官易感性则是心身障碍致病的内部基础，它们之间互相联系、互相影响、互为因果，从而组成复杂的心身障碍致病因素。

（二）心身障碍的中介机制

心身障碍发病的中介机制，是指各种生物、心理、社会因素导致躯体化症状与器质性改变的各个中间环节。心理社会因素以及各种信息可影响大脑皮质的功能，而大脑皮质则是通过生理中介，如自主神经系统、内分泌系统、神经递质系统和免疫系统等影响内环境平衡，使各靶器官产生病变。

1. 心理 - 神经中介机制 该心身中介机制主要通过交感神经 - 肾上腺髓质轴进行调节。当机体处于急性应激状态时，应激刺激被中枢神经接收、加工和整合，后者将冲动传递到下丘脑，使交感神经 - 肾上腺髓质轴被激活，释放大量儿茶酚胺，引起肾上腺素和去甲肾上腺素的大量分泌，导致中枢兴奋性增高，从而导致心理、躯体和内脏的功能改变，即所谓的“非特应系统功能增高”，而与之对应的向营养系统功能则降低。

2. 心理 - 神经 - 内分泌中介机制 该心身中介机制通过下丘脑 - 腺垂体 - 靶腺轴进行调节。当应激源作用强烈或持久时，冲动传递到下丘脑，引起促肾上腺皮质激素释放因子（CRH）分泌，通过脑垂体门脉系统作用于腺垂体，促使腺垂体释放促肾上腺皮质激素（ACTH），进而促进肾上腺皮质激素特别是糖皮质激素（氢化可的松）的合成与分泌，从而引起一系列生理变化。

3. 心理 - 神经 - 免疫中介机制 一般认为，短暂而不太强烈的应激不影响或略增强免疫功能。但是，长期较强烈的应激会损害下丘脑，造成皮质激素分泌过多，使内环境严重紊乱，从而导致胸腺和淋巴组织退化或萎缩，抗体反应抑制，巨噬细胞活动能力下降，嗜酸性粒细胞减少和阻滞中性粒细胞向炎症部位移动等一系列变化，从而造成免疫功能抑制，降低机体对抗感染、变态反应和自身免疫的能力。

二、心身疾病的诊断原则

心身疾病的种类繁多，各有各的特点。即使是同一种障碍，各自的情况也可以不同，有些是继发于躯体的器质性病变，有些则纯粹是生物性因素所致。如前述各系统的心身障碍，并非一旦确诊，百分之百都是心身障碍。因此，心身障碍应遵循一般疾病的诊断步骤，如病史采集、体格检查、实验室检查，排除单纯由器质性原因所引起的情况。除此之外，心身疾病还应具备以下几个基本条件：首先，疾病的发生和发展与心理社会因素、心理应激、情绪反应有关。在疾病发展过程中，心理因素与躯体因素相互交织、相互影响；某些个性特征或心理缺陷是疾病发生的易患素质；生物或躯体因素是某些心身疾病的发病基础，心理社会因素起到了“触动”作用。其次，疾病通常发生在自主神经支配的系统或器官，症状上有以情绪障碍为中心的临床表现。生物医学诊断的目的是为了确定有无躯体疾病的存在，由于心身障碍自身的特点，仅仅用生物医学方法是远远不够的，要确定心身障碍诊断，需要医务工作者转变医学思维模式，即从单纯的生物医学模式转向生物－心理－社会医学模式，改变那种只重躯体不重心理的倾向。再者，心身障碍的诊断，需要具备一定的精神医学专业基本知识。在询问病史时，注意对患者家庭状况、文化程度、个性特征、童年不良遭遇、生活习惯、经济条件、人际关系、生活事件及近来的精神状态等做全面的了解，以便全面分析其发病的心理社会环境。在了解了上述情况后，通过与患者交谈，系统地观察患者的一般精神状态，必要时可采取有关心理量表或测验，对生活事件、精神状态、个性特征等进行测定，以得到相对比较准确的评估，明确诊断并为进一步心理治疗提供依据。

三、心身疾病的治疗原则

现代健康概念不仅是指内环境的动态平衡，而且要求个体生理、心理、自然生态、社会生态整合的稳态。也就是说，个体不仅要没有疾病，还要保持生理、心理和社会适应的健全状态，这对于心身疾病的预防是一个重要环节。对于心身疾病的治疗，首先是采取有效的躯体治疗，以解除症状、促进康复，如对溃疡病制酸、高血压的降压、支气管哮喘的支气管扩张剂治疗等。如果需要持久的疗效、减少复发，则需要结合其他形式的治疗，如请临床心理学家和精神科医生共同参加，共同诊治。

心身疾病的治疗，应遵循心身同治原则，治疗的目标是消除生物学症状，防止复发。

1. 心理治疗　根据患者的不同病种、不同症状、个体的特异性，选择施行不同的心理治疗。如支持治疗、生物反馈治疗、放松治疗、认知治疗、行为治疗等。治疗者可以根据患者的实际决定心理治疗的重点，可以是解决问题，也可以是缓解症状，或是改变认知模式、矫正适应不良性行为、提高对待精神压力的应对策略等。举例：曾有一位患者，长期肩痛，有10多年病史，经中西医各种疗法治疗均无显著效果，即使偶尔好转，也很快复发，通过交谈，发现其主要是由于心理负担过重所致，后经心理减压后，肩痛症状很快消失。

2. 精神药物治疗　在心身障碍中，情绪反应常起主导作用，大多数患者都有不同程度的情绪症状，情绪因素可引起病情变化，病情变化又可影响疾病本身，因此，对情绪症状的控制是心身障碍治疗的重要环节。心理治疗可以有效地缓解情绪症状，但对有严重情绪障碍的患者，药物的效果可能更快，因此在心理治疗的同时，可以辅以少量情绪调节药物，如抗抑郁剂、抗焦虑剂、镇静剂等，缓解或消除患者的情绪障碍，加速疾病好转，促进障碍的康复。目前心理治疗发展很快，即使是严重的情绪障碍，只要用对了方法，也能很快达到效果，而且根据新的《精神卫生法》规定，非精神科医生不能进行精神药物治疗，否则为非法行医，因此，一般不建议进行精神药物治疗。

3. 环境治疗　人对环境的适应性是心理健康的重要标志。不利的环境因素可引起人的精神症状和躯体症状，在治疗中需要对环境进行适当调整。适宜的环境保护或远离致病应激环境，都有利于心身障碍患者的康复，在此过程中，可同时进行适应环境的训练，以助其回到原有的环境中，以防止疾病复发。如果是家庭因素导致的发病，建议家庭成员共同参与治疗。

第三节　临床常见的心身障碍

心身障碍包括的范围很广，可涉及躯体的各个系统和临床的各个学科。常见的心身障碍有睡眠障碍、高血压、冠心病、糖尿病、肥胖症、癌症等。本节着重介绍这些心身疾病的心理社会发病因素和心理治疗手段，详细的躯体症状诊断及药物治疗等。

一、睡眠障碍

睡眠障碍指各种心理社会因素引起的非器质性睡眠与觉醒障碍。通常可以分为以下四个类型：失眠，睡眠过度，睡眠中有异常运动或行为，睡眠觉醒节律障碍。非器质性的睡眠障碍大多属于心身障碍的范畴。本节将重点介绍失眠症。

（一）与失眠有关的心理因素

失眠的原因，除了躯体因素如疾病造成的机体不适或居住环境不良以外，还有一些中枢兴奋性药物或物质可以导致失眠，如苯丙胺或浓茶、咖啡等；精神因素如精神紧张、焦虑、恐惧、抑郁、兴奋等，是导致失眠的常见原因。

引起失眠的最常见原因是精神紧张、焦虑恐惧、担心等心理，而一旦失眠，患者会更加紧张，可能导致恶性循环。研究显示，失眠是与追求完美的人格类型有关，根据失眠者报告，他们对自己常常设定一个非常高的标准，当未能达到目标时，立刻会自我反省，其结果必然使患者常处于精神困扰之中。其他的人格测量结果显示，失眠者个性具有内倾、焦虑、神经质等特点。

很多精神疾病都会伴有失眠的表现，在有些情况下，失眠还是某些精神疾病的重要诊断依据，如抑郁症患者常见睡眠障碍，尤其以早醒最为明显，Kales 等报告在寻求治疗的失眠者中，85% 的患者 MMPI（明尼苏达多项人格问卷）抑郁分数升高。焦虑症患者则以入睡困难为主。

（二）失眠的心理治疗

失眠症的治疗应根据不同情况采取不同策略，有的重点在心理治疗，有的重点在躯体症状的治疗。

1. 认知疗法 不少患者对睡眠有较高期望，他们过分关注自己的睡眠，有睡意，但一上床就东想西想，想控制自己不想，但往往越想控制就越控制不住；有些人会关注自己什么时候入睡，当他们有意识去关注这一问题时，往往容易让人在快入睡时猛地惊醒，如果告诉他们放弃关注，顺其自然，往往会有一定的效果。有的人夸大地认为自己睡眠时间严重不足，致使脑力、体力无法充分恢复，许多患者常称自己通宵做梦，甚至噩梦不断，使大脑根本得不到休息，并认为失眠导致身体严重受损。这类人通常对睡眠并不了解，他们自认为没有好的睡眠就没有好的体力和精力，如果让他们了解到每个人都会做梦，而且做梦的时候往往是在深度睡眠之后才开始出现的，他们对失眠的担心和害怕就会减轻，对自己睡眠状况的认识也会改变，其体力和精力都会有所改善。

2. 行为治疗 在患者对失眠有正确认识的基础上，建立一套能促进良好睡眠的行为方式，包括正常的觉醒 – 睡眠节律，采取增强白日的精神和体力活动，按时起床，从事一些正常的日常活动，即使瞌睡难忍也要振奋精神，这样才能使机体自然而然地在夜间处于休息状态而有利于睡眠。另外，入睡前后使身体和心理充分放松，可采用睡前温水洗脚、进食易消化的食物、避免过于兴奋的娱乐活动等方法。

3. 放松训练、生物反馈和自我催眠等 可以有效地消除焦虑，也是治疗失眠症的常用方法。

二、高血压

高血压是指由于动脉血管硬化以及血管运动中枢调节异常所造成的动脉血压持续性增高的一种疾病，又称为原发性高血压。高血压是脑血管意外、心肌梗死、肾功能障碍等严重并发症的常见诱因或病理基础。另外，高血压常合并有头痛、头晕、耳鸣、眼花、心悸、倦怠等躯体不适，发病后患者常常出现心情烦躁、易怒等心理症状，这些情绪加重了血管紧张状态，从而形成恶性循环。高血压是最早确认的一种心身疾病。

（一）与高血压有关的心理社会因素

高血压的病因目前尚不十分清楚，多种因素可以导致持续性高血压。遗传因素的影响很明显，约有36%动脉血压变异的患者有家族高血压病史。原发性高血压发病的另外两个因素是饮食中钠盐含量超标和体重超标；缺少运动，大量吸烟、饮酒，也都与高血压有关。许多研究资料还证明，环境和心理社会因素也是原发性高血压的发病因素，高血压的发生既涉及心理素质方面，也涉及环境方面。

1. 心理冲突　愤怒情绪如果被压抑，造成心理冲突，对原发性高血压的发生有很大影响。心理应激是精神紧张的主要因素，长期慢性应激状态较急性应激事件更易引起高血压。

2. 环境与文化因素　世界上不是所有人群的高血压发病率都相同，也不是所有人的血压都随着年龄而升高。有人提出，差别的比例归因于文化和所受到压力的不同。血压较高的人群多半过着较“心理紧张”的生活；反之则生活较轻松，保持着稳定而传统的社会生活。如住在大城市的人一般较小城市的人血压高，城市的人一般较农村的人血压高。

不同的工作环境和工作性质，会造成不同程度的心理紧张，持续性的心理社会刺激，在原发性高血压的发生上有一定的意义。

3. 人格特征　关于高血压患者的人格特征是有争论的，日本石川中认为高血压患者具有被压抑的敌意，攻击性和依赖性之间的矛盾，焦虑乃至抑郁，高血压是多型性的。换言之，原发性高血压患者的个性特征并非是特异的，可以发生在各种个性特征的人，但经常有焦虑和心理冲突的人易发生高血压，主要表现为对事物敏感、性情急躁、不安全感、长期压抑自己的愤怒与敌意。另有资料显示，高血压与A型行为模式有关。

（二）原发性高血压的心理治疗

作为一种世界上发病率很高的心身疾病，其治疗措施为药物治疗与心理治疗，运动疗法及改变生活习惯等相结合。单纯用药物治疗常常只有一时的效果，配合心理治疗，会起到更好的治疗效果。

心理治疗可以消除心理社会刺激因素的消极影响，改善情绪状态，协助降低血压，减少药物用量及靶器官损害，提高体力活动能力和生活质量。行为疗法在治疗高血压方面的研究已经取得了经验和成果，如生物反馈和松弛随意控制为基础的治疗方法，训练心血管反应性的控制和血压的随意性控制，疗效较好。

三、冠心病

冠心病是冠状动脉粥样硬化性心脏病（CAHD）的简称，是指冠状动脉粥样硬化使血管腔狭窄或阻塞，或（和）因冠状动脉痉挛导致心肌缺血、缺氧或坏死而引起的心脏病，统称冠状动脉性心脏病（CHD），简称冠心病，亦称缺血性心脏病（IHD）。临床上可表现为隐性冠心病、心绞痛、心肌梗死、猝死等，是中老年最常见的心身疾病之一。

（一）与冠心病有关的心理社会因素

冠心病的病因是多源性的，生物学因素如遗传倾向、年龄、性别、体重、饮食结构不合理、高脂血症、高血压、糖尿病等；心理社会因素如心理应激、不良生活方式和习惯、性格、行为类型等。

1. 生活事件　应激研究表明，心理社会紧张刺激与冠心病有着密切的关系。人际关系紧张、职业的变化、恋爱挫折、婚姻不幸福、亲人的死亡等均可导致冠心病的发生。

2. 行为模式　A 型行为模式在冠心病病因中也十分重要，是心理社会因素在冠心病病因中研究最广泛的内容。据弗雷德曼等研究发现，A 型行为模式人群冠心病发病率高。从 A 型行为模式的形成过程来看，它是以个体原有的个性特征为基础，在社会生活环境的影响下形成的。因此，在个体的心理与行为活动中都体现着 A 型行为模式的基调，这些心理活动的结果与生理上的反应密切相关，从而为机体生理病理的改变提供了基础。

（二）冠心病的心理干预

1. 教育及认知治疗　使患者对疾病病情有正确的认识，减少焦虑。

2. 行为治疗　可以采用行为治疗，矫正危险行为，纠正吸烟、酗酒、过食和肥胖、缺少运动等不良生活方式，以及矫正 A 型行为模式。研究表明，改变患者精神状态、行为方式和行为模式等可预防冠心病发作和改善预后。

3. 改善抑郁　冠心病与抑郁有着密切的关系。研究发现，重型抑郁与冠心病的患病率及死亡率有关。抑郁症是一种具有临床意义的冠心病的共病现象，是心肌梗死患者 6 个月内死亡的独立危险因素。抑郁症导致的自主神经功能失调可能加重心脏本身的负担；抑郁症患者存在神经内分泌 – 免疫系统功能的紊乱，会进一步促进冠状动脉阻塞；抑郁也可导致患者治疗心血管疾病的动机和对用药的依从性降低，阻碍心血管疾病的康复。因此，对冠心病患者进行抗焦虑和抗抑郁的治疗显得极为重要。

四、糖尿病

糖尿病（DM）是一组常见的内分泌疾病，是以持续高血糖为基本生化特征的综合征，各种原因造成胰岛素绝对或相对缺乏以及不同程度的胰岛素抵抗，从而引起碳水化合物、蛋白质和脂肪等代谢紊乱。糖尿病患者随着病程的进展，可出现广泛的微血管及大血管病变，导致双目失明、肢端坏疽、肾功能衰竭、心血管及脑血管病变等，会严重威胁患者生命。如能及早防治，严格而持久地控制高血糖，可明显减少慢性并发症，降低致残率和死亡率。

知识链接

世界糖尿病日（World Diabetes Day，简称 WDD）是由世界卫生组织和国际糖尿病联盟于 1991 年共同发起的，定于每年的 11 月 14 日，其宗旨是引起全球对糖尿病的警觉和醒悟。

（一）与糖尿病有关的心理社会因素

糖尿病的病因尚未完全明了，一般认为有遗传、高热量饮食、体力活动过少、肥胖、病毒感染、自身免疫功能紊乱及环境、心理、社会等方面的因素。这里主要讨论环境、心理、社会方面的因素。

1. 应激　糖尿病的发生与应激性生活事件有一定关系。临床观察和研究发现，强烈的生理应激和精神创伤，可以通过下丘脑－垂体－肾上腺轴系统，使肝糖原分解、糖原异生，或延缓体内碳水化合物的代谢，导使血糖升高，出现或加重糖尿病。地震、重大火灾后，糖尿病的发病率较灾前明显增加。不同的是，正常人在应激解除后很快恢复正常，而糖尿病患者则很难做到，一些患者由于生活事件的突然袭击，病情迅速加剧，甚至出现严重的并发症。

2. 生活环境　许多研究发现，生活变化与糖尿病发病及病情有一定的关系。Rahe（1969）的调查表明，在特定的时期里，生活变化单位分数越大，糖尿病患者的病情就越严重。其他研究证实，安定、良好的情绪状态可使病情缓解，而紧张、抑郁和悲愤等常常导致病情加剧或恶化。

3. 人格　Dunbar（1936）认为大多数糖尿病患者性格不成熟，被动依赖、做事优柔寡断、缺乏自信、常有不安全感，这些人格特点被称作糖尿病人格。后来的一些研究表明，这些人格特征并不仅见于糖尿病患者，也可见于其他人群。大量的研究表明，糖尿病患者具有内倾型、不稳定型及掩饰型个性特征。

（二）糖尿病的心理治疗

糖尿病是一种终身的慢性疾病。因为饮食控制影响其每日的生活、并发症可能致残等原因，患者可能会出现很多心理问题，这些都与患者的血糖控制密切相关。患者可有内向投射的自我压抑，外向投射的敏感易怒，或者有认知功能损害及人格变化等。

心理干预的目标是改善情绪，帮助患者建立有效的社会支持系统，提高患者治疗的依从性和康复的主动性，从而提高生活质量。

1. 支持性心理治疗　通过支持、解释、疏导、鼓励，帮助患者树立生活和治疗信心，科学地安排生活、饮食和体力活动，针对患者的各种不良情绪，做好应对指导工作。由于糖尿病治疗过程漫长，因此，有必要通过糖尿病的康复教育，把疾病的防治知识教给患者，充分发挥患者的主观能动性，积极配合医护人员进行自我管理，自觉地执行康复治疗方案，这对有效地预防和控制并发症的发生和发展，减轻患者的经济负担具有重要的现实意义。

2. 认知行为治疗　帮助患者建立新的行为模式，改变不健康的生活习惯（如吸烟、酗酒、摄盐过多、过于肥胖、体力活动太少等），通过自身行为的改变，控制危险因素和疾病的进一步发展。

3. 放松疗法　生物反馈训练和催眠暗示有助于降低血糖水平，改善糖耐量，增加外周血流量，改善微循环。

五、肥胖症

肥胖症是一种能量过剩状态的代谢性疾病，超过正常生理需要量的多余热量，以脂肪形式储存于体内，逐渐演变为肥胖。单纯性肥胖是最常见的一种，是多种严重危害健康的疾病（如糖尿病、冠心病、脑血管疾病、高血压、高脂血症等）的危险因子。肥胖症的治疗包括药物治疗、运动治疗、行为治疗等。近年来，肥胖症的发病率呈明显的上升趋势，但肥胖产生的病理机制目前尚不清楚，多数人认为肥胖是多因素综合作用的结果，遗传易感性决定着个体在特定环境中出现肥胖的潜在倾向，是否出现肥胖还与其对社会环境因素作用的敏感性有关。在寻找肥胖生物学机制的同时，了解社会心理因素与肥胖的相互关系，对肥胖症的早期干预和治疗有一定的现实意义。

知识链接

1. 标准体重（kg）= 身高（cm）− 105；标准体重 ±20 % 以上为肥胖或体重不足。

2. 体重指数（BMI）= 体重（kg）÷ 身高（m）^{2}。BMI 中国标准：正常范围 18.5 ～ 23.9；超重 ≥ 24；肥胖前期 24 ～ 26.9；I 度肥胖 27 ～ 29.9；II 度肥胖 ≥ 30.0；Ⅲ度肥胖 ≥ 40.0。

（一）肥胖的心理社会因素

1. 情绪因素　心理问题是导致肥胖的重要因素之一，心理学家指出，情绪和心理的障碍往往是肥胖的原因，也常成为肥胖的后果。生活、感情、工作、学习等压力所造成的焦虑情绪可以造成饮食失控，使摄入热量过多，超出消耗量，转化为脂肪积蓄，从而产生肥胖。有研究发现，人在消极情绪时更容易进食，这或许与早年生活经历有关；小孩在情绪不好时会哭闹，而很多家长不管是什么原因，都是喂食，而且发现效果很好，这让很多人形成一种习惯，或者说是一种条件反射，情绪不好时会不自觉地给小孩进食，以缓解心理压力。

流行病学调查表明，精神症状与女性肥胖及腹部脂肪分布有关，中年男性腰臀比（WHR）与抑郁、焦虑、睡眠障碍等有关。抑郁等阴性情绪障碍者贪食行为也较多见，且贪食发作时难以自控，由此有人提出了肥胖的心身医学理论，认为肥胖与早年生活经历有关。也有调查表明，阴性情绪症状，不论对正常还是肥胖个体的体重波动均有影响。肥胖者限制饮食后更易出现贪食，在一些特殊环境下出现进食行为的脱抑制。

2. 社会因素　社会经济状况与肥胖发病率可能呈负相关，社会地位越低，肥胖者越多。社会经济发展也影响个体的生活方式，活动量越少，肥胖比例越高。

3. 各种应激事件　国外有学者提及，儿童时期性虐待与成人时期肥胖有一定关系。有可能是儿童在精神或身体上受虐待后为缓解遭受虐待带来的紧张、愤怒、压抑、羞辱等情绪，而大量进食，导致肥胖。个体对应激的应对能力与肥胖的发生存在一定关系，应激时高脂肪进食量增加会导致能量过剩而发生肥胖，而慢性应激的肥胖也可能与皮质醇功能亢进有关。

（二）肥胖的心理干预

1. 应对应激　应激可触发不健康的饮食行为，出现体重反弹和过多摄入，处理应激是教会患者识别并应对应激和紧张，帮助患者有效地应对高危环境。应激处理的手段包括放松、运动、膈肌呼吸和仔细思考等。

2. 认知重建　肥胖者常有自我意识受损，自我评价低，感到焦虑、不合群等认知，改变患者不正确的想法和不符合实际的目标，帮助患者正确地认识自己的体重，主动改变自己的内心期望，使自己的想法更接近实际。

3. 行为疗法　行为疗法是帮助肥胖者改变其不良的生活习惯，建立健康的饮食和运动习惯，达到减轻体重、维持体形的治疗方法。行为疗法包括自我监测、刺激控制、应激处理等方面。

4. 社会支持　个人的生活是无法脱离社会环境而独立存在的，减肥虽属个人行为，但离不开家庭、亲人、朋友及同事的支持，否则减肥不易成功或无法持久。

六、癌症

癌是指起源于上皮组织的恶性肿瘤，是恶性肿瘤中最常见的一类。相对应地，起源于间叶组织的恶性肿瘤统称为肉瘤。一般人们所说的“癌症”，习惯上泛指所有恶性肿瘤。癌症具有细胞分化和增殖异常、生长失去控制、浸润性和转移性等生物学特征，是导致死亡的主要原因之一。癌症患者的心理变化特征大致分为四期：休克－恐惧期、否认－怀疑期、愤怒－沮丧期、接受－适应期。

（一）与癌症相关的心理社会因素

目前，癌症病因学仍未十分明确，除了生物学因素以外，心理社会因素在癌症发生中起到一定的作用，更为重要的是，癌症患者的不良心理反应和应对方式对其病情的发展和生存期有着严重影响。

1. 生活事件　某些负性生活事件与癌症的发生有一定的关系。目前国内外研究已经证实，某些癌症患者发病前经历的负性生活事件频率显著增高，其中尤以家庭不幸等方面的事件，例如丧偶、近亲死亡、离婚等更为显著。较多的动物实验结果也证实，某些应激性刺激（限制活动、电击等）可以促使某些动物的肿瘤发生率显著增高，或者使动物接种某些癌细胞成功率显著提高，这些都证明，负性生活事件通过应激的途径与某些癌症的发生有密切的联系。有研究结果提示，那些不善于宣泄生活事件造成负性情绪的人，其癌症发病率较高。

2. 个性特征　某些个性行为特征的人癌症发病率较高。国外有学者对个性特征和癌症关系的有关研究结果认为，易患癌症的个性特征主要为内向、不善与人交往；某些肿瘤行为学家把与癌症发生有关个性特征概括为“C 型行为”，认为其核心特征是不善于表达自己，高度顺从社会等。

知识链接

C 是引文 cancer（癌）的第 1 个字母。所谓“C 型行为”，就是容易使人患癌症的心理行为模式，其肿瘤发生率比一般人高 3 倍以上，并易使癌症转移、恶化。其主要表现为过度压抑情绪，尤其是不良的情绪，如愤怒、悲伤等，不能使其得到合理的疏泄；在性格上好克制自己，忍让，过分谦虚，过分依从社会，回避矛盾等。

（二）癌症患者的心理干预

1. 告诉癌症患者真实信息　国内外大多数学者都主张在恰当的时机给癌症患者提供诊断和治疗计划的真实信息，既有利于患者了解自己的病情，接受癌症诊断的事实，及时进入角色适应，建立良好的治疗关系，树立治愈疾病的信心，又有利于使患者配合治疗，对治疗中的各种副作用、并发症及预后有心理准备，主动参与各种治疗。当然，在告诉患者诊治情况时，应根据患者的人格特征及病情，灵活地选择时机和方式。

2. 及时纠正患者对癌症的错误认识　患者的许多消极心理反应均来自于“癌症等于死亡”的错误认识。因此，应帮助患者建立对癌症的科学认识，一方面承认癌症的严重危害性，另一方面要让患者相信，积极的治疗、良好的心态是可以战胜癌症的。积极运用支持性心理治疗等手段，保护和增进患者的期望和信心，这对每个患者都十分重要。

3. 情绪问题的处理 大多数癌症患者都有情绪问题，而身心的交互影响会导致进一步的恶性循环，阻断这种恶性循环的关键在于解决患者的情绪问题。对于否认－怀疑期的患者，应允许他们在一段时间内采用否认、合理化等防御机制，逐渐接受严酷的事实。但是，长期而强烈的否认则可能会延误治疗，应加以引导。有些癌症患者只不过是有意识地克制自己的情绪，外表看上去无所谓，但却不愿涉及自己的真实情感，这种压抑往往加重患者的心理负担，容易引起更复杂的消极反应。支持性心理治疗、疏泄性心理指导或者利用转移机制，可帮助患者宣泄压抑的情绪，减轻紧张和痛苦。

复习思考

1. 心身疾病的概念？心身疾病的病因有哪些？

2. 患者李某，56 岁，性情急躁，与子同住，其子与其性格相似，因青光眼住院，查看病历，已经是第 7 次入院，通常入院后经治疗，青光眼很快便得以缓解。其中一次入院后，因未及时服药，护士发现后去送药，却发现其病情已经有所好转。请问，可以用到哪些心理治疗的方法？并说明理由。

扫一扫，知答案

扫一扫，看课件

第五章 疼 痛

【学习目标】

掌握：疼痛的定义；影响疼痛的心理因素。

熟悉：影响疼痛的社会因素。

案例导入

当我们面对大大小小的疼痛时，常常会抱怨：假如人类没有疼痛该多好，可是真的会很好吗？

据荆楚网报道，家住赤壁的6岁小男孩李晟（化名），从小就患上了怪病，感觉不到疼痛。2010年12月，李晟在幼儿园摔了一跤，脚肿得不能走路。因为孩子无法感知疼痛，直到晚上，父亲李先生给他洗澡时才发现，李晟右臀鼓了个包，送到武汉来检查，被诊断为右髋关节脱位，复位、消炎、恢复，住院1个多月。至今，孩子走路还是一瘸一拐。

2012年7月，因为手指被自己咬破后严重感染，李晟食指指尖已发黑，一半手背红肿。切开做引流，脓液挤掉后，指尖只剩了一层皮，里面都空了。在武汉协和医院接受手术，左手食指被截掉一半。给李晟做手术的医护人员都对他印象深刻：儿童通常不太配合手术，需进行全身麻醉。但李晟天生不怕疼，手术时只用了局部麻醉，当用医用剪刀剪掉手指时，小家伙睁开双眼紧盯医生的手术刀，表情非常淡定。手术后，李晟还对父亲描述手术室里的见闻。

第一节 疼痛概述

一、概念

1979年，国际疼痛研究学会（IASP）将疼痛定义为：疼痛是一种与组织损伤或潜在组织损伤（或描述的类似损伤）相关的不愉快的主观感觉和情感体验。

几十年后，随着多学科交叉和慢性疾病模型的出现，从“生物－心理－社会”医学模式的角度，国际疼痛研究学会（IASP）再次修订并提出了疼痛的定义，即“疼痛是一种与组织损伤或潜在组织损伤相关的感觉、情感、认知和社会维度的痛苦体验”。这种体验包括两个方面：痛觉和疼痛反应。痛觉是一种意识现象，属于个人的主观知觉体验，它受人的性别、性格、经验、情绪和文化背景等的影响，表现为痛苦和焦虑。疼痛反应是指对有害刺激而产生的一系列生理、病理变化，表现为呼吸急促、血压升高、瞳孔扩大、出汗、骨骼肌收缩等，所以，疼痛是一个十分复杂的生理现象，大部分外科疾病常常会因为疾病的过程、诊断性的检查或治疗方式而伴随着疼痛的问题。

修订后的定义进一步阐明了疼痛的本质。第一，强调疼痛的主观性体验。一是体验是痛苦的；二是这种痛苦的体验带有主观性。第二，提出疼痛与既定事实或潜在的组织损伤相关。也就是说，疼痛可能与已经或正在发生的病理性的组织损伤有关，也有可能与其他潜在的或主观评判的原因有关。第三，强调疼痛体现在个体对生理、心理、社会三个维度的体验。不仅要关注个人体验，更要从感觉、情感、认知和社会特征等多个维度研究疼痛的发生发展机制。

二、疼痛的特点

1. 种类的多样性　疼痛是一种复杂的生理心理活动，种类以及分类方式繁多。①从机理方面分：疼痛可分为伤害性疼痛、神经病理性疼痛和混合性头痛。②从发生时间和传导特点分：疼痛可分为急性和慢性疼痛。③从病因分：疼痛可分为癌性和非癌性疼痛。④从发生部位分：疼痛又可分为头面痛、颈肩痛、腰背痛、内脏痛和骨骼肌肉软组织痛；复杂性区域疼痛综合征和纤维肌痛不符合神经病理性疼痛定义，但具有神经病理性疼痛特征。⑤疼痛还可分为女性痛、老年痛、儿童痛等。

2. 情绪的负面性　疼痛有痛知觉和痛反应两种成分。痛知觉是对疼痛的感知，是一种不愉快甚至痛苦的负面情绪体验；痛反应总是与不愉快或痛苦的情绪发生单极联系，并有退缩、逃避、反抗的行为反应以及相应的生理、心理变化。

3. 体验的主观性　疼痛的体验以个体主观的、高度个性化的经验作为评判依据和标准，不能被其他人确证，所以通过个体的主观疼痛体验来推断客观刺激及其程度，往往会得到因人而异的答案。

三、疼痛的意义

（一）积极意义

1. 生物学意义　疼痛具有信息警示功能，能避免或减轻机体受到伤害。疼痛的信号会先达脊柱，脊柱随之做出一个最初判断，人就会立马做出“自然”逃离行为，从而避免或减轻机体受到伤害。如手臂无意触碰到烫的物体，就会立刻抽回。

2. 病理学意义　疼痛是疾病的信使，能帮助诊断疾病。疼痛的部位往往就是病灶点，而且不同类型的疼痛可以间接说明病理过程的类型和疾病发展情况，及时发现并且掌握其特点和规律，对于尽早发现疾病以及疾病治疗具有积极意义。同时，医务工作者帮助病患有效地减轻或解除疼痛，不仅减轻病患的痛苦体验，也可防止由疼痛导致的机体进一步损伤。

3. 心理学意义　疼痛是一种心理历练，能帮助个体成长。心理上的疼痛，是一种磨炼，是经验的积累，走出了疼痛，会让我们变得更加坚强，学会面对磨难，应对痛苦的体验，同时也会时刻提醒我们，再遇到类似情境时，要警惕、慎重，保护好自己不再受伤。

（二）消极意义

疼痛会引起个体的痛苦体验，尤其是疼痛强度大、持续时间久，超过个体所能承受的限度，就会成为痛苦的折磨，影响社会功能，破坏身心健康。此外，疼痛的警示功能也有局限性，如有的癌症，发现疼痛已为时过晚；有的老年人感受性下降，对疼痛不敏感。

第二节　影响疼痛的心理社会因素

影响疼痛的主要因素是痛阈和耐痛阈的差异性。

痛阈指能引起疼痛的最小刺激量。当刺激轻微，达不到这个最小刺激量，个体就感受不到疼痛；一旦刺激达到或超过这个最小刺激量，个体就会感到疼痛。耐痛阈指个体忍受疼痛的最大限度。不同个体的痛阈和耐痛阈存在差异性；相同个体处于不同的情境中，痛阈和耐痛阈也会发生变化。这种变化和差异性又往往与诸多心理社会因素有关。

一、心理因素

1. 早期经验　个体童年时期的经历可以在很大程度上影响到其对疼痛的感知和体验。有的父母对子女的疼痛十分关注，一点小伤小痛就大惊小怪，反应强烈；而有的则相反，即使大的疼痛也不管不问。小孩从父母对自己的态度中形成了对疼痛的认知，这些认知会影响到他们今后对疼痛的感知和体验，一般而言，在个体的成长过程中，父母对其疼痛越关注，其对疼痛越敏感。

2. 认知和情绪　对疼痛的认知评价会影响个体的情绪，情绪又可以改变个体对疼痛的反应。对疼痛积极的认知会减轻个体负面的情绪体验，从而减轻疼痛体验，提高个体的痛阈和耐痛阈。例如，信任针灸治疗的人，对针刺、艾灸带来的负面情绪体验就会降低，甚至没有负面情绪体验，对针刺、艾灸的疼痛感就会降低；战争时期，同等程度的受伤，士兵的痛苦体验就要比普通市民的弱得多，因为对士兵而言，受伤意味着安全，他们更多地产生的是积极情绪。因此，医务工作者可以通过改变个体的认知来减轻患者的痛苦体验。

3. 情境　个体会对产生疼痛的情境进行评价，可以影响到个体的痛苦体验。例如，一个男性在遇到疼痛的时候可能会龇牙咧嘴，一旦看到有年轻的女性走近，就会表现出无所谓的样子；女性独处的时候，遇到小的伤害可能不觉得疼痛，而男朋友在身边的时候反而会表现出痛苦的样子。在幼儿园给小朋友进行集体注射时，护士常常会说看看谁最勇敢，并予以小红花等奖励，这样就可以减轻一些小朋友的痛苦体验。想想看，我们可以如何利用呢？

4. 人格　个体的气质、性格可影响个体对疼痛的感受和表达。性格外向和稳定的人，痛阈和耐痛阈较高，耐受性较强；内向和较神经质的人，痛阈和耐痛阈较低，对疼痛敏感。如情绪型的人相对于其他类型的人对疼痛程度的主观体验和表达更强烈，痛感持续的时间也较长。

5. 注意力　个体对疼痛本身的注意程度会影响其对疼痛的感受。当注意力集中于疼痛部位或痛感时，痛阈和耐痛阈都会降低，加剧疼痛；相反，当注意力高度集中于其他事件时，痛阈和耐痛阈都会提高，可以减轻甚至消除疼痛。例如，当我们出外游玩时，如果不小心被茅草割伤了，往往感觉不到疼痛，直到游玩回来看到了伤口，突然就感到疼痛了。这提示我们，当转移患者的注意力，是可以减轻患者痛苦的。想想看，当护士给患者注射时说“打针一点都不痛”，会起到什么作用？

6. 暗示　暗示是人们为了某种目的，在无对抗的条件下，通过交往中的语言、手势、表情、行动等，用含蓄的、间接的方式发出一定的信息，使他人接受所示意的观点、意见，或按所示意的方式进行活动。暗示可以减轻个体的疼痛，二战中，苏联因为缺少止痛剂，很多士兵不得不忍受伤痛，一个军医不忍心看到这些，就给他们进行了注射，并告诉他们是止痛剂，让他感到十分安慰的是，很多士兵真的感觉到痛苦减轻或消失了。后人在此基础上进行了实验，发现用安慰剂可以让 35% 外科手术后的患者止痛，而大剂量的吗啡也只能使 75% 的术后患者止痛。

二、社会因素

1. 社会文化　不同的社会文化背景导致人对疼痛的感受和表达也存在差异。处于勇敢、坚韧文化背景或氛围中的人，痛阈和耐痛阈较高，具有良好的疼痛耐受性。如军人这一特殊的群体，为了使命和责任，在“流血流汗不流泪，掉皮掉肉不掉队”的团队作风影响和感染下，其对疼痛的耐受性也较高。

2. 社会支持系统　强大而完整的社会支持系统能减轻个体心理应激，缓解紧张状态，提高社会适应能力，给予疼痛患者更多支持，从而提高疼痛患者的痛阈和耐痛阈。如生病的老年人，如果得到子女悉心照顾、朋友的温暖问候，以及医护人员的耐心诊疗，会减轻其疼痛，从而增强耐受性。

3. 年龄差异　一般认为老年人痛阈高，对疼痛不敏感，但也并非绝对，有时老年人对疼痛也有较强的敏感性；儿童对疼痛的体验会激起恐惧和愤怒情绪；婴幼儿常不能很好地表达疼痛感受。

复习思考

1. 什么是疼痛？疼痛对人类有何意义？
2. 影响疼痛的因素有哪些？如何运用这些因素去减轻患者的痛苦？

扫一扫，知答案

扫一扫，看课件

第六章 变态心理

【学习目标】

掌握：变态心理的概念；正常与异常心理的判断；抑郁临床特点；焦虑临床特点。

熟悉：变态心理发生的原因；精神病性症状及处理方式；神经症的判断标准；人格障碍。

案例导入

患者，女，36岁，个体老板。患者1个月前无明显诱因，突然感到一种强烈的恐惧涌上心头，同时感到胸闷、心悸、心脏剧烈跳动（像要跳出来），呼吸困难、手颤，四肢麻木，伴有强烈的濒死感，患者高声尖叫呼救。周围同事立即将她送往医院，但在途中患者症状随即消失，发作整个过程历时10余分钟。患者到达医院后进行了全面的检查，未发现明显异常。近1个月内，患者又有3次上述发作，遂来医院就诊。患者平素性格外向，争强好胜，善于表现，每次发作前都有明显的诱发事件。

思考题：该患者是属于躯体障碍还是精神障碍？该障碍发病时有何特点？

第一节　变态心理概述

一、概念

变态心理是指个体的感知、思维、记忆、智能、情感、意志行为等心理过程和人格发生了异常。广义的变态心理指所有偏离正常的心理活动，狭义的变态心理一般指心理障碍。

二、正常与异常心理的判断

临床鉴别正常与异常心理常用三个原则为区分标准。

1. 主客观相统一性的原则　个体心理活动的产生都是主客观相互作用的结果，往往是客观在前，主观在后，如听觉的产生，首先是先有客观事物发出声响，然后个体通过正常的感觉器官即耳朵对此产生感觉上的反应，即听觉产生；再如当个体有身体不舒服的感知觉时，一般是以躯体的器质性病变作为基础。以上这些都符合正常心理活动的主客观相统一性的原则。当个体的主客观出现分离和不统一的表现时，就视为异常心理活动的出现，如幻觉，患者在没有客观事物存在的事实下，只是主观上产生了听觉；发生神经症性躯体障碍时，患者缺乏躯体上器质性的病变基础，而仅是主观感受上会有不舒服的感知觉，则视为病态。

2. 内在协调性原则　个体正常心理活动的各个方面都是协调统一的，如正常心理过程当中的知、情、意三方面是协调的，当个体对某一个事物的认知是积极肯定时，必定会对它产生喜爱赞赏的情绪情感，个体在这件事物上所付出的行为意愿往往也比较强烈，这正是意志的体现。反之，若个体对某一事物的认知是消极否定，对此产生的情绪情感也必定是反感厌恶，付之行为的意愿自然也不够强烈，这都是正常心理活动协调性反应的体现。但是，如果出现当个体对某一事物的认识是肯定，但却对此产生消极情绪情感，表现为缺乏目的意愿时，此个体则被视为病态，如精神分裂症患者常出现的情感倒错。

3. 人格相对稳定性原则　具有正常心理活动个体的人格一旦形成，便具有相对稳定的特点，如典型内倾的个体绝大多数时候都表现为稳定的安静、内敛，典型外倾个体则保持较多时间的活跃、主动。若某一个体在没有明显外因的影响下，在短时间内出现人格明显于以往的不同改变时，就要高度怀疑病态精神活动的出现。如某一精神分裂症患者，精神活动正常时人格表现为稳重、内敛、不善言辞，但近期出现明显的异常活跃、兴奋、接触异常主动，则视为病态的人格改变。

三、变态心理发生的原因

按照现代医学模式的理念，对待疾病的态度要从生物、心理、社会三个方面来综合考虑，变态心理的发生同躯体疾病一样，也需要从多因素致病学说的角度来理解。

（一）生物学因素

在大众对变态心理的认识中，生物学因素是经常被忽略的因素。精神活动产生的物质基础是个体要有一个完善健全的大脑，由于先天或后天因素的影响，使脑在功能或器质上受到损伤，都增加了个体精神活动出现异常的可能性。

1. 遗传　通过对家族聚集性、双生子、寄生子的研究，变态心理的发生受到遗传的影响已经得到医学界共识，如精神障碍中的精神分裂症、抑郁发作、孤独症等疾病已经明确遗传是其主要的发病因素。

2. 神经发育异常　神经发育异常是近年来心理障碍和精神障碍病因学研究的热点，认为个体从胚胎期就出现了神经病理病变，出生后与外界环境的相互影响，使精神活动的异常表现逐渐表现出来，一般到了青春期或青年早期后开始发病，不同脑区的发育障碍会导致不同精神障碍的产生。神经发育异常除了与遗传因素有关外，还与母孕期和围生期感染、营养缺乏有关。如有证据证明，精神分裂症的发病与母孕期、围生期感染有关，并存在大脑结构异常的可能。

3. 严重躯体疾病　躯体疾病所导致的精神障碍原发机制，由于患者生理、躯体上的病变，继发出现了精神活动的异常。如肝性脑病，由病毒性肝炎、重症中毒性肝炎、各型肝硬化、原发性肝癌等各类严重的原发性肝脏疾病导致，而出现一系列的精神症状，如性格、行为的改变。

4. 颅脑损伤　颅脑损伤包括外伤性和非外伤性颅脑受损。外伤性损伤，如交通事故引发的颅脑外伤、高处坠落、产伤所导致的新生儿颅脑损伤；非外伤性损伤，如颅脑肿瘤、脑出血所导致的脑的器质性病变。这些都可以导致患者出现精神活动的异常，如思维迟缓、情感淡漠、意志减退、记忆力进退、定向力障碍、意识障碍等症状。

（二）心理学因素

1. 人格特征　变态心理病因中的人格因素是指患者的病前人格对个体的影响。有证据证明，很多精神障碍患者都具有其独特的性格特征，如精神分裂症患者，其病前性格多具有极端内向、孤僻、敏感、多疑的特点；焦虑性障碍患者病前多为焦虑性人格，即脆弱敏感、持续紧张、强烈的不安全感，自我接纳感低；强迫性障碍的性格特征称之为强迫性人格，表现为矛盾纠结、举棋不定、患得患失、优柔寡断。

2. 应激　与变态心理发病有关的应激源多指对个体来说的负性生活事件，即个体在生活中所遭遇的对其自身来说难以接受的事件，在生活中，人们经常会通俗地称之为“精神刺激”。除了巨大的创伤性事件外，一些小事件同样会诱发精神障碍的产生，重要的是对个体来说，这个事件是其本身不能接收和逾越的。如神经性障碍、分离（转换）障碍的发病往往与生活事件有直接的联系，但是很多事件都是些让人看起来微不足道的小事件。研究证实，生活事件对精神障碍会产生影响，如精神分裂症患者在其发病之前的6个月当中可以找到相应的生活事件；个体经历可能危及生命的生活事件后，抑郁发作危险系数增加6倍。

（三）社会学因素

社会学因素主要指社会压力、社会环境、社会变迁、社会支持等，如工作压力、生活环境、家庭关系、战争、人际关系等。其中社会支持被认为是影响个体心理承受能力最主要的因素，社会支持包括正式支持和非正式支持，正式支持来自于社会群体，是由社会正式组织的各种制度性支持；非正式支持来自于家庭、亲友，是非正式组织的支持。任何形式的支持都是由人来支持。所以，可以狭义地把社会支持理解成人际关系，社会支持度或人际关系的好坏影响到个体在面对压力时的心理承受能力，从而影响到个体的精神状态。有研究发现，中年女性在遭遇重大创伤性事件时，社会支持度高的女性发生抑郁的概率为4%，而社会支持度低的女性发生抑郁的概率为40%。

第二节　精神病性障碍

一、精神病性症状

1. 感知觉障碍　感知觉障碍主要包括感觉过敏、感觉减退、感觉倒错、内感性不适、错觉、幻觉及感知综合障碍，临床常见的感知觉障碍有感觉过敏、错觉和幻觉。感觉过敏是指个体在一般刺激下感受性增强的表现，如神经衰弱、睡眠障碍的患者，在睡眠过程中会出现易惊醒，这就是感觉过敏的表现。病理性错觉常见于意识障碍的患者，多表现为错视和错听，如谵妄的患者，在意识不清晰的状况下容易出现错视。幻觉是精神障碍常见的精神症状，按照幻觉来自于不同的感觉器官，幻觉包括幻听、幻视、幻嗅、幻味、幻触、内脏幻觉，幻听是最常见的幻觉，多见于精神分裂症。幻听的患者表现为自言自语、自语自笑、隔空对骂，幻听的内容多为指向于患者的、消极的、攻击性的言语，所以患者在幻听地支配下容易出现伤人毁物的表现。

2. 思维障碍　思维障碍是精神障碍常见的症状，是精神分裂症的特征性表现。思维障碍

包括思维形式障碍和思维内容障碍，思维形式障碍指患者在思维的数量、速度、连贯性、逻辑性上出现的障碍，常见症状有思维奔逸、思维迟缓、思维贫乏、思维散漫、思维破裂等。如躁狂发作的患者出现思维奔逸，患者思维的速度加快、数量增多，表现为话多、语速快、自觉脑子好使；抑郁发作的患者表现为思维迟缓，其思维速度减慢伴随数量的减少，表现为话少，或言语困难；思维散漫和思维破裂常见于精神分裂症患者，表现为思维缺乏主题性、连贯性，在意识清晰的状况下容易跑题，东拉西扯，让听者难以理解，而无法与患者有效沟通。妄想是思维内容障碍的主要症状，常见于精神分裂症、重度抑郁发作等。妄想是患者在缺乏现实依据的基础上出现的主观臆想，妄想内容多样，多与患者

本身实际的生活背景有关，患者在病态的主观臆想的支配下，往往对自己妄想的内容坚信不疑，并会对此做出有针对性的行为。如被害妄想的患者坚信被人迫害、跟踪、监视而出现伤人毁物；钟情妄想的患者毫无根据地认为某一异性喜欢自己而对妄想对象纠缠不断；自罪妄想的患者觉得自己罪过深重而自伤自残；疑病妄想的患者坚信自己患有严重的甚至是不治之症而不停地求医等。妄想对患者的影响往往是根深蒂固的，难以消除。

3. 记忆障碍　精神障碍在发病早期，还没有出现典型的精神症状之前，患者常出现记忆障碍，如记忆减退。应激障碍患者在巨大创伤的刺激下容易出现界限性遗忘。

4. 智能障碍　个体智能水平受到先天因素和后天因素两方面的影响，根据智能水平受哪方面因素的影响，把智能障碍分为精神发育迟滞和痴呆。精神发育迟滞指个体受到先天因素或发育成熟以前（18 岁以前），由于遗传、感染、中毒、缺氧、脑外伤、内分泌异常等因素而造成的智力损伤。痴呆指个体在发育成熟之后，由于各种原因，如颅脑损伤、脑肿瘤等而导致的智力减退，患者多存在脑的器质性病变。

5. 情感障碍　常见的情感障碍有情感高涨、情感低落、情感淡漠、焦虑、恐惧、易激惹、情感倒错等。由于情绪或情感较多地体现在个体的外在表达上，所以情感障碍的患者比较容易被他人察觉。如心境障碍的患者，出现明显的情感高涨或情感低落，异常或超出以往的情感表达程度，则很容易被家属意识到异常的存在。

6. 意志障碍　常见的意志障碍有意志增强、意志减退、意志缺乏。如嫉妒妄想的患者坚信自己的配偶出现外遇，在这种思维的支配下，患者会病态地执着于跟踪调查，从而出现意志增强；精神分裂症的患者常出现思维贫乏，脑子空空荡荡没有什么可想，所以患者行为上也较缺乏，出现意志减退或缺乏；抑郁发作的患者主要表现为思维迟缓，思维反应慢且内容较少，患者会出现思维减退。

7. 动作行为障碍　精神障碍患者的动作行为障碍主要表现在两个方面，行为活动过多和行为活动过少，即兴奋和抑制。动作行为障碍也是较容易被家属察觉到的症状，如躁狂发作的患者，出现行为活动异常增多，常有整天忙碌不停、爱管闲事、挥霍无度、出手阔绰等表现，而被家属察觉出异常。

8. 自知力障碍　自知力又称领悟力或内省力，是指患者对自己精神状态的认识和判断能力。自知力作为评判患者疾病严重与否的标准之一,一般来说，越是严重的患者越缺乏自知力，但抑郁发作较为特殊，有部分抑郁发作的患者，包括较严重的患者，是有完整自知力的。在诊断患者是否存在自知力时，不能只评估到患者意识和接纳自己患有疾病就判断其是具有自知力，而必须是患者能意识和接纳自己患有的是精神疾病才可以诊断其自知力的存在，如抑郁发作的患者，认为自己是出现失眠患有睡眠障碍才来入院治疗的，而否认抑郁发作的诊断，这样的患者是不具有自知力的。

二、常见的精神障碍

1. 精神分裂症　精神分裂症属于常见的重度精神障碍，世界各国的流行病调查结果显示其发病率和患病率在世界各国大致相等，终身患病率为1%。精神分裂症患者存在较严重的行为和功能损害，所造成的社会负担较为明显。

到目前为止的科学研究，认为精神分裂症病因与发病机制并不明确，尤其是缺乏病理学的证据和病因学的特异性，但是越来越有证据证明，精神分裂症是存在脑结构和脑功能异常的神经发育障碍性疾病，如遗传、神经发育不良、神经生化异常、母孕期感染和产伤等，心理社会因素也是诱发精神分裂症的重要因素。患者存在思维、情感、意志行为多方面的障碍，表现为与周围环境明显的不协调，这也是患者容易被家属或大众察觉的原因。患者在发病前驱期，常有持续数月或数年不寻常的行为方式和态度改变，这种变化不太引人注目，往往回溯病史时才能发现，如性格反常，无故发脾气，不能自制，丧失学习和工作的热情，学习和工作能力明显下降等。根据精神活动的特点，把精神分裂症的症状分为阳性症状和阴性症状，阳性症状表现为精神活动的兴奋或亢进，如幻觉、妄想等；阴性症状表现为精神活动的减退或缺乏，如思维贫乏、情感淡漠、意志减退等。阳性症状较阴性症状治疗效果好。根据不同的主要临床相，把精神分裂症分为五型，分别为偏执型、青春型、单纯型、紧张型、未分化型，以偏执型多见。患者多起病于成年早期（16～25岁），常起病缓慢，病程迁延呈慢性化和精神衰退的倾向，大约2/3的患者长期存在慢性精神病性症状，精神残疾率高，约占精神残疾的70%。患者多意识清晰，无明显智能障碍。治疗首选药物治疗为主，抗精神病药为一线药物，结合心理治疗和电休克治疗。

2. 心境障碍　心境障碍是以显著而持久的情感或心境改变为主要特征的一组疾病，主要表现为情感高涨或低落。依照CCMD–3分类，把心境障碍分为躁狂发作、抑郁发作、双相障碍、心境恶劣。躁狂发作以持续的异常兴奋为主要特点，临床表现以“三高”症状为主，即情感高涨、思维奔逸、意志行为增强。抑郁发作表现为持续的情绪低落，伴有明显的焦虑、消极认知、自我评价降低等心理症状群及睡眠障碍，严重者出现自杀观念和行为。双相障碍是指患者反复（至少两次）出现躁狂发作和抑郁发作的交替出现。

3. 神经症性障碍　神经症性障碍将在本章第四节中详细描述。

4. 孤独症　孤独症起病于婴幼儿期，表现为三大主症：社交障碍，语言发展障碍，以及兴趣狭窄和行为刻板，多数患者伴有精神发育迟滞。孤独症的病因和发病机制尚不明确，但遗传因素对孤独症的影响已经得到共识。患者一般在3岁前缓慢起病，多数病前发育正常，起病后发育停滞不前或出现倒退现象，婴儿期可以表现出眼神无交流，拒绝亲密接触等行为。孤独症治疗以行为康复训练为主，促进语言发展，培养社交能力，掌握基本生活技能。孤独症远期预后差，47%～77%预后不良，70%患者出现适应障碍。

5. 精神发育迟滞　精神发育迟滞是一组在中枢神经系统发育成熟（18岁）以前起病，以智能低下和社会适应困难为临床特征的精神障碍。多数患者发病由生物学因素为主，如遗传、母孕期感染、母孕期不合理用药、妊娠期疾病、分娩期并发症和新生儿疾病等。根据智商将精神发育迟滞分为四个等级，轻度（50～69）、中度（35～49）、重度（20～34）和极重度（20以下），患者的社会功能视其本身智能损伤程度，和后期康复训练、教育效果有关。

第三节　抑郁障碍

抑郁障碍以显著而持久的心境低落为主要临床特征，抑郁症是最常见的抑郁障碍，表现为单次发作或反复发作，病程迁延。据世界卫生组织统计，全球抑郁症发病率约为11%，终生患病率为10%～20%；50%～60%的患者有自杀行为，15%～20%的患者最终死于自杀。

一、病因和发病机制

抑郁障碍的病因和发病机制尚不明确，大量资料显示与遗传、神经生化和心理社会因素有关。

1. 遗传因素　通过家系、双生子、寄生子研究及分子遗传学研究，证明抑郁障碍的发病与遗传因素有关，血缘关系越近，发病率越高；并呈现“早期遗传现象”，即发病年龄逐代提前，严重程度逐代加重。

2. 神经生化因素　通过精神药理学和神经递质代谢的研究，发现中枢神经递质代谢异常及相应受体功能改变与本病的发病有关，如5-HT、NE、DA功能活动降低。

3. 心理社会因素　亲子分离和幼年丧失、过于严厉苛刻的教养方式、儿童期性虐待、缺乏足够的社会支持及应激事件与抑郁障碍的发病关系密切。

二、临床表现

（一）核心症状

情感低落为诊断抑郁发作时必须要有的症状，即为抑郁障碍临床表现中最为核心的症状。情感低落表现为患者高兴不起来，悲观、失落，个体缺乏主动调节情绪的意愿，或是任何缓解负性情绪的方式应对无效，出现兴趣缺乏、乐趣丧失，对一切事物缺乏兴趣和动力，即使是以前感兴趣的事情现在也提不起兴趣。由于部分患者存在完整自知力，他们可以觉察出情绪的异常，会出现有意识地去调节自己的情绪的意愿，但往往无效，说明其缺乏从事活动的动力和从中感受快乐的能力。典型情感低落的患者出现晨重夜轻的表现，即清晨为患者情感低落最为严重的时间，到了傍晚则有所缓解。

（二）心理症状群

1. 焦虑　焦虑经常与抑郁同时出现，表现为莫名的紧张不安、提心吊胆，而实际缺乏现实依据。可伴发出现自主神经症状，如胸闷、心慌、尿频、出汗等，往往患者会将躯体症状作为主诉而忽略了精神上的焦虑感。如某患者在住院期间，总是担心高昂的医疗费会加重家庭的负担，而无法安心住院配合治疗；某患者有强烈的自杀观念和企图，但患者又担心自己采取自杀行为后，自己的女儿无人照料而生活艰难，所以，患者在采取自杀行为时会同时带上女儿，而这种行为患者认为是对女儿表达关爱和不舍的表现（其实是病态思维）。

2. 自责自罪　抑郁发作的患者多有自责自罪的表现，把某些不切实际或与自己无关的事情强加于自己身上，表现为悲观、失落、自我评价过低，认为自己是造成一切不良结果的原因，严重的患者出现罪恶妄想。如某女性患者，认为自己孩子的犯罪都是由于自己没有教育好的原因，完全是自己的过错。

3. 消极认知　患者出现不符合现实的消极认知状态，常表现为“三无”症状，即无望、无助和无用。患者认为前途一片渺茫，悲观失望，自我预知未来会出现的各种不幸而焦虑恐惧；对自己的现状缺乏改变的动力和信心，从而认为自己的状态无法改变，预测自己预后不佳；认为自己缺乏生存的价值，充满失败，一无是处。需要注意的是，消极认知不仅仅是在患者患病之后才出现的问题，追溯到患者得病前依然可以找到其不合理认知的特点，由此得出，消极认知是抑郁症患者易发病的基础。

4. 精神病性症状　严重抑郁障碍患者会出现明显的精神病性症状，常表现为幻觉和妄想，与患者心境相一致，即由于患者自我评价过低，自责自罪，抑郁障碍的患者常出现罪恶妄想、被害妄想等。

5. 精神运行性迟滞或激越　抑郁障碍患者出现思维迟缓，感觉自己脑子转不动了，伴随出现记忆力和注意力的下降，意志行为上出现意志减退或缺乏，严重者达到木僵状态，以上均为精神运动性迟滞的表现。激越的患者头脑中经常频繁出现杂乱无章的内容，使大脑持续处于紧张状态，从而使患者思维效率低下，注意力涣散，无法进行创造性思维，行为上表现出烦躁不安，兴奋躁动。激越行为容易让人忽略抑郁发作的表现，而否认患者抑郁症的诊断。

6. 自杀观念、企图和行为　自杀包括了自杀观念、自杀企图和自杀行为三种形式，这三种形式具有同样的危险性，都值得引起高度警惕和防范。在抑郁状态下，患者有了自杀观念或企图后，采取自杀行为的可能性就会大大增加。半数左右的抑郁患者会出现自杀观念，15%～20%的患者最终死于自杀。患者较多选择在凌晨自杀，这与情感低落晨重夜轻的特点和早醒有关，自杀方式与患者所处的文化背景和风俗习惯有较大关系，例如我国以服毒、自缢、跳楼较为多见。对于已经采取过自杀行为的患者仍然需要高度警惕和防范，因为既往行为是对将来行为的最佳预测因子。

7. 自知力　相当一部分患者自知力完整，伴有精神病性症状的患者多出现自知力缺乏或不完整，自杀倾向严重的患者多缺乏对自己当前状态的清醒认识。

（三）躯体症状群

抑郁障碍患者会出现睡眠障碍，早醒是其特征性表现，饮食不佳，食欲不振，精力丧失，性功能减退，出现非特异性躯体症状，如头疼、全身疼痛、周身不适、胃肠功能紊乱等。

三、治疗

1. 药物治疗　首选药物为 5–HT 再摄取抑制剂（SSRIs），抑郁障碍复发率高，倡导全程治疗，可分为急性期治疗、巩固期治疗和维持期治疗。①急性期治疗：控制症状，尽量达到临床痊愈，急性期治疗一般 2 ～ 4 周开始起效。②巩固期治疗：至少 4 ～ 6 个月，是预防患者复发的关键时期。③维持期治疗：首次抑郁发作维持治疗为 3 ～ 4 个月，若为 2 次以上复发，起病年龄小，伴有精神病性症状、自杀倾向性高，具有家族遗传史的患者维持治疗为 2 ～ 3 年。采取剂量逐步递增的方法，尽可能使用最小剂量，以减少不良反应，提高药物的依从性，尽可能单一用药、足量、足疗程治疗。

2. 电休克治疗　严重抑郁障碍、伴有自杀观念和行为、抑郁性木僵、药物治疗无效或对药物无法耐受的患者可行电休克治疗。急性期，前 3 次治疗每天 1 次，以后改为隔天 1 次，一般情况下需要 6 次左右。

3. 心理治疗　心理治疗在抑郁障碍的治疗中是必要且重要的，根据抑郁障碍发病的病理心理学机制，抑郁障碍患者在发病前在心理动力学模式、行为模式、认知模式和人格上存在着明显的特征。因此，抑郁障碍的治疗除了通过药物治疗、电休克治疗，从生理机制上来缓解症状外，辅助的心理治疗对于患者的康复也是至关重要的。认知疗法可改变患者的认知模式，行为疗法可帮助患者形成新的积极行为模式。有研究表明，催眠疗法也有很大的帮助。

四、抑郁障碍的康复治疗

1. 住院期的康复　针对患者的实际情况，设计多样有效的康复形式，从功能训练、全面康复、回归社会等方面对患者进行全面训练。配备固定的患者活动的场所、齐全的功能训练器材、专业的康复治疗人员，并制定固定的训练活动时间，有效监督患者按时定量地进行康复功能训练。

2. 社区康复　对于社区康复的发展，早在 2004 年 9 月，国务院办公厅转发《关于进一步加强精神卫生工作的指导意见》中就提出“预防为主、防治结合、重点干预、依法管理”的工作原则，建立“政府领导、部门结合、社会参与”的工作机制，把工作重点逐步转移到社区和基层上来。近年来，我国精神卫生社区服务已经有了一定的发展，如建立医院社区一体化的工作机制，开展社区、基层精神障碍患者的建档管理等，但是发展依然缓慢、效果不佳。这与社区基层资源投入不足有关，如缺乏统一规划和经费投入，社区基层服务人员专业知识与技能不足，同时还存在工作人员随访建档敷衍了事，患者和家属不主动不配合等现象。

比起住院治疗，患者回归社会，在社区生活的时间会更长，对于精神障碍的康复来说，社区医疗与康复同住院治疗具有同等甚至更为重要的地位。美国等欧美国家从20世纪50年代中期就提出了“去机构化”的理念，即尽可能让精神障碍患者得到最少限制的、连续的、方便可及的精神卫生服务，将精神障碍的治疗与康复最大限度地转入到社区中。社区康复需要从加大社会宣传力度、规范社区管理、康复形式多样化、重视心理干预及完善政策、法律保障等方面来完善，有效地帮助患者恢复或提高社会功能。

知识链接

对自杀的错误理解：①自杀是没有预兆的；②自杀的人是真的想去死；③谈论自杀的人不会真的自杀的；④不能与有自杀念头的人谈论自杀；⑤自杀过的人是不会再次自杀的；⑥危机消除意味着自杀风险解除；⑦自杀是无法预防的。

自杀的预警信号：①近期言语中流露出自杀意愿；②想法及行动中流露出的消极、悲观情绪；③近期遭受了重大的负性生活事件；④近期有过自伤或自杀行为；⑤慢性难治性躯体疾病患者突然不愿接受治疗，或出现反常的情绪好转，或提前安排后事；⑥抑郁症患者出现情绪的突然“好转”；⑦伴有虚无妄想、命令性幻听的分裂症患者；⑧精神分裂症后的抑郁。

第四节　神经症性障碍

一、概述

神经症性障碍是一组发病各具独特特点的疾病，其概念也在不断发生变革，根据ICD-10中F40～F48的标题描述，包括恐怖性焦虑障碍、其他焦虑障碍、强迫性障碍、躯体形式障碍、应激相关障碍等。CCMD-3对神经症的分类为恐惧症、焦虑症、强迫症、躯体形式障碍、神经衰弱和其他待分类的神经症。

虽然神经性障碍疾病各具特点，但是这些疾病仍然具有一些发病的共同特征：发病多与心理社会因素有关；患者具有典型的与疾病相关的人格特征；无器质性病变基础；自知力完整；社会功能相对完好。

二、焦虑障碍

焦虑是个体常见的情绪体验，表现为紧张不安和提心吊胆。正常范围的焦虑和病态的焦虑区别于是否有引发焦虑情绪出现的合理诱发因素，以及个体对此做出的焦虑反应的程度，正常范围的焦虑多伴随诱发因素出现，而后随诱发因素消失而缓解，但病态的焦虑缺乏现实或合理的诱发因素，一旦出现往往难以令其消失，会因持续时间过长而导致患者痛苦和功能受损。焦虑障碍以广泛性焦虑和惊恐障碍为主要表现。患者自知力多完整，但对症状却难以控制和摆脱。近年来，焦虑障碍的发病率明显增高，由于患者自主神经症状显著，使患者过多地关注自身的躯体症状，而忽略了该病的核心问题是精神心理障碍，导致患者频繁地寻求综合医院临床医生的帮助，但治疗的无效，往往使患者更加焦虑不堪。

（一）病因和发病机制

1. 遗传 研究表明，焦虑障碍在代际之间遗传的是焦虑易感素质，而非焦虑障碍本身，其中惊恐障碍的遗传倾向较广泛性焦虑显著。

2. 神经生化因素 神经生化研究提示，5-HT、GABA 等神经递质可能在焦虑障碍的发生中有作用，苯二氮卓类的抗焦虑作用提示 GABA 在焦虑的病理生理中起了重要作用。

3. 心理因素 童年的创伤经历、不安全依恋是焦虑障碍的重要易感因素，在认知上，患者往往对事物表现出不必要的忧虑或对潜在的危险过分敏感关注。

（二）临床表现

1. 广泛性焦虑 又称慢性焦虑障碍，表现为慢性持续的过度紧张和担心，某些患者缺乏明确清晰的焦虑对象，并不局限于某一特定的事物或情景，称为自由浮动性焦虑，如患者每日惶惶不可终日，但是找不到明确的焦虑对象。某些患者虽然有明确的焦虑对象，但其焦虑的程度与诱发因素的实际威胁程度并不相符，称为预期焦虑，如患者总是担心自己出门会遭遇车祸而不敢出门，给生活带来了极大的困扰。焦虑情绪是广泛性焦虑的核心症状，患者表现为整日惴惴不安、心神不定、焦躁不安、情绪易失控、失眠、工作效率下降等。自主神经症状较为多见，出现心悸、胸闷、出汗、尿频、发抖等症状。肌肉紧张和运动性不安也是广泛性焦虑的主要表现，如坐立不安、颤抖、头肩部疼痛、四肢酸痛等。

2. 惊恐障碍 又称急性焦虑障碍，即突然出现的紧张恐惧。惊恐障碍主要有以下特点，起病急骤，无征兆，无法预测，突然发作；发作时反应剧烈，伴有濒死感和失控感，有患者形容惊恐发作如同滚雪球般越来越大，最后崩塌爆发；但持续时间较短，多在几分钟到几十分钟，一般 10 分钟左右达到高峰，几十分钟后自行缓解，很多患者在到达医院之前症状已消失。患者多出现较严重的自主神经症状，如呼吸困难、心悸、窒息感、头晕、震颤或发抖等症状。惊恐障碍多反复发作，患者心理压力巨大，从而加重对疾病复发的焦虑感，部分患者出现对发作时所处场所的回避，如某患者经历了多次惊恐障碍的发作，每次发作以明显、剧烈、不可控制的胸闷、憋气为主要表现，每次发作都被急救入院，来势汹汹的疾病发作最终导致患者选择每日去医院蹲守，认为医院是最安全的地方，一旦疾病再次发作，可以得到医护人员的及时抢救。

（三）治疗

1. 药物治疗　通过药物控制焦虑发作起效较快，但是容易造成患者对药物的依赖和对根源性问题解决的忽略。常用药物为苯二氮卓类、抗抑郁药、丁螺环酮等。

2. 心理治疗　早期或较轻的焦虑障碍可以通过心理治疗来缓解，较严重的患者在服用药物的前提下，配合心理治疗能收到较好的效果，松弛训练为常用心理治疗，如肌肉松弛训练、呼吸放松、冥想等。近年来发现催眠疗法的效果较为显著，为常用的方法之一。焦虑障碍的发病与患者的个性有很大关系，塑造患者的个性也是心理治疗的重点。

三、强迫性障碍

强迫性障碍是一类以反复出现强迫意念或强迫行为为主要特征的神经症性障碍，强调患者不受自我控制地表现出一系列的强迫症状。强迫性障碍多在青少年早期到青年期起病，13 ～ 15 岁的青少年男性以及 20 ～ 24 岁的青年女性发病多。由于患者自知力完整，在强迫症状出现的同时，患者会有主动想去控制的意愿，但强迫症状却不受患者控制，所以患者出现强迫和反强迫共存的现象，常常对此痛苦不堪。

（一）病因和发病机制

1. 遗传　强迫性障碍患者的一级亲属中的患病比例是正常人群的 2 倍，单卵双生子的疾病同病率是双卵双生子的 2 倍多。

2. 神经生化因素　近年来研究发现，强迫障碍与 5-HT、5- 羟吲哚乙酸（5-HTTAA）功能异常有关。

3. 心理社会因素　人格特征是导致强迫性障碍发病的重要因素，约有 2/3 的强迫性障碍的患者在发病前具有强迫性人格，而这种强迫性人格的形成又与过于严厉专制的教养方式有很大关系，所以强迫性障碍的患者都有较为明显的人格特征和特有的家庭环境氛围。童年期遭受躯体虐待或性虐待，以及创伤体验都会增加强迫性障碍的患病风险。

（二）临床表现

1. 强迫观念　①强迫怀疑。患者对自己刚刚做过的事情表示怀疑，如刚出门就怀疑自己是否锁好门窗、刚刚清点过的事物怀疑是否清点准确等。②强迫思维。某些无意义的观念或想法无法控制地进入患者的头脑，内容常为暴力、猥亵等令人反感的内容。③强迫联想。当患者看到或想到某个词语或事物时，就会控制不住地想到与其相关的另外一个词语或事物，内容往往是令人不愉快或尴尬的，如患者看到“和平”二字，脑子里就控制不住地出现“战争”。④强迫回忆。患者不自主地回想自己做过的或经历过的事情，如睡觉前控制不住地要把今天所做的事情甚至细节回忆一遍。⑤强迫性穷思竭虑。患者对一些毫无意义或没有答案的问题刨根问底，明知道对这些问题的思考毫无意义，但是无法控制。如“先有鸡还是先有蛋？”“为什么钢笔叫钢笔，而不叫铁笔？”⑥强迫意向。意向为做某件事情的目的性和冲动性，强迫意向即为患者无法自控地有想去做某件事情的冲动，如站在高楼窗口有想跳下去的冲动、抱着自己的孩子就有想摔在地上的冲动。

2. 强迫行为　①强迫检查。患者对自己做过的事情反复检查，如反复检查门窗是否锁好、清点过的钞票反复清点以保证准确；如某患者是单位财务出纳，总是反复检查清点账目。②强迫清洗。也叫强迫洗涤，患者不合理地过于清洁，认为自己身体的某部位或某一物品被污染而反复清洗，如洗手、洗澡、洗衣服等；如某患者是检验室的医务人员，在强迫症状的影响下，因为每日都要接触大量患者的检查标本，所以总是认为自己手脏，在单位出现不停洗手的表现，回到家就不停地洗澡。③强迫性仪式动作。患者在做某件事情之前，无法控制地必须先完成某些固定的行为动作，而后原本要完成的事情才能继续。如某女患者，每天早晨出门上班之前，必须对着镜子把自己的睫毛数一遍。④强迫计数。患者控制不住地去清点各种可以计数的事物，如爬楼梯时不自主地数台阶，看到楼房就控制不住地去数窗户，患者经常痛苦于事物繁杂而数不清楚。

（三）治疗

1. 药物治疗　选择性 5-HT 再摄取抑制剂（SSRIs）是治疗强迫性障碍的首选药物，苯二氮卓类药物可缓解患者的焦虑情绪。

2. 心理治疗　有研究认为，强迫的病因通常会隐藏在个体的潜意识之中，因而与潜意识有关的疗法较为有效，如催眠疗法、意象对话等。

四、恐惧性障碍

CCMD-3 把恐惧性障碍称为恐惧症，ICD-10 的分类标准认为恐惧性障碍的表现除了恐惧之外，焦虑也是它显著的核心症状，称之为恐怖性焦虑障碍。患者对某些事物表现出过分不合理的紧张害怕，伴有自主神经症状，出现回避倾向或行为。

（一）病因和发病机制

1. 生物学因素　恐惧性障碍患者的一级亲属有较高的患病率，脑神经影像学研究发现恐怖性焦虑障碍患者存在前扣带回皮质、杏仁核和海马区域的血流增强。

2. 心理社会因素　行为学习理论认为恐惧性障碍的产生与条件反射有关，当某个外在的中性刺激与原发性恐惧多次同时发生时，就容易导致患者对此中性刺激产生过分不合理的反应。精神分析理论认为，恐惧性障碍的发生与童年期俄狄浦斯情结的产生有关。

（二）临床表现

1. 广场恐惧症　也称之为场所恐惧症、旷野恐惧症。表现为患者对某一特定的环境产生恐惧，如怕在公共场合或人群拥挤的地方出现，像商场、剧院、饭店、电梯等；害怕乘坐公共汽车、火车、飞机等交通运输工具等。患者在此环境中表现出过度的紧张恐惧，出现强烈的自主神经症状，导致患者出现对此环境的回避行为。某些患者在广场恐惧的基础上，继发出现惊恐障碍。

2. 社交恐惧症　又称社交焦虑障碍，表现为显著而持久地对人际交往产生恐惧，不敢与人对视、抬头、交流，局促不安，出现自主神经症状。某些患者一开始恐惧的对象只是陌生或不熟悉的人，随着病情的进展，可以泛化到熟悉的人甚至是自己的亲人。久而久之，患者出现对人际交往的回避，而不愿出门，严重者可继发出现惊恐障碍。如某患者出现与陌生人交往障碍，去超市购物，在门口徘徊不定，进入超市捂着脸，不敢与他人对视，结账时交于收银员钱后不等找钱，就立刻匆匆离开。

3. 特定恐惧症　特定恐惧症表现为对以上两种类型以外的某一特定的事物产生恐惧，如刀剪、动物等，患者表现为持续的回避和预期焦虑。如患者对老鼠产生恐惧，过分不合理的反应使其不仅是见到真老鼠会害怕，即使是图片、动画或玩具同样产生强烈的恐惧感。

（三）治疗

1. 心理治疗　心理治疗被认为是治疗恐惧性障碍首选和最有效的途径；行为疗法多被应用，如暴露疗法、系统脱敏疗法等；认知疗法纠正患者的不合理信念，社交训练和团体治疗通过示范、预演、角色扮演等来增强患者的正常社交能力。

2. 药物治疗　药物治疗主要用来缓解患者出现的不良情绪反应，如苯二氮卓类药物能有效缓解患者的焦虑情绪，抗抑郁药能改善患者的抑郁反应。

第五节　人格障碍

一、概述

人格障碍的定义在最新的美国《精神障碍诊断与统计手册（第 5 版）：DSM-5》的描述是：有固定模式的、适应不良的人格特点和行为，从而导致患者主观上的痛苦，明显地影响其社会功能或职业功能，或者两者皆受损。人格障碍的患者不能被其所处的文化、环境或他人的期待所接纳，表现在认知、情感、行为多方面的适应不良。

人格障碍不同于由于各种继发因素所出现的人格改变，这种偏离模式是稳定存在的，并且这种模式往往开始于青少年或成年早期。人格障碍是介于正常和异常心理的第三种状态。

人格障碍的病因和发病机制首先体现在生物学因素上，家谱分析表示反社会型人格障碍、犯罪行为个体的家族同病率较正常群体高；另有研究发现，脑损伤和脑血管病变是引发人格障碍的原因，围生期或婴幼儿期营养不良，脑损害如产伤、感染、外伤等因素都会影响大脑的正常发育，成为人格障碍追溯到成年早期的有利论据。其次为心理社会因素，婴幼儿期的亲子关系、父母的教养方式、家庭成员间的关系和家庭氛围、童年期的创伤性经历、不良的学校及社会环境都影响着个体正常人格的发育。

二、常见的人格障碍

1. 偏执型人格障碍 偏执型人格障碍主要表现为过度极端、固执、敏感、多疑、警觉性增高，临床特征为：对挫折与拒绝过分敏感；极易对他人产生不合理的仇视心理，报复心重；过度敏感多疑，猜忌心理强；与现实不相符的好斗及顽固地维护个人的权利；毫无根据和理由地怀疑配偶不忠诚；过度地以自我为中心；看待问题极端消极，常解释为“阴谋”。

2. 分裂样人格障碍 通常表现为冷漠、不合群、平淡和狭隘、缺乏情感体验，表现为：情感冷淡、内心感受和表达情感的能力有限；缺少人际交往的动力和意愿，独来独往；爱幻想和过度内省；不遵守社会规则或常规，行为出格怪异。

3. 反社会型人格障碍 个体无视常规、法律和他人的权益，容易做出违背社会规则和法律的行为，缺乏对他人的情感反应，冷漠无情，即使伤害他人后也难有悔意和内疚。有研究显示，反社会型人格障碍与物质滥用有关，而物质滥用会导致反社会行为的持续存在。

4. 冲动型人格障碍 该型与反社会型人格障碍在行为表现上极为相似，暴力倾向明显，区别在于冲动型人格障碍的个体多在行为后会感到悔意和内疚，而反社会型人格障碍的个体冷漠无情；冲动型人格障碍个体冲动性明显，即使之前为自己的行为悔过，但下一次仍然无法控制自己的情绪和行为。

5. 表演型人格障碍 也称癔症型人格障碍，主要表现为夸张、做作，带有强烈的表演色彩。临床特征为：情感丰富或肤浅，较小的外界刺激就能引发个体极为强烈的情感反应；暗示性强，极易受到外界环境、他人及自身的影响；以自我为中心，自私或强势；喜欢被关注，模仿能力及表现力极强。

6. 强迫型人格障碍 强迫型人格个体过度井井有条、一丝不苟，程序化行为模式明显，主要表现：对细节、秩序过度关注；过分谨慎小心；刻板，循规蹈矩；对自己及他人要求苛刻。

人格障碍的治疗较为困难，但药物治疗、心理治疗和教育训练对行为的矫正可以起到一定的效果。

复习思考

1. 变态心理的概念？正常与异常心理的区分标准？
2. 常见的精神症状有哪些？
3. 抑郁障碍有哪些临床表现？
4. 焦虑障碍有哪些临床表现？

扫一扫，知答案

扫一扫，看课件

第七章

临床心理评估

【学习目标】

掌握：标准化心理测验的基本特征，如信度、效度和常模的概念。

熟悉：常用的临床心理测验及操作，如韦氏智力量表、MMPI、EPQ的结果解释。

了解：心理评估的概念、种类和用途。

案例导入

小王最近跟女朋友分手了，心情不好，在浏览网页时发现一个缘分指数的测试，就点开浏览并完成了一份测试，最后得到一个解释结果。小王该不该相信这个结果呢？

在临床工作中，有人找你说他心情不好，坐立不安；或者说感到生活没有意义；或者说他可能有心理问题，需要相应的检查，了解问题。这时你能做什么检查？或者有人想了解自己的智力和个性特征。这时你如何了解他（她）的心理特征？这里就涉及对一个人心理状况的评估。本章将带你了解心理评估的概念，心理评估的方法和常用的心理测验。

第一节　心理评估概述

大家知道，中医通过望闻问切，西医通过问诊、体格检查、实验室检查等方式评估一个人的身体疾病或健康状况，而一个人心理状况的检查是通过心理评估来完成的。

一、心理评估

（一）概念

心理评估是指遵循心理学的理论和方法，对某一心理现象进行全面、系统和深入的客观描述。心理评估的常用方法包括调查法、观察法、会谈法、作品分析法和心理测验法。根据医学生的特点，本章将详细介绍心理测验法。

（二）用途

心理评估的用途很广，在不同领域（如心理学、医学、教育、人力资源、军事司法等）根据使用者的目的会有不同的用途。当心理评估技术为临床医学目的所用，作为研究或了解患者或来访者的心理状况，为临床诊断提供依据时，称为临床心理评估。临床心理评估的用途主要如下：①单独或辅助做出心理或医学诊断；②指导制定心理干预措施，并常作为疗效判断的指标；③指导科学研究；④其他，如预测个体未来成就、作为人才选拔及司法鉴定的方法等。

（三）心理评估者的条件和要求

心理现象的评估比生物、物理现象的评估更为复杂，操作不当将获得错误的信息，甚至给被评估者带来负面影响。因此，心理评估者需要具备较高的专业技术水平、心理素质和职业道德。

1. 心理评估者的条件

（1）专业知识与技术水平　要求对心理学、健康和疾病的关系有系统的认识，对心理评估理论和操作有较好的掌握，并具有与各种年龄、教育水平、职业性质、社会地位及各种疾病的人交往的经验。

（2）心理素质要求　要求评估者具备健康的人格，乐于并善于与人交往，愿意助人，尊重他人，具有接纳性和共情能力，以便与受试者建立良好的协调关系，顺利进行评估。

2. 心理评估者的职业要求

不是所有的人都能做心理评估工作，从事临床心理评估的个体须接受过职业培训，取得合法资格。对评估者有严格的职业道德要求，主要有以下几点。

（1）严肃对待临床心理评估工作　临床心理评估涉及国家执法（在心理测验方面）和人们的心理健康（如心理咨询与治疗）问题，因此要严肃对待。

（2）严格管理心理测验的使用　经过标准化的心理测验，就如同标准化的考试题，不能外泄，须保守秘密，更不能随便使用（如满足某些人的好奇心）。某些标准化的心理测验，如智力测验、记忆力测验是受管制的测验工具，需要有资格的人员才能保存和独立使用，人和物不能分开。

（3）遵守职业道德　保护来访者的利益，尊重来访者的人格，保护其隐私，对心理测验的结果保守秘密。

二、心理测验及其基本特征

（一）心理测验的定义

心理测验是依据心理学原理和技术，在标准情景下对行为样本进行客观描述的标准化测量手段，其意义主要包括以下四个方面。

1. 行为样本　指有代表性的样本，即在编制心理测验时，必须考虑所测量行为的代表性。因为任何一种心理测验都不可能，也没有必要测量反映某种心理功能的全部行为，而只是测量部分有代表性的行为，即以部分代表全体。

2. 标准情景　指测验的实施条件、程序、计分和判断结果标准都要统一（即标准化），且被试者处于最能表现所要测量的心理活动的最佳时期。

3. 结果描述　通常分为数量化和划分范畴两类。临床应用的大多数心理测验均采用数量化的描述方法，如智力测验用智商描述、人格测验用标准分描述，这些都是定量的描述。划分范畴采用的是定性的方法，当测验分数超过一定标准就认为属于异常。不管哪种心理测验，其结果的描述方法必须是标准化的。

4. 工具　包括量表和使用手册。量表主要是题项，通过被试者对其反应测验其心理特征；使用手册相当于说明书，对实施测试、量化和测验结果的描述给予详细的说明，并对测验的目的、性质、信效度等测量学资料进行必要的介绍。

（二）标准化心理测验的基本特征

标准化是心理测验最基本的要求。标准化最重要的要求有两方面：一是对测验的编制和实施过程、计分方法和对测验分数的解释，都有明确一致的要求，如统一的指导语、测验内容、评分标准和常模材料；二是在实施过程中，不论谁使用测验量表，都要严格按照同样的程序进行。标准化心理测验具有如下基本特征。

1. 信度　信度是指测验结果的可靠性或一致性，用信度系数表示，其值在 -1 ～ 1 之间。一般而言，绝对值越大，说明一致性越高，测验结果越可靠；反之，信度低。信度的高低与测验的性质有关。通常能力测验的信度系数在 0.90 以上，人格测验的信度系数在 0.80 ～ 0.85 之间。

2. 效度　效度是指测验结果的有效性，即某种测验能够测出所需测量事物的程度。效度越高，表示该测验测量的结果所能代表要测量行为的真实度越高，越能够达到所要测量的目的；反之亦然。

信度和效度都是对测验编制的要求；一个科学的测验，其各项信度、效度指标必须符合心理测量学的标准。信度是某一测验与其自身（如在不同时间、采用不同的项目测定）的相关程度，而效度是测验与外部（另一个测验、行为标准或评价者的评分等级）的相关程度。通常，没有信度的测验也没有效度，因为不能预测自己的测验也不能预测其他。另外，很可能具有较高信度的测验却没有效度，例如，如果有人用你的成人身高来评价智力，这一测验是可信的，但是它有效吗？

3. 常模　常模是用来比较的标准。某个人测验的结果只有与这一标准比较，才能确定测验结果的实际意义。常模来自于标准化的取样，只有在代表性好的样本上才能确定有效的常模。例如甲的智力测验得分是 120 分，乙的智力测验得分是 100 分，能不能认为甲的智商就比乙高呢？不能。因为甲这一年龄组的常模平均分是 130 分，而乙的同龄组的常模平均分是 90 分；甲低于平均分，而乙高于平均分。

三、心理量表的应用准则

心理测验数量繁多，从不同的角度可以划分出不同的心理测验类型。

（一）根据测验的目的分

1. 能力测验　能力测验包括智力测验、发展量表和特异才能测验等。智力测验测量人的一般能力，临床运用广泛，是研究智力水平及病理情况（如神经生理）时不可缺少的工具。发展量表主要是指儿童智力发展测量表。特异才能测验主要是为升学、职业指导及一些特殊工种人员的筛选所使用的测验，如音乐、美术、机械技巧及文书等方面的能力测验。

2. 人格测验　这类测验主要用来评定被试者的性格、气质、需要、动机、兴趣、态度和价值观等人格特点。它包括客观性测验和投射测验，前者如艾森克人格问卷（EPQ）、卡特尔 16 项人格因素问卷（16PF）、明尼苏达多项人格调查表（MMPI）等，后者如罗夏墨迹测验、主题统觉测验等。

3. 神经心理测验　神经心理测验是用于评估正常人和脑损伤患者脑功能状态的心理测验，在脑功能的诊断及脑损伤的康复与评估方面发挥重要作用。临床应用中，常根据测验的目的不同，把神经心理测验分成神经心理筛选测验和成套神经心理测验。神经心理筛选测验用于筛查被试者有无神经病学问题，如有问题，则进一步判断被试者的行为或心理问题是功能性的还是器质性的，是否需要进行更全面的神经心理功能和神经病学检查。常用的神经心理筛查测验有简易智力状态检查（MMSE）、Bender 格式塔测验、威斯康星卡片分类测验（WCST）、本顿视觉保持测验（BVRT）、快速神经学甄别测验（QNST）。成套神经心理测验一般含有多个分测验，每个分测验的形式不同，分别测量一种或多种神经心理功能，可以对神经心理功能进行较全面的评估。

4. 临床评定量表　临床评定量表用于评定精神障碍的有关症状，也用于心理咨询和心理治疗等。常用的有症状自评量表（SCL-90）、焦虑自评量表（SAS）、抑郁自评量表（SDS）等。

（二）根据测验材料的性质分

1. 文字测验　文字测验是以文字语言的形式组成测验的项目和回答，大多数心理测验都是这种形式，如 MMPI 等。

2. 非文字测验　非文字测验是以实物、模型、图片等较直观的材料构成测验项目，多以操作的方式进行，如罗夏墨迹测验、瑞文智力测验、韦氏智力测验中的操作部分等。

（三）根据测验的方式分

1. 个别测验　个别测验是指一个主试者对一个被试者施测，临床主要采用这种测验形式，其优点是在施测过程中可以对被试者的行为进行系统的观察和描述。

2. 团体测验　团体测验是指一个或多个主试者对多个被试者施测，其优点是能在较短的时间内收集比较多的信息，适用于群体心理的研究。

选择使用哪种心理量表应有针对性，根据不同的临床目的和不同的被试者，选用不同的心理测验量表。在选用量表时也要考虑其品质，一般选用具有可靠信效度的标准化心理测验量表。

第二节　智力测验

有关智力的定义很多，目前尚无统一的定义，但多数学者认同：智力是一种一般的心理能力，与其他事物一样，包含推理、计划、问题解决、抽象思维、理解复杂思想、快速学习和从经验中学习等能力。智力测验是评估个人一般能力的方法，它是根据有关智力概念和智力理论，经标准化过程编制而成的。

一、智商

智力商数，简称智商（IQ），是一种表示人的智力高低的数量指标。

1. 比奈－西蒙量表　1905 年，法国的比奈和西蒙编制了历史上第一个智力量表——比奈－西蒙量表（又称比奈量表）。该量表第一次用智龄或心理年龄（MA）来表示测验的结果。如果一个 5 岁的足龄儿童通过了 6 岁的测验，其智龄便是 6 岁，说明其智力水平相当于实龄为 6 岁儿童的水平；而在 5 岁组测验中不及格却在 4 岁组测验中及格的儿童，其智龄便是 4 岁。

用智龄作为智力测验的单位，既可以说明某儿童的智力达到了什么年龄水平，也可以说明某儿童是聪明还是愚笨。但是，智力不能表示聪明或愚笨的程度，如果要比较不同年龄的两个小孩哪个更聪明或更愚笨，仅用智龄就无法解决，那就只有计算智力商数（智商）了。

2. 斯坦福－比奈量表　美国斯坦福大学的特曼对比奈－西蒙量表进行了多次修订，

形成了斯坦福－比奈量表。特曼第一次将智商概念引入到智力测验中，以智商来表示智力的相对水平。这时的智商是比率智商（IQ），其计算方法为：IQ=MA/CA×100。其中MA为智龄，指智力达到的年龄水平，即在智力测验上取得的成绩；CA为测验时的实际年龄。例如，某个儿童智力测验的MA为10，而他的CA为8，那么他的IQ为125；如果MA为8，CA为10，则IQ为80。比率智商建立在智力水平与年龄成正比的假设基础上，这在一定的年龄范围内是正确的。所以，比率智商受年龄限制，其最高适应年限为15或16岁。

3. 韦克斯勒量表 韦克斯勒量表（简称韦氏量表）是由美国韦克斯勒编制的一整套智力测验量表，包括幼儿智力量表（适用于4至6岁零9个月的儿童）、儿童智力量表（适用于6岁半至16岁零11个月的儿童）和成人智力量表（适用于16岁以上的成人）。我国龚耀先、戴晓阳、林传鼎和张厚粲等主持了相应量表中国版本的修订。

韦氏量表的主要特点如下。

（1）全量表（测量总智商，FIQ） 由言语量表（测量言语智商，VIQ）和操作量表（测量操作智商，PIQ）组成，VIQ和PIQ又分别由几个测验组成，每个分测验分数可以单独计算，也可以合并计算，从而能够直接获得智力的各个侧面或综合水平，在临床上对于大脑损伤、精神失常和情绪困扰的诊断有很多帮助。以1981年龚耀先主持修订的《中国修订韦氏成人智力量表》（WAIS-RC）为例，言语量表包括知识、领悟、算术、相似性、数字广度、词汇6个分测验，操作量表包括数字符号、填图、木块图、图片排列、图片拼凑5个分测验（见表7-1）。

表7-1 韦氏成人智力量表主要内容

项目量表	分测验名称	题目数	测量的主要能力	最高分
言语量表	1. 知识	29	知识的广度与保持	29
	2. 理解	14	实际知识与理解能力	28
	3. 算数	14	计算与推理能力	18
	4. 相似性	13	抽象概括能力	26
	5. 数字广度：顺背	7	注意力与短时记忆能力	14
	数字广度：倒背	7		
	6. 词汇	40	词汇知识	80
操作量表	7. 数字符号	90	学习与书写速度	90
	8. 绘画完成（填图）	21	视觉记忆与视觉理解力	21
	9. 木块图	10	视觉及结构分析能力	48
	10. 图片排列	8	对社会情景的理解力	36
	11. 组装（图形拼凑）	4	处理部分与整体之间关系的能力	44

（2）提出了离差智商的概念　用统计学的标准来计算智商，表示被试者的成绩偏离同年龄组平均成绩的距离（以标准差为单位）。每个年龄组 IQ 均值都为 100，标准差为 15。计算方法为：IQ=15（X−M）/s+100。其中 X 是个人得分，M 是同一年龄组的平均值，s 是标准差。如果某人的 IQ 为 100，表示他（她）的智力水平恰好处于评价位置；如果 IQ 为 115，则高于平均智力一个标准差，为中上智力水平；如果 IQ 为 85，则表示低于平均值一个标准差，为中下智力水平。离差智商克服了比率智商计算受年龄限制的缺点，现在已成为计算智商的通用方法。

二、智力的分类和等级

智力可以按一定的标准来分出种类和等级。现代心理测量学用统计的方法分出智力的各种因素，如言语智力和操作智力等；从智力理论上又分为流体智力和晶体智力，也有理论将智力分为抽象智力、具体智力和社会智力等。目前智力主要采用 IQ 分级方法，这也是国际常用的分级方法。智商与智力等级的关系见表 7–2。

表 7–2　智力水平的等级名称与划分（按智商划分）

智商等级名称	韦氏量表（s=15）	斯坦福 – 比奈量表（s=16）
极优秀	130 以上	132 以上
优秀	120 ～ 129	123 ～ 131
中上	110 ～ 119	111 ～ 122
中等（平等）	90 ～ 109	90 ～ 110
中下	80 ～ 89	79 ～ 89
边缘（临界）	70 ～ 79	68 ～ 78
轻度智力低下	55 ～ 69	52 ～ 67
中度智力低下	40 ～ 54	36 ～ 51
重度智力低下	25 ～ 39	20 ～ 35
极重度智力低下	小于 25	小于 20

第三节　人格测验

人格测验大体上可分为两大类。一类是结构性问卷或调查表，又称客观化测验，如 MMPI、16PF、EPQ 等；一类是非结构性的投射测验，如主题统觉测验、罗夏墨迹测验等。

一、明尼苏达多项人格调查表

明尼苏达多项人格调查表（MMPI）是由美国明尼苏达大学的哈萨威和麦金利于1943年编制的。1989年新修订的MMPI简记为MMPI-Ⅱ，宋维真首先对MMPI进行了适合中国情况的修订，香港中文大学和中科院心理研究所进一步完善了MMPI-Ⅱ的中国化修订工作。

MMPI-Ⅱ由基础量表（包括10个临床量表和7个效度量表）、内容量表和附加量表三大类组成。

1.MMPI-Ⅱ的10个临床量表

（1）Hs（Hypochondriasis）疑病量表　测量被试者的疑病倾向及对身体健康的不正常关心。高分表示被试者有许多身体不适、不愉快、自我中心、敌意、需求、需求注意等。

（2）D（Depression）抑郁量表　测量情绪低落、焦虑问题。高分表示情绪低落，缺乏自信，自杀观念，有轻度焦虑和激动。

（3）Hy（Hysteria）癔症量表　测量被试者对心身症状的关注和敏感、自我中心等特点。高分反映被试者自我中心、自大、自私、期待别人给予更多的注意和爱抚，人际关系肤浅、幼稚。

（4）Pd（Psychopathic deviate）精神病态量表　测量被试者的社会行为偏离特点。高分反映被试者脱离一般社会道德规范，无视社会习俗，社会适应差，冲动敌意，具有攻击性倾向。

（5）Mf（Masculinity-femininity）男子气量表/女子气量表　测量男子女性化、女子男性化倾向。男性高分反映敏感、爱美、被动等女性化倾向，女性高分反映粗鲁、好攻击、自信、缺乏情感、不敏感等男性化倾向。

（6）Pa（Paranoia）妄想狂量表　测量被试者是否具有病理性思维。高分提示被试者多疑、过分敏感，甚至有妄想存在，易指责别人而很少内疚，有时可表现强词夺理、敌意、愤怒，甚至侵犯他人。

（7）Pt（Psychasthenia）精神衰弱量表　测量精神衰弱、强迫、恐惧或焦虑等神经症特点。高分提示有强迫观念、严重的焦虑、高度紧张、恐怖等反应。

（8）Sc（Schizophrenia）精神分裂症量表　测量思维异常和古怪行为等精神分裂症的一些临床特点。高分提示被试者行为退缩、思维古怪，可能存在幻觉妄想，情感不稳。

（9）Ma（Hypomania）轻躁狂量表　高分者往往有思维联想加速、动作增多、情绪高涨、易激惹等表现。

（10）Si（Social introversion）社会内向量表　测量个人与他人相处的退缩程度，包括与抑郁症状有关的项目。高分的人，说明行为退缩、社会交往贫乏。

2.MMPI-Ⅱ的7个效度量表 MMPI-Ⅱ的效度量表由原版的4个增加到7个，除Q、F、L及K量表以外，新增加了后F量表（Fb）、VRIN和TRIN。各量表意义如下。

（1）Q量表（无法回答量表） 也可用“？”表示，反映被试者想回避的问题。如果有10个以上的“？”符号，要求被试者重新审查问卷后补答。

（2）F（伪装量表）和Fb量表 测量任意回答倾向，高分表示任意回答、诈病或确系偏执。其中，F主要测量前370题，Fb主要测量370题以后的项目。

（3）L量表（掩饰量表） 测量被试者对调查的态度，高分反映有防御、天真、道德主义、道德量化。

（4）K量表（校正量表） 对一些临床量表（Hs、Pd、Pt、Sc、Ma）加一定的K分，以校正“装好”与“装坏”的倾向。

（5）VRIN（反向答题矛盾量表）和TRIN（同向答题矛盾量表） 由若干特别挑选出来的项目对组成。VRIN高分表示被试者不加区别地回答项目。TRIN高分表明被试者不加区别地对测试项目给予肯定回答，低分则相反，表示被试者倾向于做出否定的回答。

MMPI最初是作为鉴别精神病的辅助量表（测量病态人格）而被编制的。几十年来，MMPI成为国际上广泛使用的人格测验量表之一。MMPI不仅被用于精神科临床和研究工作，也被广泛用于医学其他各科以及人类行为的研究、司法审判、犯罪调查、教育和职业选择等领域，对人才心理素质、个人心理健康水平、心理障碍程度的评价都能有较高的使用价值，是心理咨询工作者和精神医学工作者必备的心理测验之一。

二、卡特人16项人格因素问卷（16PF）

卡特尔16项人格因素问卷（16PF）是卡特尔根据其人格特质学说、采用因素分析方法编制而成的。与其他类似的测验相比，16PF能以同等的时间（约40分钟）测量多方面的人格特质，主要用于测量正常人格，并可以作为了解心理障碍的个性原因及心身疾病诊断的重要手段，对心理咨询、人才选拔和职业咨询等有一定的参考价值。

16PF英文版有5种版本。1970年，经刘永和、梅吉瑞修订后的中文版共有187题，测量16种根源特质和8种复合人格特质。16PF的名称及特征见表7-3。

表7-3 16PF的名称及特征

因素	名称	低分特征	高分特征
A	乐群性	缄默、孤独、冷淡	外向、热情、乐趣
B	聪慧性	思维迟钝、学识浅薄、抽象思维能力弱	聪明、富有学识、善于抽象思维
C	稳定性	情绪激动、易烦恼	情绪稳定而成熟，能面对现实

续表

因素	名称	低分特征	高分特征
E	恃强性	谦逊、顺从、通融、恭顺	好强、固执、独立、积极
F	兴奋性	严肃、审慎、冷静、寡言	轻松气氛、随遇而安
G	有恒性	苟且敷衍、缺乏奉公守法的精神	有恒负责、做事尽责
H	敢为性	畏怯退缩、缺乏自信心	冒险敢为、少有顾虑
I	敏感性	理智、注重现实、自恃其力	敏感、感情用事
L	怀疑性	信赖随和、易与人相处	怀疑、刚愎、固执己见
M	幻想性	现实、合乎成规、力求完善合理	幻想、狂妄、放任
N	世故性	坦白、直率、天真	精明强干、世故
O	忧虑性	安详、沉着、通常有自信心	忧虑抑郁、烦恼自扰
Q1	实验性	保守、尊重传统观念和行为标准	自由的、批评激越，不拘泥于成规
Q2	独立性	依赖、随群附和	自立自强、当机立断
Q3	自律性	矛盾冲突、不顾大体	知己知彼、自律严谨
Q4	紧张性	心平气和、闲散宁静	紧张困扰、激动挣扎

三、艾森克人格问卷

艾森克人格问卷（EPQ）是由英国艾森克夫妇编制的，包括成人问卷和青少年问卷两种，主要被用于测量正常人格。1985年，艾森克等将其再次修订，形成修订版的艾森克人格问卷（EPQ-R），共100个题目；同年，艾森克等编制了成人应用的修订版的艾森克人格问卷简式量表（EPQ-RS），每个分量表12个项目，共48个项目。

EPQ由3个人格维度和1个效度量表构成，各量表的简要解释如下。

（1）E量表（内外向维度） E维度与中枢神经系统的兴奋和抑制的强度密切相关。E维度是一个双向特质，两端是典型的内向和外向，两者之间是连续的不断过渡的状态。典型外向特质者（高分者）表现为个性外向，好交际、热情、冲动等；典型内向特质者（低分者）表现为个性内向，好静、稳重、不善言谈等。

（2）N量表（神经质或稳定性维度） N维度与自主神经系统的稳定性有关。N维度也是双向特质，极端的情绪不稳定者很少，大多数人处在中间的过渡状态。典型情绪不稳定者（高分者）表现为焦虑、高度紧张、情绪不稳、易变，对各种刺激的反应往往过分。典型情绪稳定者（低分者）情绪反应弱而迟钝，表现稳定。

（3）P量表（精神质维度） 精神质并不是指精神病，它在所有人身上都存在，只是程度不同。但如果超出了一定的界限，则容易发展成行为异常。P维度为单向维度，高分者可能是孤独、缺乏同情心、难以适应外部环境、与别人不友好，喜欢寻衅搅扰、做奇特的事情，并且不顾危险。

（4）L量表（掩饰性） L量表是效度量表，测定被试者的掩饰、假托或自身隐蔽，或者测定其社会性水平。L与其他量表的功能有联系，但它本身代表一种稳定的人格功能。若此分过高，说明此测量的可靠性差。

第四节 临床评定量表

临床评定量表是临床心理评估和研究的常用方法，包括反映心理健康状况的症状自评量表，如SCL-90、抑郁自评量表（SAS）、焦虑自评量表（SDS），与心理应激有关的生活事件量表、应对方式量表和社会支持量表等。评定量表具有数量化、客观、可比较和简便易用等特点。下面简要介绍四种常见的症状自评量表。

一、90项症状自评量表（SCL-90）

90项症状自评量表由90个反映常见心理症状的项目组成，包括10个症状因子。SCL-90包含有广泛的精神症状学内容，从感觉、情绪、思维、意识、行为到生活习惯、人际关系、饮食、睡眠均有涉及。SCL-90设计的初衷是用于精神科或非精神科的成年门诊患者，以衡量患者自觉症状的严重程度。实际上，SCL-90还被广泛用于心理健康测验方面的研究。与其他的自评量表（如SDS、SAS等）相比，该量表具有容量大、反映症状丰富、更能准确刻画患者的自觉症状等优点，在分析上也相对复杂一些（见表7-4）。

10个症状因子的名称、题项及含义如下。

（1）躯体化 包括1、4、12、27、40、42、48、49、52、53、56、58共12项，主要反映主观的身体不舒适感。

（2）强迫 包括3、9、10、28、28、45、46、51、55、65共10项，主要反映强迫症状。

（3）人际关系敏感 包括6、21、34、36、37、41、61、69、73共9项，主要反映个人的不自在症状。

（4）抑郁 包括5、14、15、20、22、26、29、30、31、32、54、71、79共13项，主要反映抑郁症状。

（5）焦虑 包括2、17、23、33、39、57、72、78、80、86共10项，主要反映焦虑症状。

（6）敌对 包括11、24、63、67、74、81共6项，主要反映敌对表现。

（7）恐怖 包括13、25、47、50、70、75、82共7项，主要反映恐惧症状。

（8）妄想 包括8、18、43、68、76、83共6项，主要反映猜疑和关系妄想等精神症状。

（9）精神病性 包括7、16、35、62、77、84、85、87、88、90共10项，主要反映幻听、被控制感等精神症状。

（10）附加项　包括 19、44、59、60、64、66、89 共 7 项，主要反映睡眠和饮食情况。

SCL-90 每个项目后按“没有、很轻、中等、偏重、严重”等级以 1 ～ 5（或 0 ～ 4）级评分。下面以 1 ～ 5 级评分来说明该量表的使用和记分。

1. 使用方法　开始评定时，由工作人员先把总的评分方法和要求向被测者说明，待其完全明白后，做出独立的、不受任何外界影响的自我评定。对于文化程度低的自评者或其他特殊情况者，可由工作人员逐条念给他听，并且以中性的不带任何暗示和偏向的方式，把问题的本意告诉他。评定的时间可以是一个特点的时间，通常是评定一周以来的时间。

2. 评分方法　1 ～ 5 级评分，在最符合自己情况的选项上画“√”。

3. 统计分析指标　主要为总分和因子分两方面。

（1）总分　包括总分、总均分、阳性项目数、阴性项目数和阳性症状均分 5 个指标。总分：为 90 个项目得分之和，反映病情严重程度，总分变化反映病情演变。阳性项目数：指评为 2 ～ 5 分的项目数，它表示患者在多少项目中“有症状”。阴性项目数：指评为 1 分的项目数，它表示被试者“无症状”的项目由多少。阳性症状评分：阳性症状均分 =（总分 - 阴性项目数）/ 阳性项目数，表示每个“有症状”项目的平均得分。从中可以看出被试者自我感觉不佳项目整体的症状严重程度。

（2）因子分　因子分 = 组成某因子的各项目总分 / 组成某因子的项目数，反映患者某方面症状情况，据此可以了解症状分布特点。

表 7-4　90 项症状自评量表（SCL-90）

指导语：以下条目中列出了有些人可能有的病痛或问题，请仔细阅读每一条，然后根据最近一周内下列问题影响您或使您感到苦恼的程度，实事求是地在每题题号内只选择一个合适您的答案，在最适合的一格画“√”，请不要漏掉问题。

	没有 1	很轻 2	中等 3	偏重 4	严重 5
1. 头痛					
2. 神经过敏，心中不踏实					
3. 头脑中有不必要的想法或字句盘旋					
4. 头晕或昏倒					
5. 对异性的兴趣减退					
6. 对旁人责备求全					
7. 感到别人能控制你的思想					
8. 责怪别人制造麻烦					
9. 忘性大					
10. 担心自己的衣饰整齐及仪态的端庄					
11. 容易烦恼和激动					
12. 胸痛					

续表

指导语：以下条目中列出了有些人可能有的病痛或问题，请仔细阅读每一条，然后根据最近一周内下列问题影响您或使您感到苦恼的程度，实事求是地在每题题号内只选择一个合适您的答案，在最适合的一格画“√”，请不要漏掉问题。					
	没有 1	很轻 2	中等 3	偏重 4	严重 5
13. 害怕空旷的场所或街道					
14. 感到自己精力下降，活动减慢					
15. 想结束自己的生命					
16. 听到旁人听不到声音					
17. 发抖					
18. 感到大多数人都不可信任					
19. 胃口不好					
20. 容易哭泣					
21. 同异性相处时感到害羞不自在					
22. 感到受骗，中了圈套或有人想抓你					
23. 无缘无故地感觉到害怕					
24. 自己不能控制地大发脾气					
25. 怕单独出门					
26. 经常责怪自己					
27. 腰痛					
28. 感到难以完成任务					
29. 感到孤独					
30. 感到苦闷					
31. 过分担忧					
32. 对事物不感兴趣					
33. 感到害怕					
34. 你的感情容易受到伤害					
35. 旁人能知道你的私下想法					
36. 感到别人不理解你、不同情你					
37. 感到人们对你不友好，不喜欢你					
38. 做事情必须做得很慢以保证做正确					
39. 心跳得厉害					
40. 恶心或胃不舒服					
41. 感到比不上别人					
42. 肌肉酸痛					
43. 感到有人在监视你、谈论你					

续表

指导语：以下条目中列出了有些人可能有的病痛或问题，请仔细阅读每一条，然后根据最近一周内下列问题影响您或使您感到苦恼的程度，实事求是地在每题题号内只选择一个合适您的答案，在最适合的一格画“√”，请不要漏掉问题。	没有1	很轻2	中等3	偏重4	严重5
44. 难以入睡					
45. 做事必须反复检查					
46. 难以做出决定					
47. 怕乘电车、公共汽车、地铁或火车					
48. 呼吸困难					
49. 一阵阵发冷或发热					
50. 因为感到害怕而避开某些东西、场合或活动					
51. 脑子变空了					
52. 身体发麻或刺痛					
53. 喉咙有梗塞感					
54. 感到前途没有希望					
55. 不能集中注意力					
56. 感到身体的某一部分软弱无力					
57. 感到紧张或容易紧张					
58. 感到手或脚发重					
59. 想到死亡的事					
60. 吃得太多					
61. 当别人看着你或谈论你时感到不自在					
62. 有一些属于自己的看法					
63. 有想打人或伤害他人的冲动					
64. 醒得太早					
65. 必须反复洗手、点数目或触摸某些东西					
66. 睡得不稳不深					
67. 有想摔坏或破坏东西的冲动					
68. 有一些别人没有的想法或念头					
69. 感到对别人神经过敏					
70. 在商场或电影院等人多的地方感到不自在					
71. 感到任何事情都很困难					
72. 一阵阵恐惧或惊恐					
73. 感到在公共场合吃东西很不舒服					
74. 经常与人争论					

续表

指导语：以下条目中列出了有些人可能有的病痛或问题，请仔细阅读每一条，然后根据最近一周内下列问题影响您或使您感到苦恼的程度，实事求是地在每题题号内只选择一个合适您的答案，在最适合的一格画“√”，请不要漏掉问题。					
	没有 1	很轻 2	中等 3	偏重 4	严重 5
75. 单独一人时神经很紧张					
76. 别人对你的成绩没有做出恰当的评价					
77. 即使和别人在一起也感到孤独					
78. 感到坐立不安心神不定					
79. 感到自己没有什么价值					
80. 感到熟悉的东西变陌生或不像真的					
81. 大叫或摔东西					
82. 害怕会在公共场合昏倒					
83. 感到别人想占你便宜					
84. 为一些有关“性”的想法而苦恼					
85. 你认为应该因为自己的过错而受惩罚					
86. 感到要赶快把事情做完					
87. 感到自己的身体有严重问题					
88. 从未感到和其他人亲近					
89. 感到自己有罪					
90. 感到自己的脑子有毛病					

二、A 型行为类型评定量表

A 型行为类型的评定工作，从美国临床医师弗雷德曼在 20 世纪 50 年代对冠心病患者的性格或行为表现进行系统和科学的观察与研究开始。目前国外测定方法种类已经很多。国内在张伯源的主持下，已修订了一个适合我国的 A 型行为类型评定量表。量表采用问卷形式，通过患者及家属自己的主观判断进行回答。

该问卷由 60 个条目组成，包括三部分：TH（time hurry）25 题，反映时间匆忙感，时间紧迫感和做事快等特征；CH（competitive hostility）25 题，反映争强好胜、敌意和缺乏耐性等特征；L（lie）10 题，为回答真实性检测题。由被试者根据自己的实际情况填写问卷。在每个问题后，符合回答“是”，不符合回答“否”。

三、SDS 与 SAS

（一）抑郁自评量表（SDS）

抑郁自评量表（SDS）主要用于成年人衡量抑郁程度的轻重及其在治疗中的变化情况。其特点是使用简便，能直观地反映抑郁患者的主观感受，但对严重迟缓症状的抑郁评定有困难（见表 7–5）。

表 7–5　SDS 和 SAS 的评估标准

SDS		SAS	
程度	标准分	程度	标准分
正常范围	≤ 51	正常范围	≤ 50
轻度抑郁	52 ～ 59	轻度抑郁	51 ～ 59
中度抑郁	60 ～ 69	中度抑郁	60 ～ 69
重度抑郁	≥ 70	重度抑郁	≥ 70

1. 使用方法　由被试者自行填写表格，在填写前要让被试者把整个量表每个问题的含义及填写方法都弄明白，然后做出独立的、不受任何人影响的自我评定，并在适当的栏目下画“√”。如遇到特殊情况（文化程度低不理解或看不懂题者），可由工作人员逐条念给他听，由评定者独立做出评定。一次评定一般可在 10 分钟内完成。评定中要特别注意如下两点：①评定时间为过去 1 周，且自评者不能漏评或在相同的项目里重复画“√”；②要让被试者理解反向评分的各题（题前有“*”号者）。如被试者不能真正理解反向评分题的含义及填写方法，会直接影响统计结果。

2. 项目及评分方法　SDS 包括 20 个题项，每一个题项相当于一个有关的症状。该表采用 4 级评分，主要评定症状出现的频度。让被试者根据自己 1 周内的实际情况，在相应的栏目下画“√”。评分标准如下：①没有或很少时间；②小部分时间；③相当多时间；④绝大部分或全部时间。若为正向评分，每天评分依次为①、②、③、④；反向评分则依次为④、③、②、①。

3. 结果分析　将 20 个题项的得分相加得到粗分，用粗分乘以 1.25 取整数部分，得到标准分。中国常模中 SDS 总粗分正常上限为 41 分，标准分的正常上限为 51 分。分数越高，抑郁程度越重。

（二）焦虑自评量表（SAS）

焦虑自评量表（SAS），从量表的构造、形式到具体的评定方法，都与 SDS 十分相似。SAS 主要被用于评定被试者的主观感受，并且与 SDS 具有一样广泛的使用性（见表 7–5）。

1. 使用方法　参见 SDS 的评定方法。

2. 项目及评分标准　SAS 有 20 个问题，分别调查 20 项症状。SAS 也采用 4 级评分。在 20 个题目中，带 * 的 5 个题目为反向评分题。

3. 结果分析　SAS 的结果分析同 SDS，主要统计指标为总分，中国常模中 SAS 总粗分上限为 40 分，标准分的正常上限为 50 分。分数越高，焦虑程度越重。

四、应激和应对有关评定量表

（一）生活事件量表

国内外有许多生活事件量表，这里介绍由杨德森、张亚林编制的生活事件量表（LES）版本。LES 共含有 48 条我国较常见的生活事件，包括 3 方面的问题。一是家庭生活方面（28 条），二是工作学习方面（13 条），三是社交及其他方面（7 条）。另外，有 2 条空白项目，供填写被试者已经经历但表中并未列出的某些事件。

LES 属于自评量表，填写者须仔细阅读和领会指导语，然后逐条过目。根据调查者的要求，填写者首先将某一时间范围内（通常为 1 年内）的事件记录下来。有的事件虽然发生在该时间范围之前，如果影响深远并延续至今，可作为长期性事件记录。然后，由填写者根据自身的实际感受而不是按常理或伦理道德观念去判断那些经历过的事件对本人来说是好事或是坏事，影响程度如何，影响持续的时间有多久，对于表上已列出但并未经历的事件应注明“未经历”，不留空白，以防遗漏。影响程度分为 5 级，从毫无影响到影响极重分别记 0、1、2、3、4 分。影响持续时间分 3 个月内、半年内、1 年内、1 年以上共 4 个等级，分别记 1、2、3、4 分。

统计指标为生活事件刺激量，生活事件刺激量越高，反应个体承受的精神压力越大。95% 的正常人 1 年内的 LES 总分不超过 20 分，99% 的不超过 32 分。负性事件刺激量的分值越高，对心身健康的影响越大；正性事件的意义尚待进一步研究。

生活事件刺激量的计算方法：某事件刺激量 = 该事件影响程度分 × 该事件持续时间分 × 该事件发生次数；正性事件刺激量 = 全部好事刺激量之和；负性事件刺激量 = 全部坏事刺激量之和；生活事件总刺激量 = 正性事件刺激量 + 负性事件刺激量。另外，还可以根据研究需要，按家庭问题、工作学习问题和社交问题进行分类统计。

（二）社会支持评定量表

研究发现，人们所获得的社会支持与其心身健康之间存在着相互关系。良好的社会支持能为个体在应激状态时提供保护作用，对于维持一般良好的情绪体验也具有重要意义。我国学者肖水源于 1986 年编制了社会支持评定量表，该量表共有 10 个条目，包括客观支持（3 条）、主观支持（4 条）和对支持的利用度（3 条）三个维度。客观支持，指个体所得到的客观实际的、可见的社会支持；主观支持，指个体主观体验到的社会支持，对所获支持的满意度；对支持的利用度，指个体对社会支持的主动利用程度。

条目记分方法：第1～4和8～10条是每条只选一项，选择1、2、3、4项分别记1、2、3、4分。第5条分A、B、C、D四项，记总分，每项从无到全力支持分别记1～4分，即无记1分，极少记2分，一般记3分，全力支持记4分。第6、7条，如回答“无任何来源”则记0分；回答“下列来源”者，有几个来源就记几分。

量表的统计指标：①总分：即10个条目评分之和。②客观支持分：2、6、7条评分之和。③主观支持分：1、3、4、5条评分之和。④对支持的利用度：第8、9、10条评分之和。

（三）特质应对方式问卷

应对是心理应激过程的重要中介因素，与应激事件性质以及应激结果均有关系。应对方式的测验量表有很多，特质应对方式问卷是其中之一（见表7-6）。

表7-6　特质应对方式问卷（TCSQ）

指导语：当你遇到平日里的各种困难或不愉快时（也就是遇到各种生活事件时），你往往是如何对待的？

项　目	肯定是				肯定不是
1. 能尽快地将不愉快忘掉	5	4	3	2	1
2. 易陷入对事件的回忆和幻想之中而不能摆脱	5	4	3	2	1
3. 当做事情根本未发生过	5	4	3	2	1
4. 易迁怒于别人而经常发脾气	5	4	3	2	1
5. 通常向好的方面想，想开些	5	4	3	2	1
6. 不愉快的事很容易引起情绪波动	5	4	3	2	1
7. 喜欢将事情压在心底里不让其表现出来，但又忘不掉	5	4	3	2	1
8. 通常与类似的人比较，就觉得算不了什么	5	4	3	2	1
9. 能较快将消极因素化为积极因素，例如参加活动	5	4	3	2	1
10. 遇到烦恼的事很容易想悄悄哭一场	5	4	3	2	1
11. 旁人很容易使你重新高兴起来	5	4	3	2	1
12. 如果与人发生冲突，宁可长期不理对方	5	4	3	2	1
13. 对重点困难往往举棋不定，想不出办法	5	4	3	2	1
14. 对困难和痛苦能很快适应	5	4	3	2	1
15. 相信困难和挫折可以锻炼人	5	4	3	2	1
16. 在很长的时间里回忆所遇到的不愉快的事	5	4	3	2	1
17. 遇到难题往往责怪自己无能而怨恨自己	5	4	3	2	1
18. 认为天底下没有什么大不了的事	5	4	3	2	1
19. 遇苦恼事喜欢一个人独处	5	4	3	2	1
20. 通常以幽默的方式化解尴尬局面	5	4	3	2	1

特质应对方式问卷是自评量表，由20条反映应对特点的项目组成，包括两个方面，即积极应对与消极应对（各含10个条目），用于反映被试者面对困难挫折时的积极与消极的态度和行为特征。被试者根据自己大多数情况时的表现逐项填写。各项目答案从“肯定是”到“肯定不是”采用5、4、3、2、1五级评分。

积极应对分：将条目1、3、5、8、9、11、14、15、18、20的评分累加，即得积极应对分。分数高，反映积极应对特征明显。

消极应对分：将条目2、4、6、7、10、12、13、16、17、19的评分累加，即得消极应对分。分数高，反映消极应对特征明显。

实际应用中，消极应对特征的病因学意义大于积极应对。

心理评估是遵循心理学的理论和方法，对某一心理现象进行全面、系统和深入的客观描述。在患者康复的整个过程中，心理评估是不可缺少的手段，它不仅仅对临床诊断、治疗和康复技能训练提供正确的科学依据，还可对康复的效果予以客观评估。心理评估的从业者需要具备较高的专业技术水平、心理素质和职业道德。标准化的心理测验需要具备一定的信度和效度，并具有可比较的常模。神经心理评估用于人类脑功能的评估，有神经心理筛选测验和成套神经心理测验两种。韦克斯勒智力量表是目前临床上最常用的智力测验。常用的人格测验有MMPI（主要测病态人格）、16PF和EPQ（测正常人格）等。SCL-90、SDS和SAS等自评量表在临床和研究中也有着十分广泛的应用。

复习思考

1. 完成书中的SCL-90心理测验，并按照书中所示步骤计算分数，解释结果。
2. 如何选择一个可靠有效的心理测验？

扫一扫，知答案

扫一扫，看课件

第八章
医患关系

【学习目标】

掌握：医患关系的模式；患者角色转换适应不良的类型，影响患者求医行为的因素；建立良好的医患关系。

熟悉：中外关于人际关系理论的主要思想及代表人物。

案例导入

2007年11月21日下午4时左右，北京某医院一名孕妇因难产而生命垂危，被送进医院，且身无分文，医院免费对其行剖腹产手术，孕妇的丈夫却“因担心剖腹产影响生二胎”拒绝在手术同意书上签字。医生对男子苦劝无效，上报北京市卫生系统的各级领导，得到“如果家属不签字，不得进行手术”的指示。在“违法”与“救死扶伤”的两难中，几名主治医生不敢“违法”进行手术。在长达3个小时的僵持后，最终孕妇于当晚7时20分因抢救无效死亡。“拒签致死悲剧”发生后，社会各界围绕“医疗制度、生命权以及悲剧发生后的问责”等问题开展激烈讨论。有人认为家属愚昧麻木悲哀，有人认为医疗法规不尽合理，更有人认为医院见死不救、丧失医德。

第一节　医患关系概述

一、人际关系理论概述

人际关系是指人与人之间的关系。社会学将人际关系定义为：人们在生活或生产活动过程中所建立的一种社会关系。心理学将人际关系定义为：人与人在交往中建立的直接的心理上的联系。中文中人际关系也被称为“人际交往”，常指人与人交往关系的总称，包括亲属关系、朋友关系、学友（同学）关系、师生关系、雇佣关系、战友关系、同事及领导与被领导关系等。概括地说，人际关系是指人与人之间在进行物质或精神交往过程中发生、发展和建立起来的互动关系。

人是社会动物，每个个体均有自身独特的思想、背景、态度、个性、行为模式及价值观，然而人际关系对个人的情绪、生活、工作有很大的影响，甚至对组织气氛、组织沟通、组织运作、组织效率及个人与组织关系等均有重要影响。人际关系的研究，对社会个人的交往、企事业的管理、个人良好发展、环境的营造、社会和谐运行等都有着重要的指导和运用价值，因而一直是研究的热点，吸引着中内外许多学者的关注和研究，很多哲学家、社会学家、心理学家提出了有关人际关系的理论。

（一）西方的人际关系理论

1. 人际需要的三维理论 社会心理学家舒茨 1958 年提出人际需要的三维理论。舒茨认为，每一个个体在人际互动过程中都有三种基本的需要，即包容需要、支配需要和情感需要。包容需要指个体想要与人接触、交往、隶属于某个群体（团体），是与他人建立并维持一种满意的相互关系的需要；支配需要指个体控制别人或被别人控制的需要，是个体在权力关系上与他人建立或维持满意人际关系的需要；情感需要指个体爱别人或被别人爱的需要，是个体在人际交往中建立并维持与他人亲密的情感联系的需要。这三种基本人际需要的形成，与个体的早期成长经验密切相关，决定了个体在人际交往中所采用的行为，以及如何描述、解释和预测他人行为。舒茨根据这三种基本人际需要，以及个体在表现需要时的主动性和被动性，将人的社会行为划分为六种人际关系的行为模式，包括主动与他人交往、期待与他人交往、支配他人、期待他人支配、主动表示友好、期待他人情感表达。

人际需要的三维理论揭示了人际需要同人际行为和人际关系之间的内在联系，同时强调了儿童时期的人际关系与人体人际行为之间的继承关系，即承认家庭环境对个体行为模式的影响，具有一定的合理性。但此理论具有明显的精神分析倾向，忽视了社会关系对人际关系的制约性影响；同时也夸大了儿童时期的人际经验对个体行为的影响作用。

2. 社会交换理论 社会学家霍曼斯采用经济学概念来解释人的社会行为，提出社会交换理论。霍曼斯认为人和动物都有寻求奖赏、快乐并尽少付出代价的倾向，在社会互动过程中，人的社会行为实际上就是一种商品交换。人们所付出的行为是为了获得某种收获，或者逃避某种惩罚，希望能够以最小的代价来获得最大的收益。人的行为服从社会交换规律，如果某一特定行为获得的奖赏越多，他就越会表现这种行为；而如果某行为付出的代价很大，且获得的收益又不大，个体就不会继续从事这种行为，这就是社会交换。社会交换不仅是物质的交换，而且还包括了赞许、荣誉、地位、声望等非物质的交换和心理财富的交换。个体在进行社会交换时，付出的是代价，得到的是报偿，利润就是报偿与代价的差值。社会交换过程中，包含了深层的心理估价的问题。个体在进行社会交往时，他们对报偿和代价的认识并不是固定不变的，也不一定是根据物质的绝对价值来估计的，这是一个与心理效价有关的问题。所以，当个体对自己的报偿与代价之比的认识大于他人的报偿与代价之比时，也许会被别人所不理解或不认可。由此我们不难理解，为什么在人们的社会交往过程中，有时会出现在有些人看来根本不值得做的事情，却被当事人做得很有趣；而有些时候在别人看来是值得做的事情，却被另一些人所不齿。

交换理论揭示了人际关系中的社会交换规律，为人们了解人际交往、人际吸引的机理提供了有益的借鉴。但从本质来说，人际交换理论也存在着一定缺陷，如只是抓住了市场交换形式的双方相互作用的一些方面，便概括出人际交往的原则，这具有片面性。强调交往过程中人们之间的资源交换，把人们之间的复杂关系简化为赤裸裸的交换关系，忽视了人与人之间的帮助关系，以及无私的奉献行为，贬低了人与人之间的关系。

3. 人群关系理论 心理学家梅奥在芝加哥西方电器公司霍桑工厂进行了长达5年的“霍桑实验”，1933年发表《工业文明中人的问题》，提出人群关系理论。主要包含以下几点内容。

（1）从新的角度来考察员工 劳动生产率提高，把人的因素放在首位，提出了“以人为本”的管理思想。强调必须关心员工在社会和情感方面的需求，从社会和心理方面来激励员工。在管理过程中通过民主管理、民主监督的机制，增加员工对企业的关注，增加其主人翁的责任感和个人成就感，将员工的个人目标和企业的经营目标完美地统一起来，从而激发出更大的工作热情，发挥其主观能动性和创造性。

（2）人群关系理论的核心是发现了非正式组织 正式组织内存在着的非正式组织使得企业中人群关系变得微妙。企业成员在共同工作中，由于抱有共同的社会感情，形成了非正式组织，这些非正式组织内既有无形的压力和自然形成的默契，也有自然的领导人，它在相当大的程度上影响着每个成员的行为，非正式组织有其约定俗成的惯例，其成员必须服从。梅奥认为非正式组织与正式组织相互依存，对生产率影响很大。

（3）职工的“士气”是影响生产效率的关键因素 “士气”是指工作积极性、主动性和协作精神结合成一体的精神状态。“士气”的高低又取决于工人在安全感、归属感、受人尊重等社会和心理方面需要的满足程度。满足程度越高，士气就越高，生产效率就越高。人群关系理论为世人留下了一笔精神财富，提供了一个解放思想、转变观念、强调“以人为本”的管理理念。

人群关系理论强调重视人的因素和人际关系在发挥人的积极性中的重要地位和作用，主张研究改进人际关系技能，改变领导方式，重视非正式组织的人际关系等观念，都具有一定的科学性和合理因素。此理论也有其片面性，如往往不恰当地夸大人际关系学说的影响和作用；具有将人群关系理论同其他管理科学对立的倾向；将人际关系看成企业效率的决定因素等。

4. 戏剧交往理论 1959年，社会学家戈夫曼出版《日常生活中的自我呈现》一书，主要研究了日常生活中人们面对面的具体互动细节，揭示那些隐含着的、不公开的互动规律。戈夫曼认为人们在日常生活中，个体在与他人交往时，都会有意无意地运用某些技巧控制自己所给人的印象。他把人们的交际行为比作是戏剧表演，并借用了戏剧艺术的术语来阐释人际互动和印象管理，因此，这种理论被称之为戏剧交往理论，有时也叫做印象管理理论。戏剧交往理论笼罩着一种谋划的气氛，仅仅认为交往是为了谋求对方的报答，实现交往的目的，可以不择手段，置他人的利益于不顾，这是极端的个人主义表现。

（二）中国的人际关系理论

1. 儒家的人际关系理论 以孔孟为代表的儒家传统文化中的人际关系理论，以“仁”为核心，以“礼”为整合手段。“仁”不仅是人们处理亲属间关系的根本准则，也是处理社会人际关系的共同准则。“礼”是整合人际关系的手段，我们自古就是“礼仪之邦”。儒家文化中的人际关系理论，是中国漫长的封建社会时期人际关系的主要指导原则和规范。

2. 庄子的人际关系理论 个体本位性、去依附性、非功利性是庄子人际关系思想的三个特点。庄子主张“道”是理想人际关系的核心，“无我”是开展人际关系的出发点，个体精神自由与人我关系的和谐统一，是人际关系追求的目标。在庄子看来，人际存在和交往的主体不外有道者和无道者这两类人，前者是达到“无我”境界的得道者，他们超越形躯之限，后者拘执于形躯之我因而未达于道。

从以上人际关系的理论可以看出，中国的人际关系侧重强调人际交往中个人的责任，比如儒家提出的“仁”与“礼”，强调个人的责任；道家更强调个人在人际关系中的超脱，要达到“忘我”的境界。西方的人际关系理论更注重人际交往的各种影响因素及人际交往的过程，强调交往中人的主观动机与愿望，纯粹从个人的角度出发来看待人际交往，是自私的表现。

二、医患关系的模式

医患关系是指“医”与“患”之间的关系，是医务人员与患者在医疗过程中产生的特定医治关系，是最重要的、最基本的医疗人际关系。一般认为，医患关系有狭义和广义之分。狭义的医患关系特指医生与患者之间的相互关系，这一种个体关系，属于传统医学道德研究的内容，也是最古老的医疗人际关系；广义的医患关系指从事医疗实践活动有关的

“医方”与求医行为有关的“患方”在医学实践活动中所发生的人际关系。“医”已由单纯医学团体扩展为参与医疗活动的医院全体职工，“患”也由单纯求医者扩展为与之相关的每一种社会关系。广义的医患关系是一种群体关系，属于现代医学伦理学研究的内容。

医患关系的模式是指在医疗活动中，医患双方互动的基本方式及其相互关系。对于医患关系的模式，各方有着不同的看法，医学界比较公认的医患关系模式主要有三种：萨斯－荷伦德模式、维奇模式以及布朗斯坦模式。

（一）萨斯－荷伦德模式

1956年，美国学者托马斯·萨斯和马克·荷伦德在《内科学成就》发表了《医患关系的基本模式》一文。他们根据医生和患者在医疗措施的决定和执行中的主动性大小，提出了三种基本的医患关系模式，是目前被医学界广泛认同的医患关系模式。

1. 主动－被动型 它是传统的医患关系模式，仍存在于现代医学实践中。其特征是医生对患者的单向作用，“为患者做什么”。在医疗实践中，医生完全把握了医疗的主动权、决策权，即怎样医疗，全由医生说了算，患者无任何自己的意志参与医疗，医生是绝对权威。这种模式的优点是能充分发挥医生纯技术的优势，缺点是彻底否定了患者的个人意志，可能会影响疗效并为医患纠纷埋下隐患。

2. 指导－合作型 是现代医学实践中最广泛存在的医患关系模式。在这种模式中，病患是有意识和思想的人，在诊疗过程中主动陈述病症、病史，配合检查和治疗，及时反馈诊治中的问题和疗效，但医生仍占有主导地位；患者能有条件有限度地表达自己的意志，但必须接受医生的解释并执行医生的治疗方案，患者“被要求与医生合作”。它的特征是：“告诉患者做什么。”该模式的进步意义是显而易见的，因为它有互动的成分，能较好地发挥医患双方的积极性，但是这种积极的合作是建立在对医生专业知识和技术充分信赖的基础上的，医生具有专业技术的自主性和权威性，依然处于主导地位，医患双方权利的不平等性仍较大。

3. 共同参与型 这种模式的医患关系是在前两种医患关系的基础上发展而来的，适用于目前“自己的生命自己负责”的趋势。医生以平等的观念和言行方式，听取并尊重患者的想法，医患双方共同制定并积极实施医疗方案。患者在诊疗过程中积极参与，主动跟医生合作。患者利用自身的文化知识，结合自身的病症、病史和家族史，同医生一起探讨治疗措施，帮助医生做出正确的诊疗方案，共同促进患者的康复。在这个过程中，患者充分发挥自己的主观能动性，医生充分运用自己的专业知识和技术，双方处于基本平等的地位，这是当代医患关系的一种发展模式。

以上的医患关系模型，在它们特定的范围内是正确的、有效的，但在现实的医疗实践中，要根据不同的患者、患者的不同状况选用相应的医患关系模型（见表8-1）。

表 8-1 萨斯 – 荷伦德医患关系模式列表

模式	医护人员的作用	患者的作用	临床应用	模式的原型
主动 – 被动型	对患者做某事	接受（不能反对或无作用）	麻醉、严重外伤、昏迷、谵妄等	父母 – 婴儿
指导 – 合作型	告诉患者做什么	合作者（服从）	急性感染过程	父母 – 儿童
共同参与型	帮助患者自助	合作关系的参加者，利用专家的帮助	多数慢性疾患	成人 – 成人

（二）维奇模式

美国学者罗伯特·M·维奇提出了三种医患关系模式：即工程模式、教士模式和契约模式。

1. 工程模式　即纯技术模式。在这种模式中，医生仅仅充当一名纯粹的科学家的角色，从事医疗工作只管技术。这种医患关系，在新的医学模式问世后已被淘汰。

2. 教士模式　即权威模式。在这种模式中，医生充当家长式的角色，具有很大的权威性，医疗中的各项决定权都掌握在医生的手中。在这种医患关系中，一切均由医生决定，患者丧失了自主性，不利于调动患者的主观能动性。

3. 契约模式　医患之间关系受一种非法律形式的有关责任与权利的契约的制约，医患双方有一些共同的利益，分享道德权利与责任，并分别对各自做出的决定负责，医生在未经患者许可的情况下，不能采取重大的医疗措施，而一些具体的技术细节则由医生负责。这种模式较前两种模式是一大进步。

（三）布朗斯坦模式

1981 年，布朗斯坦教授在《行为科学在医学中的应用》一文中提出了两种医患关系模式——传统模式和人道模式。传统模式即为医生具有绝对权威性的模式。人道模式首先强调应该把患者看成是一个有思想、感情、需要和权利的完整的人，应尊重患者的意志、权利和尊严，充分发挥患者的主观能动性，让患者自己决定自己的命运并对自己的健康负责。医生在医疗过程中仅扮演教育者、指导者和帮助者的角色，不仅为患者提供技术帮助，更要同情和关心患者。医生应该与患者及其家庭建立一种朋友式的医患关系，这种关系不受时间和空间的限制，与患病与否完全无关。朋友式的医患关系是指医生与患者及其家庭之间建立的一种相互信任、相互尊重、平等相处、互相帮助的人际关系，也包括医生与社区居民在日常生活中建立起来的亲密的伙伴关系，这是一种特殊的医患关系模式，是医生立足于社区的工作基础。

布朗斯坦模式体现了对患者意志和权利的尊重，将患者看成是一个完整的人，重视患者心理和社会方面的因素，对患者不仅要给予技术方面的帮助，而且要有同情心，要有关切和负责的态度。

在我国的医疗活动中，医患关系也不外乎主动－被动型、指导－合作型、共同参与型这几种模式，但是其行为方式与西方国家提出的概念有些许差异。有学者根据社会发展的不同阶段，将我国医患关系分为三种模式：计划经济体制及之前时期为主动－被动型，由计划经济体制向市场经济体制转变的过渡时期为指导－合作型，现阶段为共同参与型。

三、建立良好的医患关系

21 世纪是科技迅猛发展的时代，它极大地改变了人类的生活和生产活动，对人类的繁衍生息也产生了极大的影响。首先，疾病谱发生了变化，过去对人类危害最大的传染病和寄生虫病主要侵害的是贫穷和体弱者，现代社会由于污染、紧张的社会生活所引起的肿瘤和心身疾病等主要侵害对象已经不分贫富贵贱；其次，传统的“生物医学模式”已经被现代的“生物－心理－社会医学模式”所取代，一方面心身疾病的患者需要用心理学技术去诊治，另一方面临床疾病的诊治过程更加重视医患之间的配合；再者，在传统的医患关系中，医生以提供医学知识和技术的方式服务于患者，取得患者的信任和合作，并向患者收取医疗服务费用。医患之间关系较为默契并维持彼此互相信赖的格局，医疗专业受到社会大众的尊敬，医患关系相对比较单纯。在现代医疗体系中的医患关系有些不同于传统的医患关系，医生由治疗者变为医疗服务的提供者，患者由求诊者变为医疗服务消费者，通常医疗费用由第三者支付，医生的报酬不再是患者直接对医生诊疗所支付的代价的交换，医患关系越来越呈现出消费关系的特征。这些变化都导致医患关系发生了一些变化，但医患关系的实质是“利益共同体”，良好的医患关系既是保证临床医疗安全的需要，也是维护医患双方合法权益的需要。

良好的医患关系应是一种平等、信任、爱护、尊重，以高尚道德情操为核心的服务与被服务的关系。良好的医患关系需要政府、医疗机构与医务人员、患者等多方共建。首先，政府加快卫生事业发展是建立良好医患关系的基础；加快医疗体制改革，走适合中国国情的卫生事业发展道路，完善医院的运行机制，维护医院的公益性质，坚持为人民服务的宗旨，努力解决好群众“看病难、看病贵”的问题。其次，医疗机构及医护人员要加强自律，恪守“救死扶伤”的本职。医护人员要具备良好的医疗技术和职业道德，以取得患者信任；医护人员要理解和尊重患者，病痛的折磨加上求医过程的艰难，患者会承受很大的精神压力和经济压力，需要医护人员的理解和关怀；医护人员要学会和患者沟通，沟通是构建和谐友好、相互信任医患关系的桥梁和有效策略，发生医患矛盾和医疗纠纷的原因很多，但医患沟通缺乏是重要的原因之一。再者，医患关系涉及医患双方，建立良好的医患关系单靠医护人员的努力是不够的，还需要患者的理解和包容，让患者能够全面、正确地理解医生这一职业；一些患者过于夸大医疗的能力，以为进了医院就等于进了保险箱，认为治不好病就是医院和医生的错，这是错误的认知，医生不是万能的，有些时候医生也是有心无力，这与医生的医术和责任心无关，因此需要患者更多的理解和包容，对医护职业的艰辛、繁重和高风险性给予充分理解。最后，良好的医患关系还需要社会坚持正确的舆论导向，加强荣辱观教育，缓和医患双方的对立情绪，树立医学事业的神圣感和崇高感，提高医务人员的社会地位，不要再将医患矛盾这一正常社会现象歪曲和夸大。总之，只有各方相互理解、相互尊重和相互依存，才能真正实现医患关系的和谐。

第二节 患者的心理

一、患者角色

（一）患者角色的概念

1. 角色　角色本是戏剧术语，是指演员在舞台上按照剧本的规定所扮演的某一特定人物。20世纪20年代到30年代，一些学者将角色理论引入社会学，进而发展为社会学的基本理论之一。

2. 社会角色　社会角色是指与人的某种社会地位、身份相一致的一整套权利、义务的规范和行为模式，也是人们对具有特定身份的人的行为期望，它构成社会群体或组织的基础。具体说来，社会角色包括四方面的含义：①角色是社会地位的外在表现；②角色是人们的一整套权利、义务的规范和行为模式；③角色是人们对于处在特定地位上的人们行为的期待；④角色是社会群体或社会组织的基础。在社会中，角色不是孤立存在的，而是与其他角色有机联系在一起。这样一组相互联系、相互依存、相互补充的角色就是角色集。任何一个人都不可能仅仅承担某一种社会角色，而是承担着多种社会角色，每一种社会角色因其社会要求不同，而有其各自的特征以及相应的义务和权利，多种角色又与更多的社会角色相联系，所有这些就构成了角色集。

3. 患者　患者过去通常是指患有病痛的人，但这种解释不确切，它仅仅局限于生物层面，忽视了社会、心理层面，只着眼于“病”，而未放眼于整体的“人”，人的心理和行为还受诸多社会因素的制约，因此单纯从生物医学的角度很难界定患者的定义。从社会学的角度考量，患者是指那些寻求医疗护理或正处在医疗护理中的人，是社会群体中与医疗卫生系统发生关系的有疾病行为和求医行为的社会人群。

4. 患者角色　又称患者身份，是一个人被疾病的痛苦所折磨，并有治疗、康复的需要和行为，通过患病和康复的过程，患者与家庭、社会、医务人员之间产生互动。

（二）患者角色的特征

美国社会学家帕森斯在《社会制度》一书中提到“患者角色”具有一定的权利和义务，可概括为以下四点。

1. 患者可以免除一般社会角色的职责，其免除程度可视疾病的严重程度而定。医生的诊断可以证明患者角色的成立，并酌情免除一些原来所承担的社会责任，但康复后有义务承担病前的社会责任。

2. 患者一般不需为自己的患病承担责任，而且是需要得到照顾的，因为患者是不能靠主观努力而康复的（服毒、自杀等例外）。

3. 患者有义务力求痊愈。生病不符合社会的愿望和利益，社会希望每个成员都健康，以承担应有的责任和角色。生病是暂时的非正常状态，患者应主动力图恢复常态。

4. 患者应该寻求可靠的治疗技术帮助，必须与医生、护士等合作，共同战胜疾病。

由此可见，患者角色既有从社会职责中解脱出来的权利，又有积极求医以早日康复的义务。

（三）患者角色的转化

由于病痛的折磨，患者需要治疗及康复护理，应该从其他社会角色转换到患者角色，这个转化过程会受到诸多因素的影响，比如疾病的性质和严重程度、病程发展、疗效，患者的年龄、性别、个性特征、文化程度、职业、家庭经济状况、医学常识水平，医护人员的服务水平、态度、医疗环境等。转换结果有角色适应和角色适应不良两种类型。

1. 角色适应　指患者的心理与行为和患者角色的要求基本符合，例如，客观面对现实，承认自己患病，积极寻求医护帮助，遵守医嘱，采取积极的措施恢复健康等。

2. 角色适应不良　指患者不能顺利地完成患者角色转换。常见的角色适应不良有以下几类：

（1）角色行为缺如　指患者不能进入患者角色。虽然医生诊断为有病，但患者不承认自己患病，根本没有或不愿意识到自己是患者，认为医生诊断有误，或者否认病情的严重程度。例如，某些癌症患者否认疾病的存在而拒绝接受治疗或采取等待、观望的态度等。这可能由于患者使用了“否认”的心理防御机制，以减轻心理压力；也可能因为患病状态会影响入学、就业、婚姻等问题，涉及个人利益，导致患者不愿意接受患者角色。

（2）角色行为冲突　同一个体常常承担着多种社会角色，当需要从其他角色转化为患者角色时，患者不能从平常的社会角色进入到患者角色，其行为表现不符合社会期望，引起患者心理冲突，使患者焦虑不安、愤怒、悲伤甚至恐惧，发生行为矛盾。例如，高三的学生因为临近高考，时间宝贵，不愿住院接受治疗，造成学生角色与患者角色的冲突。原有社会角色的重要性和紧迫性，以及患者的个性特征会影响心理冲突的激烈程度。

（3）角色行为减退　指患者适应患者角色后，由于某些原因，又重新承担本应免除的社会角色的责任。例如，某些长期接受治疗的慢性病患者得到老伴照顾，但因为老伴突发疾病，自己不得不中断治疗，反过来去照顾急病的老伴。

（4）角色行为强化　多见于患者角色向正常社会角色转换时，由于依赖性加强和自信心减弱，患者对自己的能力缺乏自信，有退缩和依赖心理，对承担原来的社会角色产生恐慌和不安，安心于已适应的患者角色现状，或者自觉病情严重程度超过实际情况，小病大养。

（5）角色行为异常　多见于患不治之症或慢性病长期住院治疗的患者。患者无法承受患病的压力和挫折，感到悲观、绝望，导致行为异常，表现为拒绝治疗，病态固执、抑郁、厌世，甚至有自杀行为，或者对医护人员表现出攻击性行为。

二、求医行为

求医行为，简单说即求助于医务人员的帮助，指人们感到某种躯体或心理等的不舒适时寻求医护帮助的行为，这对人类的健康维护具有重要意义。此外，孕妇正常分娩、常规体检、心理咨询等与医疗系统的无病性接触，也可被视为广义的求医行为。

（一）影响求医行为的因素

求医行为是一种复杂的社会行为，受诸多因素的影响。例如，患者的年龄、性别、社会经济状况、宗教信仰、对疾病和症状的认识、获得医护帮助的便捷程度、以往的求医经历等。美国心理学家布鲁姆估计，75% 的急性病患者求医，而只有 20% 的慢性病患者求医，他列举有病不求医的原因包括 10 个方面：①没有钱；②医疗费用太高；③对疾病的症状没有觉察出来；④对所患疾病的意义和重要性认识不足或自认为没有多大关系；⑤对于医生的恐惧心理，对于诊断过程的恐惧心理，对外科处置的恐惧；⑥对个人健康的态度冷漠；⑦存在一种自我惩罚的心理；⑧存在病耻的信念；⑨缺乏交通工具；⑩太忙，工作离不开，请不了假。影响求医行为的因素概括起来主要有以下三方面。

1. 患者对疾病或症状的主观感受　此为影响求医行为的最主要因素。在求医之前，人们往往先有一个“自我诊断”的过程。人们多根据症状和自我感觉等来判断自己是否有病，是否该去医院就诊。通常情况下，如果患者认为疾病严重，对生命安全威胁大，其求医的可能性就大。

2. 医疗保健服务方面的因素　医院的医技水平、服务态度或者患者以往的求医经历都会影响到患者的求医行为。另外，医疗资源也会影响患者就医，例如，医疗资源匮乏的偏远山区，患者想求医可能会因条件所限而不能实现；而在有着丰富医疗资源的城市，可能又存在医疗费用太高、交通拥堵、排队挂号、候诊时间长、检查痛苦等原因，导致患者不愿到医院就诊。

3. 心理社会因素　求医行为还与心理体验、社会文化背景、经济条件等情况有关。一般来讲，患者的社会经济地位高，对健康会更关心，对求医行为有促进作用；工作繁忙、工作压力大会导致患者不愿求医。

（二）求医行为的类型

做出求医决定的可能是患者，也可能是他人或社会，根据求医行为发出者的不同，可将求医行为分为主动求医行为、被动求医行为和强制求医行为三种类型。

1. 主动求医行为　指患者感觉不适时，为治疗疾病主动寻求医护帮助的行为。大多数的求医行为属于这种类型。

2. 被动求医行为　指患者自身无能力寻求医护帮助，而由第三者代为求医的行为，如昏迷患者、婴幼儿等，由其亲友、家长帮助去求医。

3. 强制性求医行为　指公共卫生机构或患者的监护人为了维护人群或患者的健康和安全而强制给予治疗的行为，实施对象是严重危害公众安全的传染病（如 SARS）、精神病患者和对毒品严重依赖的人。

复习思考

近年来，全球医患关系都发生了一些变化，医患矛盾日益凸显，紧张的医患关系导致了越来越多的医疗纠纷，这不仅损害了医患双方的利益，而且影响了卫生事业的发展，更是影响到了和谐社会的构建。请分析我国医患关系的现状，要改善当前医患关系，你认为我们应该怎样做?

扫一扫，知答案

支持性心理治疗与人本主义治疗

【学习目标】

掌握：支持性心理治疗基本理论和技术；人本主义治疗。

熟悉：心理治疗；心理治疗的主要任务和影响因素；心理治疗的临床应用。

案例导入

清代名医叶天士治病颇有高招。一次，一位两眼通红的患者前来求医，患者眼眵堆满眼角，眼泪直往下淌，不断地用手去揩，显露出十分忧虑的神情。叶天士见状，详细地询问病情，然后郑重地告诉患者："依我看，你的眼病并不要紧，只需吃上几帖药便会痊愈。严重的是，你的两只脚底七天后会长出恶疮，那倒是一个麻烦事儿，弄不好有生命危险！"患者一听，大惊失色，赶忙说："叶先生，既然红眼病无关紧要，我也没心思去治它了。请你快告诉我有什么办法渡过这个难关？"叶天士思索良久，正色说道："办法倒有一个，就怕你不能坚持。"患者拍着胸脯保证。于是叶天士向他介绍了一个奇特的治疗方案：每天用左手摸右脚底三百六十次，再用右手摸左脚底三百六十次，一次都不能少，如此坚持方能渡过难关。患者半信半疑，但想到这是名医的治法，便老老实实地照着做，七天后脚底果然没长出毒疮，令他惊异的是：红眼病竟不知不觉地痊愈了。他高兴地向叶天士道谢，叶天士哈哈大笑，说道："实话告诉你吧，脚底长毒疮是假的，我见你忧心忡忡，老是惦记着眼病，而你的眼疾恰恰与精神因素的关系很大，于是我想出这个办法，将你的注意力分散、转移到别处。除掉心病，眼疾便慢慢好了。"患者听完，惊奇不已，连声赞叹叶天士医术高明。

第一节　心理治疗

一、心理治疗概述

心理治疗又称精神治疗，是以心理学的理论系统为指导，以良好的医患关系为桥梁，运用心理学的技术与方法治疗患者心理疾病的过程。心理治疗是心理治疗师对求助者的心理与行为问题进行矫治的过程，是一种专业性的助人活动。

首先，实施这种帮助的是受过专门训练，精通人格形成和发展的理论，以及行为改变理论和技能的治疗师。其次，这种帮助是在专业的架构下进行的，是用心理学理论和方法对人格障碍、心理疾病的治疗。广义的包括对患者所处环境的改善，周围人（包括医生）语言、行为的影响（如安慰、鼓励、暗示、示范等），特殊的环境布置等一切有助于疾患治愈的方法；狭义的指由心理医师专门实施的治疗。

心理治疗是用语言、表情、动作、姿势、态度和行为向对方施加心理上的影响，解决心理上的矛盾，达到治疗疾病、恢复健康的目的。心理治疗通过各种方法，运用语言和非语言的交流方式，影响对方的心理状态（影响或改变患者的感受、认识、情感、态度和行为，减轻或消除使患者痛苦的各种情绪、行为以及躯体症状），通过解释、说明、支持、同情、相互之间的理解来改变对方的认知、信念、情感、态度、行为等，达到排忧解难、降低心理痛苦的目的。从这个意义上说，人类所具有的一切亲密关系都能起到心理治疗的作用。理解、同情、支持等心理反应就是生活中最值得提倡的心理治疗方法。

心理治疗的技术和方法有暗示、催眠术、精神分析、行为矫正、生物反馈、气功、瑜伽、体育运动、音乐、绘画、造型等。

二、影响心理治疗的因素

（一）治疗者方面的因素

心理治疗是由治疗者来实施的，治疗者的能力、性格品质、敏感性和灵活性及对被治疗者的态度，对整个治疗过程、治疗的效果有着重要的影响。

治疗者的专业培训和以往经验被整合在治疗者的专业能力中，不同的治疗者在接受同样的专业培训后所取得的成绩是完全不同的。

心理治疗中对治疗改变影响最有力的是治疗者的态度，尤其是治疗者对患者的一般态度以及在治疗互动中的习惯性反应方式。有效的治疗者往往是将患者看成为一个“人”而不是一个“问题”，强调疾病不是患者的责任，从而能够帮助患者避免在治疗过程中出现自责、悲观态度，多采用真诚、共情、先跟后带等技术接近患者，建立互相信任的关系，不执着于某一心理治疗理论，不与患者争论其所信服的理论是对是错，反而能对此加以利用，引导患者改变自己的认知、行为或情绪。治疗者的态度直接进入治疗互动过程，在相互交流、沟通过程中传达给患者，引起患者对治疗者和心理治疗本身产生一系列态度反应，其中最重要的是患者对治疗者的信任和信赖，这时双方之间就建立起一种有治疗功能的关系，从而使患者在治疗者的影响下产生有效改变。

（二）患者方面的因素

首先，患者的文化程度、生活条件、个人特征、对治疗的信任和期望水平、疾病的严重程度等，对心理治疗的效果有很大影响。患者的人格特质是预测能否取得较好疗效的最重要指标。在心理治疗中，年轻的、有较强改善意愿的、主动配合的、文化水平高的患者，更易收到较好的治疗效果。

其次，患者对心理治疗的愿望和期待是心理治疗有效的因素之一。在治疗过程中，必须重视患者心理上的失败动机、内心冲突、情绪焦虑、心理防御机制应用能力的下降、继发性获益和对治疗者产生依赖等对治疗效果的负面影响。患者对治疗者总体上的满意与其功能改善和症状减轻有直接关系。当然，在分析性心理治疗中，还需进一步考虑患者的移情和阻抗等问题的影响。

不同治疗方法要求不同的治疗关系。治疗者与患者之间关系建立的好与坏，会直接影响治疗的效果。由治疗关系的质量可预测疗效，这也促使研究者要深入了解影响积极治疗关系的因素。

三、心理治疗的原则

1. 接受性原则　对所有求治的患者，不论心理疾患轻重、年龄大小、地位高低、初诊复诊，治疗者都应一视同仁，诚心接待，耐心倾听，热心疏导，全心诊治。在完成患者的病历收集、必要的体格检查和心理测定，并明确论断后，即可对其进行心理治疗。治疗者应持理解、关心态度，认真听取患者的叙述，以了解病情经过，听取患者的意见、想法和自我心理感受。如果治疗者不认真倾听，表现得不耐烦，武断地打断患者的谈话，轻率地解释或持怀疑态度，就会造成求治者的不信任，必然会导致治疗的失败。另外，治疗者并非机械地、无任何反应地被动听取求治者的叙述，必须深入了解他们的内心世界，要注意其言谈和态度所表达的心理症结是什么，该原则又可称为“倾诉”或“顺听”原则。认真倾听患者的叙述，其本身就具有治疗作用。某些求治者在对治疗者产生信任感后，会倾诉出自己压抑已久的内心感受，甚至会痛哭流涕地发泄自己的悲痛心情，结果会使其情绪安定舒畅，心理障碍也会明显改善，故接受性原则具有“宣泄疗法”的治疗效果。

2. 支持性原则　在充分了解患者心理疾患的来龙去脉，并对其心理病因进行科学分析之后，治疗者通过言语与非言语的信息交流，对患者予以精神上的支持和鼓励，使其建立起治愈的信心。一般在详细掌握患者的第一手资料之后，即可进行心理治疗了。对患者所患的心理疾病或心理障碍，从医学的角度给予解释，说明和指出正确的解决方式，在心理上给予患者鼓励和支持。要反复强调患者所患疾病的可逆性（功能性质）和可治性（一定会治愈），这对悲观消极、久治未愈的患者尤为重要。反复的支持和鼓励，可防止患者发生消极的言行，能够极大地调动患者的心理防御机能和主观能动性；对强烈焦虑不安者，可使其情绪变得平稳安定，以加速疾病的康复。在使用支持性治疗时应注意，支持必须有科学依据，不能信口胡言，支持时的语调要坚定慎重、亲切、可信、充满信心，充分发挥语言的情感交流和情绪感染作用，使患者感受到一种强大而有力的心理支持。

3. 保证性原则　即通过有的放矢、对症下“药”、精心医治，以解释患者的心理症结及痛苦，促进其人格健康发展、日臻成熟。在心理治疗的全过程中，应逐步对患者的身心症状和性格等心理缺陷的病理机制加以说明、解释，同时辅以药物等其他身心综合防治措施，促使疾病向良性方面转化。在实施保证性原则的过程中，仍应经常听取患者的个人意见、感受和治疗后的反应，充分运用心理治疗的人际沟通和心理相容原理，在心理上予以保证，逐步解决患者的实际心理问题，正确引导和处理心理矛盾，以进一步提高治疗效果。

4. 真诚性原则　疾病能否治好，是患者、家属及治疗者十分关心的问题。对于治疗者来说，应当以真诚的态度，认真地了解患者的症状、发病机制、诊断及治疗过程中的反应，并在慎重地确定治疗方案之后，要根据具体情况不断地进行修正和完善。在此基础上，可以向患者做出科学的、实事求是的解释和保证，让患者认为治疗者的保证是有理有据、合情合理的。对于时间上的保证需要稍长一些，以免到期达不到预期效果而引起患者的失望和挫折感，甚至对治疗者产生怀疑。当然，也需要向患者说明，任何保证都需要患者本人的积极配合，发挥主观能动性，遵守医嘱，否则会影响最终治疗效果，对治疗过程中患者取得的进展，也应及时给予适度的肯定和赞赏。

5. 科学性原则　进行心理治疗一定要遵循心理学规律，要以科学的心理学理论为指导。因此，治疗者首先必须具有坚实的专业基础，并树立治病救人的态度，不能以盈利和迷惑为最终目的。

6. 保密性原则　对患者的姓名、职业、病情及治疗过程进行保密是治疗者所应遵循的基本职业道德，也是进行心理治疗所应遵循的一个重要原则。没有得到患者的许可，治疗者绝不可以泄露患者的情况，包括不和自己的亲属诉说，不和同事交流，更不可以公开患者的情况。保密性原则也是心理治疗所必需的，在治疗一开始时就应向患者说明，这样可以取得患者的充分信任，获得有利于病情治疗的可靠信息，促进良好的医患关系。

第二节 支持性心理治疗

一、支持性心理治疗概述

支持性心理治疗指治疗师利用劝导、启发、鼓励、支持、说服等方法，帮助求助者发挥其潜在能力，克服困难，从而促进其身心健康。它是一种基本的心理治疗方法，应用广泛，其原则在各种治疗模式中都可以采用，从某种意义上说，所有的人都是需要支持的，因此，掌握支持性心理治疗的方法具有重要意义。

二、支持性心理治疗的基本理论

支持性心理治疗基于应激理论而发挥疗效。生活中任何环境变故，如升学、转换工作、失恋、亲人去世等都可能作为应激源，给个体带来躯体及心理的反应，应激源的严重程度、支持源的多少、个体对挫折的看法及应对困难的潜在能力等都可以影响个体应激反应的大小。支持性心理治疗就是从这些方面入手，通过对个体以不同形式的支持，改变其对挫折的看法，从而减轻挫折的影响，帮助其顺利渡过难关，解除症状和痛苦。支持性心理治疗获得成功的前提，是要与患者建立起良好融洽的关系，要使其感到心有所敬、情有所依、行有所循、意有所寄，让患者感到治疗者是可信任的，是关心他的，可依靠治疗者来解决或处理困难，走出困境。常用的治疗技术如下。

1. 倾听　倾听不仅是人们在人际交往过程中进行有效沟通和交流的必要组成部分，同时还是人际交往的一门艺术。倾听是支持性心理治疗的一项非常重要的原则，它要求治疗人员在接待患者时必须热情、诚恳，倾听时应给予恰当的回应，如点头，或适当的重复等，效果就很好。如果求助者在讲述时，治疗人员面部表情能随之变化，则更易让求助者感受到治疗者对自己的重视和关注。说话时语气要温和，要表现出友好，以消除患者紧张不安的情绪。有些患者心理上有许多烦恼的事，没有或无法向家人和亲朋诉说，压抑于心，治疗者能让其无所顾忌地倾诉，使其感到安慰和放心，求助者在缓慢的倾诉中，会将自己的苦恼及困惑进行宣泄。另外，值得注意的是，有时候一些内心情感的吐露宜缓慢逐渐进行，同时要注意保护其隐私权。

2. 解释　在详细了解了患者的基本情况后，治疗者要向患者提出符合实际、真实可信的解释，帮助患者树立起正确的观念，从而形成解决问题的正确途径。治疗者在进行解释时，需要注意避免使用专业术语，要用通俗易懂的语言替代专业术语，同时结合患者的实际情况，进行有针对性的专门解释，从而帮助患者更快地解决问题。

3. 保证　保证是治疗者对患者的承诺，常用于多疑和情绪紧张者。治疗者给予患者适当的保证，对患者消除疑虑和消极思想是非常有益的。治疗者的保证行为需要建立在一定的基础之上，这个基础就是需要治疗者全面地了解患者，并充分把握患者心理的变化。在此基础上提出的保证，更容易使患者建立起与不健康心理做斗争的信心和勇气。

4. 指导　有些人的烦恼是源于缺乏知识，或受到不正确观念的影响。这时应为其提供所需的知识，引导其改变自身的错误想法或观念，树立正确的认知，则可减轻或消除烦恼。某些女性经检查有宫颈糜烂，自己非常担心，因而心生烦恼，要使她认识到，这是过去对宫颈的一种正常表现的错误认识，并非疾病，无须治疗，则能引导其走出迷惘，脱离误区，从而改变模糊或非正确的看法。指导还包括如何正确处理社会事务、人际关系，以及生活方面的指导。有效的指导来源于对实际情况透彻的分析，提出建议，不要越俎代庖，要让患者自己做出合理的决定。

5. 鼓励　治疗者适当地采用鼓励措施，有助于使患者充分发挥自己的主观能动性，增强自我克服困难和解决问题的信心和勇气。这种治疗原则要求治疗者紧密结合患者实际病情，灵活地进行使用，帮助患者逐步培养起消除不良行为的日常习惯，从而达到克服自卑心理，增强自信的目的。

总之，在支持性心理治疗中，治疗者要如同“好的父母”那样，要安慰、抚慰、鼓励和包容患者。

三、支持性心理治疗的干预措施

当我们支持某人时，会使用各种策略来帮助他们避免其出现各种功能障碍，并希望他们能好转。纯粹的支持性技术如表扬、保证和鼓励，主要是为了促进患者增强自尊。治疗师通过自身的态度向患者表达了接受、尊重和关注。同时，治疗师总是向患者示范着适应、合理及良好的行为和思维方式。

1. 表扬　给予足够的表扬本身就是一种很好的支持性技术。这里要注意：一是表扬的内容应该是对方能掌控的，如“你这次考得很好，是因为你最近努力的结果”，对方会很高兴而继续努力；如“你这次考得很好，是因为你运气好”，这样的表扬便有些不妥。二是要对方认可，即表扬一定是真的，虚假的容易让人产生反感，一般来说，比较是一个好的方法。如：丈夫 12 点半才回家，是说“你回来得真早”，还是“你回来得比昨天早多了”？哪句更能让人接受？

2. 保证　保证时态度应诚恳，同时必须让患者感到治疗师能够理解其特定的处境，并且要在治疗师的专业能力范围内做出保证。“正常化”对大多数人而言是一种恰当的保证技术。另外，谚语和格言是另外一种形式的“正常化”，如“己所不欲，勿施于人”。

3. 寻找支撑　人们总会寻找一个活下去的理由，这个理由可以是内在的，如周恩来的“为中华之崛起而读书”，也可以是外在的，内在的支撑对人的影响更大。很多人处于烦恼之中时，是因为失去了支撑，治疗者在给予外在支撑（如表扬）的同时，若能给予内在的支撑，如强调个体的责任和义务，“你还有亲人在期盼或需要照顾”，这种支撑便会更长久。

4. 合理化和重构　合理化和重构是帮助患者从不同的角度看待事物，在合理化和重构时要注意避免唐突的感觉，同时要避免争论或矛盾。

5. 建议　治疗师向患者提供建议，可以满足依赖性强的患者，但却可能剥夺其自身成长的机会，只有当患者认为治疗师的建议与自己的需要相关时，建议才有意义。对于功能严重受损的患者，应该就日常生活给予合适的建议，只有给予患者在报告或陈述事实之下的建议才是合适有效的。

6. 预期性指导　预期性指导技术在支持性心理治疗中也同样有效，该技术是通过事先考虑将来的实际行动中可能会遇到哪些问题或障碍，然后研究相应的应对策略。预期性指导技术对慢性精神分裂症患者尤为重要，因为这些患者在新的场合中更易感到担忧，对一些社交性暗示和自身的行为反应缺乏信心，害怕被拒绝，并且难以坚持到底。

支持性心理治疗中，保持良好治疗关系的基本原则是为了维持治疗。在支持性心理治疗中，一般不对朝向治疗师的正性情感和正性移情进行重点讨论。但为了能够预料并避免治疗的破坏，治疗时需对疏远及负性反应保持警惕。当通过临床讨论仍无法解决患者和治疗师之间的问题时，治疗时应将讨论主题转向治疗关系。治疗时可通过澄清等非解释的方法，来修正患者的歪曲想法和观念。如果用间接方法仍无法解决负性移情或治疗僵局时，治疗师应该采用更为直接、明确的方法对治疗关系进行讨论。只有在处理负性移情时，治疗师才有必要使用适当的表达性技术。良好的治疗联盟能允许患者倾听治疗师所说的话，而一旦换成其他人这样说，患者是不会接受的。有时候治疗师在表达意见时，令患者感到被批评，须用愉快或支持性的方式表达或者预先给予指导。

四、支持性心理治疗在临床上的应用

作为一种常见和被广泛使用的心理治疗模式，支持性心理治疗可以用在几乎所有的情形中，即使是健康人群，也是渴望获得支持的。这种方法可以用在日常的生活中，当我们能给予同学、同事、同行等以支持时，会获得什么呢？希望大家能在日常生活中加以运用，以改善我们的生活，提高我们的生活质量。

第三节 人本主义治疗

一、人本主义治疗的概念

人本主义疗法也称来访者中心疗法，该疗法认为，每个人都有自我实现的向上趋势，治疗者只要对患者关心，给予其温暖和鼓励，发挥他们内在的潜力，完全有能力做出合理的选择和自救。该治疗模式由美国心理学家罗杰斯于20世纪40年代创立，强调调动患者（来访者）的主观能动性，发掘其潜能。不主张给予疾病诊断，治疗则更多的是采取倾听、接纳与理解的方法，即以患者为中心或围绕患者进行心理治疗。1974年，罗杰斯又进一步将其发展为人本疗法，更加强调以人为本，不再强调是“患者”或“来访者”，进一步突出被治者为正常人，是其心理发展过程中潜能未尽发挥或暴露的阶段性问题，治疗本身就是指导被治者认识和了解自我、发挥潜能的过程，由此形成了心理治疗领域中重要的治疗模式。

二、人本主义疗法的基本理论

一是人都有自我实现的倾向。罗杰斯认为，人天生就有一种基本的动机性驱动力，他称之为“实现倾向”。每个人都希望自己能够成功，能够得到自己价值的实现。二是个体拥有机体的评价过程。个体在其成长过程中，不断与现实发生着互动，个体不断地对互动中的经验进行评价，这种评价不依赖某种外部的标准，也不借助于人们在意识水平上的理性，而是根据自身机体上产生的满足感来评价，并由此产生对这种经验及相关联的事件趋近或回避的态度。个体自身的满足感是与自我实现倾向相一致的，凡是符合自我实现倾向的经验，就被个体所喜欢、接受，成为个体成长发展的有利因素，而那些与自我实现倾向不一致的经验，就被个体所回避和拒绝。三是人是可以信任的。以人为治疗中心，认为每个人都是有价值的，是可以信任的，也是可以改变的。心理治疗的关键是治疗者对来访者的尊重和信任，以及建立一种有助于来访者发挥个人潜能，促其自我改变的合作关系。此外，自我理论也是非常重要的理论基础，个体能意识到的和自身有关的经验，就是罗杰斯所说的自我。自我概念主要是指来访者如何看待自己，是对自己总体的感知和认识，是自我感知和自我评价的统一体，它包括对自己身份的认识，对自我能力的认识，对自己的人际关系及自己与环境关系的认识等。罗杰斯把自我这一概念分成两种，一是真实的自我，即现实中的自我形象；二是理想的自我，即期望的自我形象。如果真实自我和理想自我的差距太大时，个体感到不满足和不愉快；真实自我接近理想自我，个体就感到愉快。自我概念的实质是强调人的主观现象世界是一种现象的实在，现象的实在主宰着人们的行为。

三、人本主义治疗模式的显著特征

人本主义治疗模式有以下几个显著特征：第一，人本主义所持的态度是对来访者无条件的关注；第二，人本主义治疗模式是摈弃医学模式的，不把来访者看成是患者，而是平等的主体对象；第三，治疗作用仅限于当前的体验和感受；第四，注意的重心是放在患者的现象学世界上；第五，人本主义治疗模式成功的标志是患者态度发生改变，真实体验自己的情感；第六，治疗模式的动力基础就是相信人都有自我实现的趋势；第七，人本主义治疗模式关心的问题是人格改进，而非人格结构；第八，人本主义治疗模式适用于各种患者（来访者）。

四、人本主义治疗模式的主要技术

罗杰斯认为人性的核心是积极和合乎理性的。他从自己治疗中得到这样的启示："人类趋向于朝着完美，朝着实现各种潜能的方向发展。"如果这种趋向因环境不适（如缺乏关怀和尊重、人际关系不健康等）而不能发展或向歪曲的方向发展时，就会出现心理障碍。罗杰斯认为，在影响自我发展或自我实现的生活环境中，最主要的是人际关系。因此他认为咨询成功的关键在于为来访者提供一种良好的人际关系和自由和谐的气氛。

咨询者怎样才能制造一个有利于来访者的良好的人际关系和自由和谐的气氛呢？具体来说，主要有三种技术。

第一是真诚交流的技术。它要求咨询师要与来访者进行真诚、平等的主体间交流。罗杰斯认为最基本的就是咨询者以平等的身份出现，除此之外还应该做到真诚相待、无条件尊重和设身处地的理解。用罗杰斯的话说就是："治疗者应以真诚、无条件积极关注和共情的态度来对待来访者。"所谓真诚，是指咨询师持真实的而不是虚假的态度，和来访者开诚布公地讨论自己的感情和态度，这样才能使来访者消除疑虑和心理戒备。

第二是无条件的积极关注，这是促进来访者心理积极转变的必要条件。所谓无条件积极关注，是反映咨询师对来访者的正性或负性情感都无条件地接受，尊重他们的自身价值，不加评判、不急于让他们按照咨询师的意愿去行事。

第三是共情的技术，即要求咨询师与来访者实现情感共通。所谓共通，就是咨询师设身处地地去理解来访者的感情、态度和价值观，并通过语言交流以及一些非言语的行为向来访者传达这种理解，启发、帮助来访者理解自己情感的更深一层含义，从而获得来访者对咨询师更深的信任。咨询师对来访者的理解层次越深，越有助于来访者自我探索历程的深化，这一点是此疗法的独特所在。

这三种技术都是围绕着与来访者建立开放、信任的相互关系而进行的，目的是帮助来访者促进自我了解和自我成长。其中最著名的技术是情感反应，即咨询师对来访者通过言语或非言语行为所表露出来的情感活动给予准确、及时的理解和反应，从而帮助来访者对自我情感的理解。

五、人本主义治疗的条件

（一）真诚

真诚是罗杰斯以人为中心疗法的一个最重要的条件。真诚是指治疗者在治疗关系中是一个表里一致、真诚合一的人。

（二）无条件的积极关注

无条件的尊重是心理咨询者对来访者的态度，也是心理治疗的前提。无条件的尊重是指治疗对来访者丝毫不抱任何企图和要求，对来访者表示温暖和接纳。

（三）共情

共情是指体验别人内心世界的能力。体会来访者的内心世界有如自己的内心世界一般，可是却永远不能失掉"有如"这个特质就是共情。共情是以人为中心疗法的关键点，共情对于治疗关系的建立，对于促进来访者的自我探讨都起着核心性的影响作用。共情包含以下几个方面的内容：①治疗者首先要放下自己的主观参照标准，进行有效的聆听，设身处地地从来访者的角度去感受他。②共情的重点在于感受来访者的情绪感受，而不是来访者的认识。③共情并不是完全认同来访者的认知和感受。正如罗杰斯在"共情"的定义中所讲的，不能失去"有如"的本质。④共情还包括治疗者能够通过语言把自己对来访者的感受有效地传达给对方。

六、人本主义治疗的目标

人本主义治疗的目标是帮助来访者去掉那些由于价值条件化作用，而使人用来应对生活的面具或角色，把别人的自我当成自我的成分，使其恢复真正自我的过程。

复习思考

1. 求助者携女前来咨询。其女 13 岁，身高 1.4 米，长相秀气，长发，自称与父亲关系不好，主要原因是其父经常虐待她。咨询师请其举例说明，女孩说是因为其父回家时，看到她在院中与他人玩耍，也不过去抱她。其父解释称是因为女儿已经长大了，再抱着不合适。请问你在与她们交流时应注意什么？

2. 某患者已经处于临终状态，但其家属不在身边，他有一心事未了，将之转告与你，希望你能帮他转告或完成，请问你将如何应对？

扫一扫，知答案

扫一扫，看课件

第十章 行为治疗

【学习目标】

掌握：操作性条件反射和社会学习的理论内容，阳性强化法和系统脱敏疗法的基本操作；学会应用行为主义的理论和治疗方法，解释少年儿童成长过程中的行为养成方式。

熟悉：经典条件反射的理论内容，冲击疗法和厌恶疗法的基本操作。

了解：行为治疗的基本原则和适用范围。

案例导入

某医学院临床专业新生第一次上解剖课，当老师展示人体骨骼标本时，某生表现出巨大的恐惧，发出刺耳尖叫并伴有全身抽搐。老师当即将其送往医务室静置调整，半天后该生恢复正常状态。接下来的解剖课，只要教师讲解人体骨骼展示挂图或标本，该生便会出现类似的反应。后经老师询问了解，该生幼年曾被同伴用动物股骨恶意惊吓，从此便对各类骨骼产生恐惧乃至剧烈的应激反应。该生也曾多次寻医，但效果甚微。

问题：如果想让这名同学顺利完成学业，将来能学以致用，为患者服务，有没有一种适合在学校内开展的解决方法？

第一节　行为主义

一、行为主义概述

行为主义是美国现代心理学的主要流派之一，也是对西方心理学影响最大的流派之一。

行为主义的主要观点是：心理学不应该研究意识，只应该研究行为，把行为与意识完全对立起来。在研究方法上，行为主义主张采用客观的实验方法，而不使用内省法。

行为主义的发展可分为早期行为主义、新行为主义和新的新行为主义。早期行为主义的代表人物以华生为首，新行为主义的主要代表人物则为斯金纳等，新的新行为主义则以班杜拉为代表。

行为主义从20世纪20年代开始，到50年代在美国心理学界占据主导地位。它使心理学真正摆脱哲学，成为一门客观的实验心理学，推动心理学向成熟的科学方向发展，并开拓了学习心理学、教育心理学、行为矫正等。随着时代的进步和科学的发展，支撑行为主义的三大支柱（进化论、机械化生产的社会需要、实证主义思潮）逐渐被时代所摒弃，行为主义也日渐失势。

知识链接

“请给我十几个健康而没有缺陷的婴儿，让我在我的特殊世界中教养，那么我可以担保，在这十几个婴儿之中，我随便拿出一个来，都可以训练他成为任何一种专家——无论他的能力、嗜好、趋向、才能、职业及种族是怎样的，我都能够训练他成为一个医生，或成为一个律师，或成为一个艺术家，或成为一个商界首领，甚至也可以成为一个乞丐或窃贼。”——这是心理学历史上有名的“愤青”华生所说的。

华生是当时新兴的行为主义心理学的旗手，而他与助手罗莎莉·蕾娜着手进行的婴儿实验，将名留心理学研究史册。

小阿尔伯特是一名不足1岁的孤儿，健康而平凡，实验的设计也并不复杂。首先，依次将小白鼠、猴子、狗、面具以及棉花呈现于婴孩面前，以观察他的反应，确认他并不会对这些东西产生恐惧；接着，用锤子敲铁棒，制造出突如其来的巨大声响，观察小阿尔伯特，毫无疑问，他产生了恐惧；然后，再次向小阿尔伯特展示白鼠，只是这一次，小白鼠的出现伴随着令他恐惧的巨大声响，反复几次，以试图建立设想中的“条件反射”；最后，单独向小阿尔伯特展示白鼠，观察他对小白鼠的反应，以验证“条件反射”理论的正确与否，进而又向他展示和小白鼠有共同特征的兔子、狗、毛皮大衣、棉花……以确定这种后天生成的恐惧是否会迁移到其他东西上。

实验的结果令人信服地证明了“情绪行为可以通过简单的刺激－反应手段而成为条件反应”，夯实了行为主义心理学的基础。然而，我们的主角约翰·华生却因为这场实验，而永远地离开了心理学领域。

的确，如果你有兴趣去查找一下当时的实验记录视频，就会发现：黑白影像，低清晰度，没有声音，小阿尔伯特的喜怒看不分明，但却令人毛骨悚然，仿佛近几年热门的伪纪录风格恐怖片。

这样对待一个无辜的婴儿，合适吗？今天的人们大概会毫不犹豫地大摇其头。

二、经典条件反射理论

经典条件反射理论是最早揭示有机体行为获得机制的一种理论。它认为有机体的行为，不论是适应行为还是非适应行为，都可通过刺激－反应这一经典条件反射形成。

该理论认为，行为的形成是一个刺激与反应的结果，但这个刺激与反应要在同时或在相近的时间内出现，以建立起两者之间的匹配关系，以后当呈现某一刺激时，即能引起另一种行为。有机体的这一应答行为是被动的，因为它受刺激物的控制。或者说，正是由于刺激物的作用，才引发了有机体的行为。

最早在这一方面进行研究的学者是俄国的心理学家谢切诺夫，他指出：“所有动物和人类的行为实质上都是反射性的。”谢切诺夫的这一思想以及他所进行的一些研究工作给巴甫洛夫以深刻的影响。正是在其研究的基础上，巴甫洛夫进行了更深入的研究。他通过对狗的实验，研究了条件反射的形成、消退、泛化和辨别等规律，提出了完整的条件反射学习理论。

1. 条件反射的形成　巴甫洛夫在实验前注意到，狗在得到食物后就会分泌唾液。在这里，食物为非条件刺激（UCS），分泌唾液成为非条件反应（UCR）。在实验中，铃声（无关刺激和中性刺激）与食物同时出现，重复多次后，只要出现铃声就可以使狗分泌唾液。这时，铃声已由无关刺激（或中性刺激）变成了条件刺激（CS），由条件刺激所产生的分泌唾液，就成为条件反应（UR）。这就是条件反射的形成过程，也是一个潜在的新行为模式的形成过程。

2. 条件反射的消退　巴甫洛夫在实验中发现，条件反射具有暂时性特征，因此，他把条件反射的形成看成是暂时联系的建立。为保持和巩固条件反射，就需要条件刺激（铃声）与非条件刺激（食物）在时间上反复强化。否则，只给条件刺激（铃声），不呈现非条件刺激（食物），多次重复后，原先的条件刺激（铃声）就会失去作用，本来已形成的条件就会逐渐消退。

3. 条件反射的泛化　条件反射形成后，给有机体呈现类似于原先条件刺激的刺激或情境，也会使有机体诱发出原先的条件反应。新的刺激越是接近于原先的条件刺激，条件反应被诱发的可能性就越大，这就是条件反射的泛化。例如，巴甫洛夫实验中所使用的某个音调的铃声能使狗产生分泌唾液的反应，之后，比其高些或低些的音调也能起到同样的作用。

4. 条件反射的辨别　虽然若干类似的刺激都能激发相同的反应，但它是有限度的。仍拿狗对铃声的反应为例，假如铃声所发出的音调过高或过低，那么就不会使狗产生分泌唾液的反应，有机体这种排斥不适当刺激的能力就称为辨别作用。有机体的辨别能力是有一定限度的。例如，巴甫洛夫通过条件反射原理，将狗训练到没看到椭圆就流涎。然后，他把椭圆逐渐变成圆。当狗对椭圆（该流涎）和圆（不该流涎）的分辨越来越困难时，狗就会出现"实验性神经症"的症状，即烦躁不安、狂咬、乱叫等反应。对这一现象的研究，不仅引导人们进入变态心理学的领域，也使人们认识到包括神经症在内的许多非适应性行为都可因条件反射而形成。

该实验蕴含着这样的思想：有机体的行为，不论是适应还是不适应，都可以通过条件反射而形成，是在后天环境中习得的。这一思想对心理咨询和治疗具有重要意义：第一，为探索、了解人类非适应性行为的形成开辟了另一途径，拓宽了心理咨询和治疗的领域；第二，利用条件反射原理，人类可以塑造出新的适应性行为。

三、操作性条件反射理论

操作性条件反射理论由著名的美国心理学家斯金纳所创立。他认为，人类的某些行为确实是因为经典条件反射而形成，但仅仅是一类行为，且不是最重要的一类。他提出，人类大多数的、可被观察的行为是通过操作性条件反射而形成的。操作条件反射是解释学习的另一种方式，它是指个体自发的、随意行为的建立。

斯金纳把有机体的行为分为两大类：一类是应答性行为；另一类是操作性行为。应答性行为是在明显可见的外部刺激的情况下发生的，是一种被动的行为。操作性行为，即斯金纳式的条件反射行为，是在没有可以观察到的外部刺激下发生的，它是有机体自发的操作，是一种主动的行为，代表着有机体对环境的适应，与行为的结果有特定的关联。两类行为的最大不同在于：应答性行为受刺激控制，而操作性行为则受行为结果的影响。

斯金纳用白鼠做了操作性条件反射实验：在"斯金纳箱"中，放有一杠杆和一食物盘。只要压下杠杆，就有食物落到盘中。实验时，把一只饥饿的白鼠放进箱中，开始它乱跑着寻找食物，偶尔压下杠杆而获得食物，经过几次反复，它就学会了用压杆来获得食物。这表明，在白鼠的压杆行为与取得食物两者之间建立了联系，形成了操作性条件作用。有机体的这种条件作用之所以被称为是“操作性”的，因为它是通过有机体自己主动操作或活动才形成的。同时，操作杠杆也可视为有机体为取得食物用来满足自己需要的一种手段或工具，故操作性条件作用又叫工具性条件作用。

在这里，白鼠的压杆行为是一种操作性行为，它受行为后果所控制。当行为的后果得到了食物，食物就会成为下一次行为（压杆）出现的原因。这样，因受食物的强化，白鼠压杆行为（反应）出现的次数就会不断增加。相反，如果压下杠杆，却没有得到食物，反复几次以后，白鼠压杆行为（反应）出现的次数就会不断下降，这是操作性条件反应的消退。试验中由于食物出现是对掀压动作的强化和奖励，因而可把它称之为“奖励性学习”。

斯金纳还设计了“惩罚性学习”的实验，将“斯金纳箱”从中隔开，左右留有小孔相通。箱子右侧的笼底装有电击装置，左侧没有。把白鼠放进右箱，白鼠因受电击而通过小孔逃到左箱。经过多次反复，只要将白鼠一放进右箱，它就会迅速逃到左箱（逃避行为）。

上述实验表明：行为的后果直接影响着该行为的频率。如后果是奖励性，则该行为的发生频率倾向增加，即正强化；如后果是惩罚性的，则该行为的发生频率减少而逃避惩罚的行为发生频率增加，即负强化。据此，只要对所期望的行为进行奖励，这种行为就会增加；若给予惩罚，则这种行为就会减少，最后逐渐消退。

1. 强化 强化是指通过控制某种行为产生的后果，来增加此种行为重复出现可能性的方式，它是操作性条件作用的核心概念。强化可以分为正强化和负强化两种，它们多会提高行为发生的概率，但两者在行为结果的本质上不一样。正强化是：①一个行为的发生；②随着这个行为出现了刺激的增加或者刺激强度的增加；③导致了行为的增加。负强化是：①一个行为的发生；②随着这个行为出现了刺激的移去或者刺激强度的降低；③导致了行为的增加（压杠杆则停止电击）。

2. 惩罚 惩罚是通过给予一些刺激以控制行为产生的后果，来减少行为重新出现的可能性的方式。它与强化的区别在于，强化使行为得到增加或者加强，而惩罚则使行为减少或减弱。和强化一样，惩罚也分为正性惩罚和负性惩罚两种。正性惩罚是：①一个行为的发生；②行为之后跟随一个刺激物的出现；③作为结果，这个行为将来不太可能再次出现。负性惩罚是：①一个行为的发生；②行为之后跟随一个刺激物的消除；③作为结果，这个行为将来不太可能再次发生。例如：一个小孩在其他小朋友玩他的玩具的时候，他就会打人。每次当他打人时，老师就让他停止玩耍并在一房间单独待上 5 分钟。这样，他就不再打人。因为当打人行为发生时，将受到失去与小朋友一起玩耍机会的惩罚，这是一种负性惩罚。

3. 强化程序 强化程序是指被强化行为产生的环境对该行为提供强化物的具体形式，

包括强化的频度、次数等。斯金纳指出，行为的表现形式、速度和维持情况多受强化程序的影响。他在实验中发现，与经典条件学习一样，操作性条件学习也存在消退现象，这种抵抗消退的力量与该反应在获得过程中所受到的强化程序有密切关系。强化程序分为连续强化和间断强化两种。

（1）连续强化　连续强化是指对每次所出现的目标行为都给予强化，以提高该行为发生率的一种方法，这是强化行为最有效的方法，但维持性差，一旦停止强化就会很快消退。一般情况下，行为学习的初期，运用连续强化效果比较好。一旦个体获得或学会了这种行为，就可以对其使用间断强化，使个体继续从事这种行为。

（2）间断强化　它不是对每次出现的目标行为都给予强化，而是在行为出现若干次或每隔一段时间后才给予强化，在这种强化下学习行为更持久。①固定比率程序：强化刺激的提供是以发生一定数量的行为反应为基础。②变动比率程序：虽然强化刺激的提供也以发生行为反应的数量为基础，但这个数量是围绕某一平均值而随机变化的。③固定时间间隔程序：行为反应只在一个固定的时间间隔后才提供强化刺激，与反应数量无关。④变动时间间隔程序：行为反应是在围绕一个平均的时间间隔后才提供强化刺激的。

斯金纳根据实验研究，认为包括心理疾病在内的大多数行为都是习得的。如强迫症、疑病症、癔症等许多异常的补偿症状，就是通过实际或心理上的满足获得强化的。同时他也认为，人类的行为能够借助积极强化的适当使用而加以控制、指导、改变和形成。因此，心理咨询和治疗就是要以改变对来访者起作用的强化物的方式来改变其行为。另外，他认为，惩罚也可以使习得的不良行为得到改变，虽然他并不积极主张运用惩罚法，但这一认识却为行为疗法中（如厌恶疗法等）运用各种惩罚手段来消除不良行为提供了理论依据。

四、社会学习理论

社会学习理论是由美国心理学家阿尔伯特·班杜拉于1971年提出的，它着眼于观察学习和自我调节在引发人的行为中的作用，重视人的行为和环境的相互作用。

（一）基本概述

所谓社会学习理论，班杜拉认为是探讨个人的认知、行为与环境因素三者及其交互作用对人类行为的影响。按照班杜拉的观点，以往的学习理论家一般都忽视了社会变量对人类行为的制约作用，他们通常是用物理的方法对动物进行实验，以此来建构他们的理论体系，这对于研究生活于社会之中的人的行为来说，似乎不具有科学的说服力。由于人总是生活在一定的社会条件下，所以班杜拉主张要在自然的社会情境中，而不是在实验室里研究人的行为。

（二）基本观点

班杜拉指出，行为主义的刺激－反应理论无法解释人类的观察学习现象。因为刺激－反应理论不能解释为什么个体会表现出新的行为，以及为什么个体在观察榜样行为后，这种已获得的行为可能在数天、数周甚至数月之后才出现系列现象。所以，如果社会学习完全是建立在奖励和惩罚结果的基础之上，那么大多数人都无法在社会化过程中生存下去。为了证明自己的观点，班杜拉进行了一系列实验，并在科学的实验基础上建立起了他的社会学习理论。

1. 观察学习　班杜拉认为，人的行为特别是复杂行为主要是后天习得的。行为的习得既受遗传因素和生理因素的制约，又受后天经验环境的影响。生理因素和后天经验对行为的影响微妙地交织在一起，很难将两者分开。班杜拉认为，行为习得有两种不同的过程：一种是通过直接经验获得行为反应模式的过程，班杜拉把这种行为习得过程称为“通过反应的结果所进行的学习”，即我们所说的直接经验的学习；另一种是通过观察示范者的行为而习得行为的过程，班杜拉将它称之为“通过示范所进行的学习”，即我们所说的间接经验的学习。

班杜拉的社会学习理论所强调的是观察学习或模仿学习。在观察学习的过程中，人们获得了示范活动的象征性表象，并引导适当的操作。观察学习的全过程由四个阶段（或四个子过程）构成。①注意过程是观察学习的起始环节，在注意过程中，示范者行动本身的特征、观察者本人的认知特征，以及观察者和示范者之间的关系等诸多因素均影响着学习的效果。②在观察学习的保持阶段，示范者虽然不再出现，但他的行为仍会给观察者以影响。要使示范行为在记忆中保持，需要把示范行为以符号的形式表象化。通过符号这一媒介，短暂的榜样示范就能够被保持在长时记忆中。③观察学习的第三个阶段，是把记忆中的符号和表象转换成适当的行为，即再现以前所观察到的示范行为。这一过程涉及运动再生的认知组织，以及根据信息反馈对行为的调整等一系列认知和行为的操作。④能够再现示范行为之后，观察学习者（或模仿者）是否能够经常表现出示范行为要受到行为结果因素的影响，行为结果包括外部强化、自我强化和替代性强化。班杜拉把这三种强化作用看成是学习者再现示范行为的动机力量。

2. 交互决定论　班杜拉的社会学习理论还详细论述了决定人类行为的诸多因素，他将这些因素概括为两大类：决定行为的先行因素和决定行为的结果因素。

决定行为的先行因素包括学习的遗传机制、以环境刺激信息为基础的对行为的预期、社会的预兆性线索等；决定行为的结果因素包括替代性强化（当人们达到了自己制定的标准时，他们以自己能够控制的奖赏来加强和维持自己行动的过程）和自我强化（观察者看到榜样或他人受到强化，从而使自己也倾向于做出榜样的行为）。

为了解释说明人类行为，心理学家提出了各种理论。班杜拉对其中的环境决定论和个人决定论提出了批判，并提出了自己的交互决定论，即强调在社会学习过程中行为、认知和环境三者的交互作用。

环境决定论认为，行为（B）是由作用于有机体的环境刺激（E）决定的，即B=f（E）；个人决定论认为，环境取决于个体如何对其发生作用，即E=f（B）；班杜拉则认为，行为、环境与个体的认知（P）之间的影响是相互的，但他同时反驳了“单向的相互作用”，即行为是个体变量与环境变量的函数，即B=f（P，E），认为行为本身是个体认知与环境相互作用的一种副产品，即B：f（P*E）。班杜拉指出，行为、个体（主要指认知和其他个人的因素）和环境是“你中有我，我中有你”的，不能把某一个因素放在比其他因素重要的位置，尽管在有些情境中，某一个因素可能起支配作用。他把这种观点称为“交互决定论”。

3. 自我调节理论　班杜拉认为，自我调节是个人的内在强化过程，是个体通过将自己对行为的计划和预期与行为的现实成果加以对比和评价，来调节自己行为的过程。人能依照自我确立的内部标准来调节自己的行为。按照班杜拉的观点，自我具备提供参照机制的认知框架和知觉、评价及调节行为等能力。他认为人的行为不仅要受外在因素的影响，也受通过自我生成的内在因素的调节。自我调节由自我观察、自我判断和自我反应三个过程组成，经过上述三个过程，个体完成内在因素对行为的调节。

4. 自我效能理论　自我效能是指个体对自己能否在一定水平上完成某一活动所具有的能力判断、信念或主体自我把握与感受，也就是个体在面临某一任务活动时的胜任感及其自信、自珍、自尊等方面的感受。自我效能也可称作“自我效能感”“自我信念”“自我效能期待”等。

班杜拉指出：“效能预期不只影响活动和场合的选择，也对努力程度产生影响。被知觉到的效能预期是人们遇到应激情况时选择什么活动、花费多大力气、支持多长时间的努力的主要决定者。”班杜拉对自我效能的形成条件及其对行为的影响进行了大量的研究，指出自我效能的形成主要受五种因素的影响，包括行为的成败经验、替代性经验、言语劝说、情绪的唤起以及情境条件。

第一，行为的成败经验指经由操作所获得的信息或直接经验。成功的经验可以提高自我效能感，使个体对自己的能力充满信心；反之，多次的失败会降低对自己能力的评估，使人丧失信心。第二，替代性经验指个体能够通过观察他人的行为获得关于自我可能性的认识。第三，言语劝说包括他人的暗示、说服性告诫、建议、劝告以及自我规劝。第四，情绪和生理状态也影响自我效能的形成。在充满紧张、危险的场合或负荷较大的情况下，情绪易于唤起，高度的情绪唤起和紧张的生理状态会降低对成功的预期水准。最后，情景条件对自我效能的形成也有一定的影响，某些情境比其他情境更难以适应与控制。当个体进入一个陌生而易引起焦虑的情境中时，会降低自我效能的水平与强度。

第二节 行为治疗概述

一、行为治疗的定义

行为治疗是以行为学习理论为指导，按一定的治疗程序来消除或纠正人们异常和不良行为的一种心理治疗方法。

行为治疗又名行为矫正疗法，是在行为主义心理学的理论基础上发展起来的一个心理治疗派别，它是继精神分析疗法之后当今世界上最具影响力的心理治疗方法之一。它的基本治疗原理是以经典条件反射理论、操作性条件反射理论、社会学习理论等为指导，通过设计某些特殊的治疗程序，逐步纠正或消除来访者的异常或不良行为，并建立起新的适应行为。

二、行为治疗的内涵

行为治疗强调，患者的症状即异常的行为或生理功能，都是个体在其过去的生活历程中，通过条件反射作用即学习过程而固定下来的。可以设计某些特殊的治疗程序，通过条件反射作用的方法，即学习的方法来消除或矫正那些异常的行为或生理功能；也可以建立新的健康行为来代替它们。

三、行为治疗的基本原则

1. 要有适当的进度　无论年龄大小，学习新行为要考虑一定的进度。就好比小学生学习算数或语言，一定要配合学习的能力，从易到难，让小学生能够逐步提高。同样的道理，要使一个人接受训练，改变心理或行为，学习新的反应，宜从简单、容易的开始，逐步深入。

2. 要有适当的奖惩　一个人建立其新行为时，是否能够成功、能够继续维持，要看其新行为产生时有没有得到适当的奖励或处罚。越是受到了夸奖与鼓励，越是容易成功且继续表现该行为。反之，如果受到了处罚与阻碍，则不易继续该行为。在心理治疗上，要多利用此原则来影响行为。

3. 训练的目标要恰当　一个人的心理与行为很复杂，而能训练、学习的范围有限。究竟选择什么行为加以训练，必须要进行恰当选择。特别是患者口头申述的事情是一回事，需要改变或处理的行为可能是另一回事，治疗师要有仔细且精确的诊断，否则无的放矢，训练无关紧要的新行为，则对问题的核心无所帮助。

4. 培训足够的动机　不管如何巧妙且适当地使用心理学的学习原则去训练一个人，改变其行为反应方式，假如本人缺少学习改变行为的动机，则毫无效果。治疗师要解释、说明治疗的方法，充分获得患者的配合，同时要时时注意培养患者学习改变行为反应的动机。

四、行为治疗的应用范围

行为治疗应用的领域很广泛，可用于不同年龄个体的各种行为障碍。尤其对儿童和智力障碍的个体，由于他们的行为受到思维和情感的影响相对较小，而受到外部环境的影响和强化，因此，行为治疗对于这类群体更加有效。

1. 发育障碍　发育障碍的个体常常有严重的不正常行为，如自伤行为、侵犯行为和破坏行为。

2. 精神疾病　行为治疗被广泛用于慢性精神患者的日常生活技能训练、社会行为的矫正。

3. 康复治疗　在康复治疗中，教给患者新的技能，减少不正常行为，克服慢性病痛，提高记忆功能。

4. 教育和特殊教育　行为治疗技术在教育方法、学生不正常行为控制、改进师生社会行为和自我管理中起到作用。

5. 社会行为　行为干预对于规范社会人群的不良行为，如乱扔垃圾、能源浪费、危险驾驶、吸毒等起到一定作用。

6. 临床心理学　行为治疗的方法和技术也被运用于综合医院各种疾病患者的临床心理治疗中。

7. 其他　在工商服务业的管理、人类健康行为促进、儿童不良行为的预防、运动心理学、老年医学等方面都应用到行为治疗的相关理论和技术。

第三节　行为疗法

一、阳性强化法

阳性强化法是建立、训练某种良好行为的治疗技术或矫正方法，也称“正强化法”或“积极强化法”。通过及时奖励目标行为，忽视或淡化异常行为，促进目标行为的产生。咨询中只要合理安排阳性强化程序，求助者一般都可以慢慢地达到期望的目标。所以，这种方法适用于出现行为障碍、希望改变行为的求助者。

（一）操作过程

1. 明确目标行为　在进行行为干预前，首先要了解求助者的基本情况，清楚问题形成的原因。然后确认求助者需干预的适应不良或行为异常的主要症状表现，即目标行为。所设定的目标行为应当是可以客观测量与分析并能够反复进行强化的。选定的目标行为越具体地好，如果目标行为不具体或缺乏评估手段与方法，将难以操作。例如，家长希望孩子养成爱看书的行为习惯，而孩子也愿意为之努力，则看书这一可观察、可评估的行为就成为目标行为。

2. 监控目标行为　详细观察和记录该目标行为发生的频率、强度、持续时间及制约因素，从而确定目标行为的基础水平，特别要注意目标行为的直接后果对不良行为所产生的强化作用。例如，孩子什么时间看书，看多长时间，哪些因素影响了看书等。

3. 设计干预方案，明确阳性强化物　与求助者一起设计干预方案或塑造新的行为方案，以取得求助者的积极配合。这时不但应确认需要被干预或塑造的行为，还应确认采用何种干预形式和方法，并且确定使用何种强化物，以达到确实有效的强化与干顶目的。同时还应该根据实际情况的变化随时调整干预方案，最终使新的行为结果取代以往不良行为产生的直接后果。阳性强化物的标准是现实可行、可以达到的，对求助者有足够的吸引力，是其需要的、喜欢的、追求的、愿意接受的，这样才能对求助者有较强的强化作用；并且需要同时使用内、外强化物，有一个渐进的强化时间表，才会促使求助者的行为朝着期望的方向发展。例如，可以与孩子商定，当看书这一目标行为出现时，给予何种奖励。

4. 实施强化　将行为与阳性强化物紧密结合，当求助者出现目标行为时立即给予强化，不能拖延时间，并向求助者讲清楚被强化的具体行为、目的、意义和方法，使求助者了解干预的目标，理解所用技术和方法的目的及意义，明确自己该怎么做，确立信心并主动配合。一旦目标行为按期望的频率多次发生，就应当逐渐消除具体的强化物，而继续采用社会性强化物或者间歇性强化的方法，以防出现对强化物脱敏的现象。例如，当孩子出现看书这一行为时，应该对其进行阳性强化，给予奖励，实现看书的目标行为与阳性强化（即奖励）的结合，逐渐养成爱看书的行为习惯。

5. 追踪评估　随着行为干预的进展，应让求助者本人也掌握和使用干预方法，学会把干预情境下所获得的效果巩固下来，并在干预程序结束之后，进一步发挥求助者的主观能动性，使求助者主动地把疗效扩展到日常生活情境中去，进行周期性的评估。例如，孩子已经用阳性强化法使自己养成了爱看书的行为习惯，可以建立起信心，利用所学到的方法，举一反三，运用到其他需要改变的行为上去，从而改变不适行为，建立良好行为，获得心理成长。

（二）注意事项

第一，目标行为单一、具体，阳性强化法要改变的行为应该单一、具体，非常明确，保证强化物对该行为的强化。如果有多个目标行为要改变。需要一个一个地进行，不可同时开展。第二，阳性强化法应当适时、适当，对目标行为的阳性强化，应该在行为出现时进行，不可提前或错后。对目标行为的强化也要强度适当，过大，可能造成动机过强，或缺乏后期的强化；过小，无法达到刺激的强度，可能使阳性强化无效。第三，随着时间进程，强化物可以由物质刺激变为精神奖励，待目标行为固化为习惯后，最终可以撤销强化物。

二、系统脱敏法

系统脱敏疗法又称交互抑制法，是由美国学者沃尔帕创立和发展的。这种方法主要是诱导求治者缓慢地暴露出导致神经症焦虑、恐惧的情境，并通过心理的放松状态来对抗这种焦虑情绪，从而达到消除焦虑或恐惧的目的。

（一）操作过程

1. 放松训练 一般需要 6 ～ 10 次练习，每次半小时，每天 1 至 2 次，反复训练，直至来访者能在实际生活中达到运用自如、随意放松的娴熟程度。

2. 建立恐怖或焦虑的等级层次 这一步包含两项内容：①找出所有使求治者感到恐怖或焦虑的事件。②将求治者报告出的恐怖或焦虑事件，按等级程度由小到大的顺序排列。采用五等和百分制来划分主观焦虑程度，每一等级刺激因素所引起的焦虑或恐怖应小到足以被全身松弛所抵消的程度。

3. 系统脱敏 ①进入放松状态：首先应选择一处安静适宜、光线柔和、气温适度的环境，然后让患者坐在舒适的座椅上，让其随着音乐的起伏开始进行肌肉放松训练。训练顺序依次为手臂、头面部、颈部、肩部、背部、胸部、腹部以及下肢部，训练中要求患者学会体验肌肉紧张与肌肉松弛的区别，经过这样反复长期的训练，使患者能在日常生活中灵巧使用，达到任意放松的程度。②想象脱敏训练：首先应当让患者想象着某一等级的刺激物或事件。若患者能清晰地想象并感到紧张时，停止想象并全身放松，之后重复以上过程，直到患者不再对想象感到焦虑或恐惧，则该等级的脱敏就完成了。以此类推，做下一个等级的脱敏训练。一次想象训练不超过 4 个等级，如果训练中某一等级出现强烈的情绪，则应降级重新训练，直到可适应时再往高等级进行。当通过全部等级时，可从模拟情境向现实情境转换，并继续进行脱敏训练。③现实训练：这是治疗最关键的地方，仍然从最低级开始至最高级逐级放松，脱敏训练以不引起强烈的情绪反应为度。为患者布置家庭作业，要求患者可每周在治疗指导后对同级自行强化训练，每周 2 次，每次 30 分钟为宜。

（二）注意事项

在使用系统脱敏法进行治疗时，也要注意以下几个方面：①帮助患者树立治疗的信心，要求患者积极配合、坚持治疗。②在引起焦虑的刺激出现或者存在时，要求患者不出现回避行为或意向，这一环节对治疗至关重要。③每次治疗后，要与患者进行讨论，对正确的行为加以赞扬，以强化患者的适应性行为。

三、满灌疗法

满灌疗法也称暴露疗法、冲击疗法。满灌疗法不给患者进行任何的放松训练，让患者想象或直接进入最恐怖、焦虑的情境中，以迅速校正患者对恐怖、焦虑刺激的错误认识，并消除由这种刺激引发的习惯性恐怖、焦虑反应。

满灌疗法事先告诉患者：在这里各种急救设备俱全，医护人员皆在身旁，他的生命是绝对安全有保障的，因此可以立即想象、聆听或观看使他最害怕的情景，在反复的恐惧刺激下，即使患者因焦虑时紧张而出现心跳加剧、呼吸困难、面色发白、四肢冰冷等植物性神经系统反应，患者最担心的可怕灾难并没有发生，焦虑反应也就相应地消退了。

满灌疗法治疗过程中，直接让患者进入最使他恐惧情境的方式有两种：一是想象暴露，鼓励患者想象最使他恐惧的场面，或者心理医生在旁边反复地、甚至不厌其烦地讲述他最感害怕的情景中的细节，或者用录像、幻灯放映最使患者恐惧的情景，以加深患者的焦虑程度，同时不允许患者采取堵耳朵、闭眼睛、哭喊等逃避措施。在反复的恐惧刺激下，患者因焦虑紧张而出现心跳加剧、呼吸困难、面色发白、四肢发冷等植物性神经系统反应，患者最担心的可怕灾难并没有发生，焦虑反应也就相应地消退了。二是实景暴露，直接把患者带入他最害怕的情境，经过重新实际的体验，觉得也没有什么了不起，慢慢地就不怕了。

四、厌恶疗法

厌恶疗法是采用条件反射的方法，把需要戒除的目标行为与不愉快的或者惩罚性的刺激结合起来，通过厌恶性条件反射，以消退目标行为对患者的吸引力，使症状消退。

厌恶疗法与其他行为疗法的理论基础相同，为巴甫洛夫的经典条件反射学说和斯金纳的操作条件反射学说。将要戒除的目标行为与某种不愉快的惩罚性刺激结合出现，以对抗原已形成的条件反射，从而形成新的条件反射，用新的行为习惯取代原有的不良行为习惯。

厌恶疗法主要适用于露阴症、窥阴症、恋物症等，对酒瘾和强迫症也有一定的疗效，也可以适用于儿童的攻击行为、暴怒发作、遗尿和神经性呕吐。其中常用的有以下四种。

1. 电击厌恶疗法　是将求治者习惯性的不良行为反应与电击连在一起，一旦这一行为反应在想象中出现就予以电击。电击一次后休息几分钟，然后进行第 2 次。每次治疗时间为 20 ～ 30 分钟，反复电击多次。治疗次数可从每日 6 次到每两周 1 次，电击强度的选择应征得求治者的同意。

2. 药物厌恶疗法　是在求治者出现贪恋的刺激时，让其服用呕吐药，以产生呕吐反应，从而使该行为反应逐渐消失。药物厌恶疗法多用于矫治与吃有关的行为障碍，如酗酒、饮食过度等，缺点是耗时太长，且易弄脏环境。

3. 橡皮圈疗法　是取代电击厌恶疗法的一种方法，在日常生活中可用，也可由求治者自己掌握。具体做法是在腕部带上橡皮圈，当出现不良行为时立即用橡皮圈弹击皮肤。

4. 想象厌恶疗法　是将施治者口头描述的某些厌恶情境与求治者想象中的刺激联系在一起，从而产生厌恶反应，以达到治疗目的。此疗法操作简便，适应性广，对各种行为障碍疗效较好。

以上需要注意的是，厌恶疗法应该在严格的控制下使用，因为目前尚有两个争议问题：一是技术方面的问题，从学习理论可知，惩罚是有风险的，一些患者可能因为惩罚而增加焦虑。二是伦理问题，惩罚作为一种手段，可能与医学宗旨相违背。因此厌恶疗法最好在其他干预措施无效的情况下选用。

五、模仿与角色扮演

模仿的理论基础源于班杜拉的观察学习理论。模仿包括两个方面，一方面是榜样示范，另一方面是模仿练习。榜样示范是治疗者或其他人向来访者清楚地演示新的适应行为，这种演示可以有多种方式，如治疗者、小组、同伴或他人的实际行为示范，影片、录像和录音等象征性示范，想象示范等。模仿练习则是来访者依照样板行为进行实际演练。在有些情况下，只有榜样示范这一方面，来访者未被明确要求进行实际演练，这称为被动模仿学习。既要观察榜样示范又进行模仿练习的叫主动模仿学习。

在治疗中，治疗者的工作包括帮助来访者确定和分析所需的正确反应，提供榜样行为和随时给予指导、反馈、强化。当然，这些工作也可以由一位治疗者认为合适的其他人（例如来访者的家人或同伴）来做，但治疗者要保持对进程的监督和指导。

模仿技术通过示范和模仿，不仅能减少或消除不良行为，还能够获得或增加良好的行为。因此，模仿技术不仅用于治疗多种行为障碍，如恐惧症及强迫症的行为障碍、儿童社会退缩行为、智障儿童的行为学习等，同时更多地用于日常生活中规范人们的行为，如父母及教师教孩子新行为、社会评选道德模范、劳动模范等均属此类。

角色扮演与自信训练有共同的出发点，即实际地去扮演自己所希望发生的行为，经过实际的扮演与练习而形成新的行为。只是在角色扮演时多加了一个层次，就是要认识以怎样的“角色”来表现其行为，与人发生关系。例如跟自己的孩子讲话时要扮演怎样的父母角色，跟自己的配偶讲话时要扮演何种角色，跟上级领导相处时要以何种上下关系相处等。角色扮演时，有时要扮演相反的角色，让父亲扮演儿子，让儿子扮演父亲，以便增加对彼此的理解，能自愿并自然表现出对方所希望发生的行为。角色扮演在夫妻治疗或家庭治疗时常被采用，也用于人际关系的训练，可经过实际训练建立起所期望的新行为。例如一对夫妻吵架，先分析吵架的原因，让他们扮演如何吵架，在讨论时可以改变方式，然后重新演习以何种表达方式更佳。

第四节 行为治疗的评析

行为治疗自20世纪中期发展至今，不断改革、修正和进步，国内外有大量实证研究和循证医学研究报道，行为治疗是一种切实有效的心理治疗方法。

一、行为治疗的贡献

1. 运用广泛，普及性强 多年来，行为治疗的研究领域和观念基础均得到了一定的拓展，并已应用在各种不同的问题上，处理的领域已超过一般临床治疗，深入到老年病学、小儿问题、复健计划和压力管理等领域。本疗法对于健康心理学也有很大的贡献，特别是在协助人们维护健康的生活方式，以及疾病的管理等领域。目前，其被广泛应用于治疗焦虑症、恐惧症、创伤后应激障碍、冲动控制障碍、抑郁症等精神疾病，在婚姻和家庭问题、儿童行为问题、人际关系问题、企事业单位员工行为训练等方面也得到了有效运用。

2. 强调研究及评价 行为治疗的另一主要贡献，是强调研究及评价治疗效果。在本书介绍的所有治疗法中，行为治疗法最重视实证研究，这种严谨的要求也许是行为治疗法从萌芽后会有戏剧性改变的原因。

3. 注重可观察可验证的行为 行为治疗不强调获得问题起源的内省力。行为治疗家认为，知道为什么生病并不足以改变他们的现状，他们注重可观察、可测量的行为，寻求替代的方法来改变当前的行为，并使这种改变能够持续下去。行为治疗中几乎没有漫无目的的谈话，更多的是积极地行动。

4. 关注社会文化 在行为治疗的过程中，要周全考虑患者生活中的社会与文化因素。坎佛和葛登斯坦曾指出，行为治疗学派的所有研究及论著均强调要考虑当事人的生活背景、价值观、生物特质及社会心理特质。很明显，行为治疗法不只处理症状或行为问题，它强调要全盘考察当事人的生活环境，以确保不仅要导致患者行为的变化，而且能真正改进患者的生活情形。

5. 心理教育为重要组成部分 当代行为治疗的发展已摆脱传统行为治疗过分看重患者外显行为的训练和矫正，治疗师强调对患者行为的操纵和控制，使患者处于被动地位的弊端。行为治疗借鉴认知治疗理论、以人为中心疗法的理论和技术，在治疗观念和方法上有很大改进。其中将心理教育作为治疗程序的重要组成部分。心理教育的目的是：一方面使患者理解改变行为的原因，使他们更愿意配合治疗，变被动为主动；另一方面通过教育使患者成为治疗自身问题的专家，即使治疗结束，也能将治疗时学会的技能继续应用到生活中，以取得长期疗效。

二、行为治疗的限制与批评

1. 行为治疗法也许能改变行为，但是不能改变感觉　有些批评认为，感觉的改变应该先行于行为的改变。行为治疗法观点是，如果患者改变其行为，他们同时也能改变其感觉。没有任何实证研究支持感觉的改变必须先行于行为的改变。同存在主义治疗法比较起来，行为治疗法处理情绪历程并不完全或并不足够。一般而言，我们赞成一开始先专注于患者有哪些感受，然后再处理其行为与认识因素。

2. 行为治疗法忽视治疗中重要的关系因素　行为治疗法同其他治疗方法相比，对于治疗师与患者之间良好关系的建立有所忽视。随着近些年的发展，行为治疗师已经开始将关系的建立视为重要环节。

3. 行为治疗未能提供洞察　一直以来，行为治疗师认为行为是直接改变的，洞察行为的内在原因与症状之间没有必然联系。如果患者有问题，那么问题就在于不适行为本身，而不是内在原因。行为治疗师认为，放弃治疗由于学习获得的不良行为这个直接目标，而去洞察某种看不见、摸不着的内在冲突，实在是毫无意义。

总之，行为治疗虽然有不尽如人意之处，但它仍然是一种以操作为基础、有一定时间限制、聚焦于行为问题、以实现为中心的治疗方法，是一种积极的、合作的、有基本原则的、非常有效的心理治疗方法。

复习思考

2017 年 10 月，经网络媒体报道，南昌豫章书院修身教育专修学校存在暴力惩戒学生的问题，引发广泛关注。数天内舆论发酵过后，众多学生对豫章书院的声讨依然没有停止，还有学生不停地站出来讲述自己的遭遇，经采访多位曾经在豫章书院学习的学生，他们称报道基本属实，对自己的身心造成了严重伤害，一些孩子的父母如今也后悔不已。

无独有偶，临沂市第四人民医院副院长、临沂市网络成瘾戒治中心（简称临沂网戒中心）主任，被称为“全国戒网瘾专家”的杨永信，被爆使用电击“治疗”有“网瘾”的青少年，引发网络讨论。

以上两个事件都在网络上引起了极大的关注和讨论。有支持的，表示对孩子要从严教育；也有反对的，认为其所使用手段堪称残忍毫无人道。

学习过本章内容后，能否解释这些机构所采用的暴力手段，与行为治疗所采用的方式和理论有哪些类似之处？如果按照本章内容对当事人进行行为改变，是否可以设计一套积极合理有益的治疗矫正措施，以达到最佳效果？

扫一扫，知答案

扫一扫，看课件

第十一章

精神分析治疗

【学习目标】

掌握：潜意识理论、自由联想技术、意象对话技术。

熟悉：人格结构理论、性心理发展理论。

了解：精神分析理论的发展。

案例导入

一个女孩小时候因为父母工作忙，经常把她寄养在邻居家。在她的记忆中，邻居是一对慈祥善良的老夫妻，带着孙女一起生活。她和老夫妻的孙女在同一个学校，所以爷爷总是一手拉着姐姐，一手拉着她，接她回他们家吃饭。记忆里那段经历是温馨的，小屋里总是回荡着小姐俩的欢声笑语，奶奶包的韭菜饺子特别香，爷爷的手又大又温暖。直到很多年以后，她偶遇另一位老邻居，这位老邻居一下子认出了这个女孩，热心地拉着她寒暄，最后她心疼地说："我可怜的孩子，那时候你真苦。"

这句话就像是打开记忆大门的密钥暗语：她仿佛听见远处传来小孩凄厉的哭喊和求救，她焦急地四下寻找，终于看到了小小的她蜷缩在一角，被另一个人高马大的女孩用力地踢打撕咬，那个打她的女孩正是老夫妻的孙女。

原来她的童年是这样的，而她自己竟全然忘记。

后来她搬家转学，可依然被欺负。长大以后，她还是在一种惯性下担惊受怕，总是无条件地满足所有人的要求，害怕看到别人的不满和失望，到后来就变成了大家眼里最不起眼最不在意的女孩。

她从来不知道自己变成这样的原因，以为是自己天生软弱，是命中注定。直到这位邻居的出现，才让她想起了潜意识里一直刻意在遗忘的那些黑暗岁月。她也不知道自己是如何做到的，把所有痛苦和难堪整理打包，丢到记忆最深的黑洞里，然后若无其事地继续生活。

上述故事中的女孩对童年的痛苦记忆出现了“选择性失忆”。选择性失忆是指对于极度痛苦的回忆，如果记住会给精神和肉体带来折磨，大脑和机体就会通过潜意识作出干扰，以免再次产生相同的感受。但选择性失忆不是解决问题的最好方式，如果这个女孩当初选择和亲人朋友倾诉，缓解压力，寻求帮助，或者及时换个环境转移情绪，对于她性格的完善会更为有利。但她错过了时机，那她是不是就要永远带着记忆的创伤呢？不一定。这就是弗洛伊德的精神分析理论与治疗技术试图解决的。

第一节　精神分析概述

一、弗洛伊德的理论

奥地利心理学家弗洛伊德于19世纪末20世纪初创立精神分析理论。精神分析理论及其疗法产生于19世纪末期的欧洲不是偶然的，它是科学和医学发展的必然产物，也是医学发展的需要。18～19世纪生物医学的伟大成就使近代医学有了很大的发展，各种疾病普遍被认为是器官细胞的病变，查不出细胞病理变化就不能断定疾病的性质，甚至不认为是疾病。大量的神经症患者查不出其器官和细胞的病理改变，无法用细胞病理学来解释他们的症状，用当时流行的各种物理化学方法不能产生良好效果。弗洛伊德创立的精神分析，正是在对神经症患者内心深层次、长期的无意识动机和冲突探索中，逐渐形成的理论和治疗方法。下面介绍他的一部分理论。

1. 潜意识理论　弗洛伊德在对神经症患者的治疗中发现，许多身体症状无法用神经病理学加以解释，产生神经症的原因并不在躯体，而在于患者的内心深处有一种平常意识不到的、被压抑的精神活动和一种未知的力量在起作用，这种精神活动就是潜意识活动。

弗洛伊德认为，人的精神活动，例如欲望、冲动、思维、情感等，都在人的意识的不同层次发生和进行，包括意识、前意识和潜意识三个层次。

意识是个体能够觉察到的心理活动，比如一些观念、意象或者情感。

前意识是个体一些不愉快或痛苦的感觉、回忆，被压存在前意识这个层次，一般情况下不会被个体察觉，但如果通过有意识的唤起或者在个体的控制能力松懈的情况下，会暂时地出现在意识层面，被个体察觉。

潜意识是指潜伏着的无法被觉察的思想、观念、欲望等心理活动。包括一些本能冲动、被压抑的欲望、回忆或生命力，这些心理活动令人困扰，无法接受，与一个人应该遵守的社会道德和本人的理智相冲突，从而无法进入意识被个体所觉察，在睡眠、做梦、催眠或精神失常时，压抑解除，人们才能意识到潜意识中的内容。人们在日常生活中所出现的种种口误、笔误、幻想和睡梦等行为，其背后都有潜意识活动起作用。

弗洛伊德认为，潜意识不仅存在于精神患者的心理活动中，而且还存在于正常人的心理活动中，是很多神经症的病因。

2. 人格结构理论 弗洛伊德认为，人格结构由本我、自我、超我三个部分构成，各自代表人格的某一个方面，遵循不同的规则，追求不同的目标，但是三者相互作用、相互影响。

本我即原始的我，代表本能的冲动、原始的欲望，处于人格结构的最底层，包括饥饿、口渴、性欲等生理需求，是一切心理能量之源，它追求个体的舒适、享受、生存、繁殖，处于无意识状态，不被个体所察觉。本我遵循“快乐原则”。

自我位于人格结构的中间层，是人格中比较理性、真实的部分，是一个人可以意识到的执行思考、感觉、判断或记忆的部分，负责调节本我和超我之间的矛盾，一方面寻求合理的方式，尽可能使本我的欲望得到满足；另一方面使个体行为符合超我的要求，保护自我不受伤害。自我既有意识的成分，又有潜意识的成分。自我遵循“现实原则”。

超我位于人格结构的最上层，是人格结构中代表理想的部分。个体在成长过程中将父母、师长的教育、社会的规范、文化价值观等内化为个人的道德规范，这些内化了的规范形成了一个人的超我。超我审视、检查、监督、批判及管束个体的行为，与本我一样是非现实的，大部分处于潜意识状态。超我的特点是追求完美，要求自我按社会可接受的方式去满足本我。超我遵循“道德原则”。

弗洛伊德的人格结构理论强调了心理动力在本我、自我、超我三者之间的分配和流动，当三者处于和谐状态时，人格呈现出健康状态，当三者出现冲突时，人格则表现出不和谐，个体有可能产生疾病，包括心理疾病和生理疾病。例如：小王在街上捡到一个钱包，里面有 5 万元。还回去，舍不得；不还，又觉得良心不安。让人有舍不得感觉的是本我，让人有良心不安感觉的是超我，这时自我就产生了冲突，人如果长期处在这种类似的冲突中，就有可能产生疾病。

3. 性心理发展理论 弗洛伊德将人类行为动机的来源归因于每个个体内都能找到的心理能量。他假设每个人都具有与生俱来的本能或者驱力，这些驱力是个体基本的发展需求，需要被满足被表达，它来源于个体内部的需要和冲动，引发个体产生兴奋和紧张状态，从而驱动个体完成某种行为，从而缓解、释放、消除个体的紧张和兴奋。

按照弗洛伊德的观点，人类最基本的本能有两类：一类是生的本能，另一类是死亡本能或攻击本能。生的本能包括性本能与个体生存本能，其目的是保持种族的繁衍与个体的生存，广义的性既指一般意义的性活动，也包括人们一切追求快乐的欲望。性本能是人一切心理活动的内在动力，当这种能量积聚到一定程度就会造成机体的紧张，机体就要寻求途径释放能量。性并不是在青春期突然产生的，而是一出生就开始发展。弗洛伊德将人一生的性心理发展划分为5个阶段：①口唇期（0～1岁）：婴儿通过吸吮获得快感；②肛门期（1～3岁）：婴儿通过排便获得快感；③性蕾欲期（3～6岁）：性别认同的关键期，儿童对异性父母眷恋，对同性父母嫉恨，其间充满复杂的矛盾和冲突，儿童会体验到俄狄普斯（Oedipus）情结和厄勒克特拉（Electra）情结，这种感情更具性的意义，但这是心理上的性爱而非生理上的性爱；④潜伏期（6～12岁）：学习、游戏转移儿童的注意力，带来超我的发展；⑤生殖期（12岁以后）：只有经过潜伏期到达青春期，性腺成熟，才有成年的性欲，以生殖器性交为最高满足形式，以生育繁衍后代为目的。

弗洛伊德认为，如果个体在性心理发展的某个阶段得到过分的满足或受到挫折，那么其发展就会固着在这一时期，从而有可能导致成年期的人格问题、心理问题。例如肛门期是父母训练孩子排便的关键期，如果父母的训练过于严厉，个体可能会形成僵化、强迫的人格特点；如果父母的训练完全没有要求，个体成年后的生活就会杂乱无章，不能忍受约束。弗洛伊德认为，前三个发展阶段最为重要，儿童的早期经历对其成年后的人格形成起着重要的作用。个体成年后的变态心理、心理冲突都可追溯到早年创伤性经历和压抑的情结。

4. 心理防御机制理论 心理防御机制是自我的一种防卫功能，超我与本我之间，本我与现实之间，经常会有矛盾和冲突，人会因此感到痛苦和焦虑，这时自我可以在无意识中，以某种方式调整冲突双方的关系，使超我的监察可以接受，同时本我的欲望又可以得到某种形式的满足，从而缓和焦虑、消除痛苦，这就是自我的心理防御机制。它包括压抑、否认、投射，退化、隔离、抵消转化、合理化、补偿、升华、幽默、反向形成等各种形式。人类在正常和病态情况下都在不自觉地运用，运用得当，可减轻痛苦，帮助渡过心理难关，防止精神崩溃，运用过度就会表现出焦虑抑郁等病态心理症状。

精神分析理论最主要的贡献在于揭示了潜意识活动的存在，并将潜意识作为心理学研究的对象，把梦、过失与错误等纳入意识研究的领域，打破了传统心理学研究的局限，扩大了意识研究的范围。弗洛伊德还是推动研究动力心理学的伟大先驱，这些研究对于洞察人类心灵，探索人类精神生活的丰富内涵起到了重要的作用。

弗洛伊德的人格结构模型理论开创了西方的人格心理学，无论是支持、修正还是反对他的研究者，都是源于其人格研究的，而他关于潜意识动机、童年经验的作用等观点的论述，得到了包括今天的心理学研究者的广泛承认。

精神分析理论在突破传统生物医学模式的基础上，认为神经症、精神疾病等并不是组织器官的病变，而是由于心理失调导致的心理疾病，由此产生了新的心理健康观；弗洛伊德创立的精神分析治疗技术，为以后出现的许多心理治疗技术奠定了基础，至今精神分析技术依然是治疗许多心理顽症的最佳选择之一。

弗洛伊德认为“心理发展的根本动力是压抑的性欲望”的观点，遭到了绝大多数心理学家和他的弟子的反对，特别是他认为这种性欲在幼年期就存在的论述，以及他关于男孩子杀父娶母，女孩爱父恨母的潜意识欲望的论述等，都被研究者们予以猛烈的批评，他忽略文化因素，过于注重生物性的、病理的性，被称为是“伤残的心理学”和“泛性论”的心理学，当然是不能被学者和大众所接受的。

弗洛伊德的研究是推理式的，缺乏科学数据，至今仍然没有科学证据来验证弗洛伊德关于人格结构和潜意识的论述。同时，弗洛伊德的研究主要来源于其临床实践，他的患者生活在一个禁欲主义时代，而且多为女性，在这样的背景上产生的理论，完全推演到正常人身上是值得怀疑的。

二、精神分析理论的后续发展

弗洛伊德的观点对许多心理学家产生了深远的影响，但是他的泛性论受到大多数心理学家包括他的弟子的批判，以阿德勒、荣格等为代表的精神分析学家，对经典精神分析论进行了修正，他们的理论统称为“新精神分析理论”。

1. 阿德勒的个人心理学 阿德勒对精神分析理论的主要贡献体现在以下三个方面：①提出超越自卑的观点。阿德勒认为自卑感是人格发展的动力。自卑感源于个人生活中所有不完善的感觉，比如因生理、心理和社会原因导致的障碍，个体通过补偿来完善自我，超越自卑，以生活格调为手段追求卓越。然而过多的自卑感会产生自卑情结，即觉得自己比其他人都差很多，使得个体无法产生创造卓越、积极向上的驱力，以至于产生强烈的无助感。②强调父母对于人格发展的影响。如果父母给孩子过多的关注和保护，会有溺爱的危险。溺爱导致孩子缺乏独立感，自卑感加重，成年后无法独立处理生活中的问题，如不能独立生活，不能自己做决定，难以应对一般的挫折；反之，如果父母忽视孩子，孩子很少获得父母的关注，甚至是在冷酷和多疑中成长，成年后他们不能建立起良好的人际关系，对于亲密感到不舒服，并且对于身体的接近和接触感到极度的痛苦。③强调出生顺序对人格的影响：阿德勒是第一个在人格中强调出生顺序心理学意义的心理学家。他认为第一个出生的孩子会得到父母过多的关注和溺爱，随着第二个孩子的到来，第一个孩子得到的关注会减少，他将感到自卑并希望变得强大。成年后出现相当多的问题可能都与此有关；第二个孩子在幼年时须学会与兄或姐“分享”父母，因此他们建立了很强烈的追求卓越的欲望，会获得很高的成就；最后出生的孩子在整个童年中都得到来自家庭各个成员的溺爱，容易产生依赖，缺乏主动性。

2. 荣格的分析心理学 荣格的主要贡献在于提出了集体无意识概念和一些重要原型。

①集体无意识：荣格认为无意识有集体无意识和个体无意识两种，集体无意识包含的是那些难以带入意识层面的想法和形象，这些想法不是被压抑在意识之外，而是我们与生俱来的，而且几乎所有人都是一样的。②重要原型：集体无意识是由原始意象组成的。荣格认为所有人使用的意象非常一致，例如我们几乎每个人都会梦到被追赶，他认为这是人类早期活动的集体无意识的反映，他将这些共同的意象称为原型。这些原型很多，其中最典型的有阿尼玛、阿尼姆斯和阴影。阿尼玛是男性心中女性的部分，阿尼姆斯是女性心中男性的部分，这两个意象首要的功能是引导我们选择心中的另一半，并在后来的人际关系形成过程中起作用。荣格认为，我们每个人心中都有我们寻找的男性或者女性的无意识意象，因此一个人越是符合我们心中的标准，我们就越想和那个人建立关系。阴影包含了我们心中消极的部分，或人格中黑暗的部分。荣格认为那些能够很好调整自我的人，可以将他们的善良和邪恶的部分组合成完整的自我。

3. 精神分析的社会文化论　主要代表人物有霍妮、沙利文、艾里克森、弗洛姆。他们反对经典精神分析的本能学说和泛性论观点，把文化、社会环境、人际关系（特别是儿童与父母的相互关系）等因素作为人格形成的主要因素。①霍妮的女性心理学：霍妮认为男性存在子宫嫉妒，即对女人生育和抚养孩子的能力产生嫉妒。霍妮还指出弗洛伊德的理论是在社会将女性置于劣势地位的情况下发生的，一个女性希望自己是一个男性，是因为文化的制约和负担造成的，而不是女性天生的自卑造成的。②沙利文人际互动论：沙利文认为人格只能存在于一个人所生活的复杂人际关系中，他指出人际关系对于个体有着非常重要的意义，不成功的社交关系将导致不安全和焦虑感的产生。人们在幼儿时代即学会用选择性忽视作为减少焦虑的手段，通过减少对重要信息的注意，人们减少了焦虑，但是却建立了对现实错误的印象，使得个体对自我产生错误的感知，认为自我是“坏我”“非我”，这种手段无益于问题的解决。③艾里克森的人格发展理论：艾里克森提出了认同危机和八阶段发展论，他认为自我的首要功能是建立和维持一种认同感，即对自我个性和特点的感知，是一种对自我的整体感和连接过去未来的连续感。青少年时期可能是人生中最困难的时期，他们需要知道“我是谁”，如果能找到这个问题的答案，他们就将建立起认同感，知道自己是谁，能够接受并且欣赏他们自己。如果青少年在这个阶段没有建立强烈的认同感，则会陷入角色混乱。艾里克森用“认同危机”这个词来表达当一个人缺乏强烈的认同感而感到迷茫和绝望的感觉。艾里克森认为，人格的发展贯穿人的一生，他将人的一生划分为八个阶段，每一个阶段人都会经历一个特别的危机或者发展任务，每一个危机的解决都将影响到下一个阶段危机的解决情况。

第二节 精神分析治疗技术

一、经典精神分析疗法

弗洛伊德的理论认为，焦虑障碍是由于个体无法很好地解决内部冲突所造成的，心理分析的治疗目标是重建个体心灵内部的和谐，增加本我的表现机会，降低超我的过分要求，使自我的力量强大起来。对于治疗师来说，核心目的是要了解患者如何压抑自己内心的冲突，精神分析的任务就是帮助患者将压抑的想法带到意识中来，并帮助患者对症状和被压抑的冲突之间的关系产生领悟。经典精神分析疗法的常用技术有以下几种。

1. 自由联想　在精神分析中应用最多的方法是自由联想。自由联想是让患者很舒服地坐在椅子上，或以放松的姿态躺在沙发上，让患者选择自己想谈的题目，如生活、家庭关系、工作、与人交往、爱好或发病经过等，将脑中所涌现的念头脱口而出，不管说出来的事情彼此有无关联，是否合乎逻辑或幼稚可笑。开始会谈时患者要做到这一点是比较困难的，因为他不能不考虑给治疗者的印象，但是随着治疗者的鼓励和指点，患者逐渐陷入对往事的回忆，内心深处无意识的闸门不觉地被打开了。谈出的事情常常带有情绪色彩。在治疗过程中，每当要揭示特别重要的主题时，患者往往突然停止不语，借口想不起来了，或者绕过所谈的话题而言其他，有时还伴有不适当的冲动行为。这些表明患者出现了“阻抗”，这一现象常常是患者心理症结的所在，治疗者的任务就是要帮助患者克服这一无意识的阻抗。根据患者当时的心理状态，引导患者将伴有严重焦虑和冲突的事件进入意识中，将压抑的情感发泄出来。由于许多事件属于幼年时代的精神创伤，当时所产生的情感反应常是比较幼稚的，现在当患者在意识中用成人的心理去重新体验，就比较容易处理和克服，这叫做情感矫正，这样患者所呈现的症状也会自然消失。

2. 梦的分析　弗洛伊德在他的著作《梦的解析》中，认为“梦乃是做梦者潜意识冲突欲望的象征，做梦的人为了避免被人家察觉，所以用象征性的方式以避免焦虑的产生”，“分析者对梦的内容加以分析，以期发现这些象征的真谛”，所以发掘潜意识的另一技术就是对梦进行分析。要求患者在会谈中谈他所做的梦，并把梦中不同内容自由地加以联想。梦包含两类：一类是显梦，以视觉形式表现出来，即人们在清醒时可以回忆起来的梦的内容；另一类是隐梦，是无意识中寻求表达的实际动机，因为其内容是令人痛苦或无法接受的，所以在表达时需要伪装，以象征的形式来表现。治疗师为了揭示隐含的动机就要采用梦的解析的方法，以发现那些潜在的动机或所象征的背后重要生活经历或愿望。

3. 移情　当患者陷入对往事的回忆，说出许多带有焦虑感情的事情，这些事情往往与他有关系密切的人物（例如父母）相关，情感的发泄是有针对性的（如针对自己的父母）。

在会谈中，患者往往把治疗者当作发泄的对象，这就叫做移情，把过去与父母的病态关系转移到与治疗者的关系上。当患者出现移情，对治疗者表露出特殊的感情，如果患者把治疗师当作爱或崇敬的对象，称正移情；如果当作憎恨或嫉妒的对象，称负移情。治疗者一定要清楚意识到自己的处境和地位，这是治疗过程中的关键。治疗者一定要超脱自己，善于利用这一移情，循循诱导，让患者认识到建立一个良好的人际关系的必要性。当这些从无意识过程中所暴露出的病态或幼稚情感，以及人际关系成为意识过程的内容时，这种不成熟的或“神经症性”的心理防卫机制就减弱了，移情问题也随之消失。

4. 解释　在治疗过程中，治疗者的中心工作就是向患者解释，他所说的话中潜意识的含义，帮助患者克服阻抗，从而使被压抑的心理资料源源不断地通过自由联想和梦的分析暴露出来。解释是逐步深入的，根据每次会谈的内容，用患者所说过的话做依据，用患者能理解的语言告诉其心理症结所在。解释的程度随着长期的会谈和对患者心理的全面了解，而逐步加深和完善，患者也通过长期的会谈在意识中逐渐培养起一个对人对事成熟的心理反应和处理态度。

这一疗法的适应证是心因性神经症。直到现在，这一经典心理分析的技术仍在各种改良分析疗法中适用。下面要介绍的意象对话疗法，正是我国心理学家为此所做的努力。需要注意的是，这种会谈不适合儿童或已呈精神错乱症状的各种精神患者。

二、意象对话疗法

意象对话疗法是我国本土化的心理咨询与治疗方法之一，由我国心理学专家朱建军教授于 20 世纪 90 年代创立，是我国有影响力的本土心理咨询与治疗方法。意象对话疗法源于精神分析学派，吸取了释梦、催眠技术、人本心理学和东方心理学思想，并具有中国特色。它最大的特点在于，运用“意象”这种原始认知的象征性语言，直接在人格的深层进行操作。

意象对话心理咨询技术自创立以来，经过不断的理论研究与实践检验，朱建军教授将该领域的学术理论广为传播，意象对话疗法以既简单易学，又深邃开放；既见效快，又疗效持久等特点，受到越来越多专业人士的认可，在心理咨询与治疗中被广泛应用。

（一）概述

意象有广义和狭义之分。狭义的意象，就是主动地在人的头脑中浮现出的画面及画面中的具体内容。

广义的意象分为两类。一类是画面没有具体内容，比如只有味道、声音、氛围、感觉等，即没有具体的图像，但感觉上存在；另一类是包括现实中的所有物体、行为、情感等，即“我”和世界都是意象，一切皆为意象。

一般来说，在意象对话心理治疗方法中，采用狭义的意象，即个体能在脑海里浮现的、清晰的、具体的内容。如听觉意象、体觉意象、触觉意象、嗅觉意象、味觉意象等。还可以这样来理解意象，这里的“意”可以理解为人的意志活动或人的潜意识活动；“象”即为“意”的具象、“意”的具体表示，或者看作是“意”的象征性表现。二者结合就是说现实中看不见的人的潜意识活动，通过脑海中的具体画面内容感受到或看到的形态。

对话是了解、感受和表达。这里的对话所指的不是咨询师和来访者之间的对话，而是来访者在咨询师的引导下与自己看到的意象之间的对话，同时也是咨询师与来访者的意象之间的对话。“对话”在这里的意思是了解、感受和表达。在这个过程中，来访者在咨询师的支持下，逐步看清楚自己所恐惧、焦虑的意象究竟在干什么，为什么会这样，当来访者看得越清楚，对意象的了解和体验越清晰，来访者对潜意识中心理活动的体察就越深刻，就能够对自己在现实中的行为有初步的理性认识。

在这个过程中，咨询师的发问，也是对来访者的意象进行感受和了解的过程，而不是机械性地提问，反映的是咨询师面对潜意识的态度。所以，意象对话又被称为“下对下”的心理咨询，即咨询师对来访者的互动是在潜意识层面进行的。

意象对话疗法就是运用观察、理解意象的手段，进行心理成长（其中包括化解心理问题）的一种方式。“观察”和“理解”就是“对话”，而观察和理解的主导者就是人的觉知或者说是自我觉察的心理功能。作为“方法”，意象对话的重点在于培养或强化人的自我觉察能力，随着这种能力的提高，必然会为认识自我、实现自我（即“我是谁”的命题）铺平道路，从而达到内在世界与外在世界既并存又和谐的精神境界，是一种“由内而外”的探索心灵或生命问题的方法。

（二）意象对话技术

在意象对话心理学方法论的指导下，意象对话心理咨询技术遵循心理动力学或心理能量守恒学原理，在咨询师的引导下，使来访者对其看到的意象（尤其是消极性的意象）进行了解、感受和理解。

意象对话心理学认为，不同的意象代表人心理能量的不同表现方式。来访者外显的心理症状是由于心理能量的非自然配置所导致的，而消极性的心理意象则象征着非自然配置的心理能量。意象对话就是要通过让来访者不断觉察、表达对意象的理解和感受，达到心理能量自然流动和支配的目的，同时外在的心理症状得到改善和根除。也可以说，意象对话就是要直接在来访者的潜意识（意象）层面进行工作，通过来访者对潜意识的理解，或者说把未知（未理解）的意象变为已知（真正理解）的意象，达到治疗心理问题或让正常人心理更加健康的目的。

在这个过程中，所运用的引导意象技术、感觉意象技术、处理意象技术、分析意象技术、人格意象分解技术等统称为意象对话技术。需要说明的是，在运用意象对话技术进行心理咨询的过程中，通行的心理咨询的设置（比如面谈、咨询时间、咨询环境、咨询伦理道德、回访等）是不可或缺的。

（三）意象对话的操作范示

朱建军强调，意象是有象征性的，也就是说它可以表达意义，而且这个意义不是该形象直接的意义。用这种象征性的方式，意象可以反映人意识中或潜意识中的心理活动。

意象对话可由两个人完成，一个做引导，另一个做想象，也可以由一个人给几个人一起做集体意象，引导者自己也可以同时做想象。意象对话类似于两个人用象征的语言在交流，是心与心的交流，是自由地靠两个人的直觉和悟性，以及双方的真诚态度和关心。意象对话想象中的形象往往很奇怪，但是如果它的象征意义一旦被揭示，就知道实际上一点都不奇怪。一个意象有许多变种，每个变种代表不同的心理状态。朱建军经常运用的意象有房子、动物、植物、洞、坑、镜子等。

具体的操作是：①先引导来访者放松。引导来访者进行躯体放松，在引导的过程中，引导者的语调要轻缓、舒畅、清晰、柔和、稳重。具体步骤是：让来访者选一个最舒服的姿势坐好，轻轻地闭上眼睛，把注意力集中到两个眉心中间，开始进入想象。引导来访者放松头部、头皮、额头、眉毛、眼皮、脸颊、鼻子、嘴唇、下巴、脖子，然后依次是双肩、胸部、腹部、背部、腰部、双臂、双手、双手指，再放松臀部、双侧大腿、双侧小腿、双脚、双脚趾，当来访者感到身体很舒服、很轻松时，便可以进入想象。②治疗师与来访者之间开始意象对话。以房子为例，朱建军认为，房子表示的是来访者所出生成长的家庭状况，也是指自己对家庭或一般家庭、家族关系的想法、感情和态度。通过对屋顶、窗、地面线等的构成部分的分析，可以了解到来访者在家庭成员中的自我形象，以及空想与现实之间的关系，如安全感、家庭成员与环境的关系等。

朱建军与来访者一般的对话过程如下。

1. 放松身体后，把注意力集中到两眉心之间，开始进入想象。

2. 想象你现在看到一个房子，你看清楚这个房子的样子了吗，这个房子是坐落在什么地方，周围的环境有什么，这个房子是什么形状的，这个房子的颜色是什么，它的建筑结构是什么样的，牢固程度、采光度、通风情况怎样，看清楚它的顶部、门窗、墙面的结构、样式、颜色、大小……

3. 继续想象你走近了房子，你是怎样进入这个房子里面的，你进去第一眼看到的是什么，屋里面的结构是什么样的，有些什么家具，有些什么装饰物品，屋里是什么颜色的，屋里的温度是温暖的还是寒冷的……

4. 你继续进入，屋里有楼层吗，如果有，会是什么样的结构，你会怎样上楼，楼上有些什么……

5. 有地下室吗，如果有，会是什么样的结构，你要是下去，你会看到些什么……

6. 现在想象你要走出这所房屋了，你要带走一样东西，你会带走什么，带走这个东西的理由是什么……

7. 看清楚了的人，请举一下你的左手，然后，请听我的口令，我数到 5 声之后，缓缓睁开你的眼睛……

8. 睁开眼睛后，先看看你的周围，看清楚自己的身体在哪里……

想象完成后，朱建军会对房子的意象进行分析，一般的象征意义是：①周围环境：一般代表人际关系；②外部形状：一般代表个性反应；③内部结构：代表当前心理状态，简单、复杂、分层；④牢固程度：代表安全感或安全意识；⑤房屋质地：代表情节、价值感；⑥大小结构：代表自我认知或自我认同感；⑦内部设置：代表生活状态或生活品质；⑧颜色色调：代表积极或消极情绪；⑨采光情况：代表对信息的接纳感；⑩通风情况：代表能量流动或情绪流动等。

意象对话作为一种心理治疗技术，已经走过了近 30 年的历程。近 30 年来，意象对话在各个方面都有了长足的发展。

在理论上，意象对话的人格理论有很多进步，对子人格之间的互动有了更好的理解，对心理能量在子人格之间的流动也有了清晰的理解。意象对话的发展也促进了心理学的发展，对原型的启动以及相应的意象有了发现。另外，意象对话在与《易经》、中医等方面的结合上发展都很迅速。

在实践上，意象对话的技术发展也很迅速，出现了如生命树等许多新的技术。新的意象对话越来越多地应用于心理咨询和各种形式的心理实践工作中。

复习思考

1. 简述弗洛伊德的潜意识理论和人格结构理论。
2. 简述根据精神分析理论如何解释心理障碍发生的原因。
3. 简述意象对话技术。
4. 以“坑”为意象，模仿教材中关于“房子”意象的运用，编写引导语，并试着在老师的指导下分析自己。

扫一扫，知答案

第十二章 表达性心理治疗

【学习目标】

掌握：绘画心理分析；音乐治疗。

熟悉：绘画心理治疗。

案例导入

卡尔·古斯塔夫·荣格是瑞士著名的心理学家、精神病学家，分析心理学的创始者，也是20世纪的思想大师。虽然作为成功的心理学家和医生，但荣格却说："是人类痛苦的千山万壑，让我选择了精神病学这样一个职业。"究其原因，一方面，荣格本人与生俱来就极其敏感和充满矛盾；另一方面，他以其内心世界的丰富性和深刻性，始终洞见着人性本质的悲剧性所在。他一生曾多次濒临精神崩溃的边缘。

1913年，38岁的荣格辞去了苏黎世大学的教师和医师职务，10余年一直处于深度的内省状态，全心全意专注于自己无意识的心灵历程，每一天他都将自己的梦境、意象加以记录，并描绘成各种对称、圆形的图案，他无休无止地创作了成百上千的图案。后来，荣格才发现，这些圆形图案原来就叫曼陀罗。他借着绘画的过程，一次又一次完全地进入无意识状态，与无意识相遇。

可以这样讲，荣格的生命是借着曼陀罗的绘画而得以延续的，最终在个体无意识和集体无意识的宿命中找到了一种非常和谐的自我表达方式：以创作曼陀罗这一幻象为媒介，连通了一条现实主义与超现实主义之间的道路，即在现实世界与另一个魅力无边的无意识和幻象的世界之间自由出入。他很透彻地在超现实的世界中，在幻象的世界中实现了自我的表达。

第一节　表达性心理治疗概述

一、表达性心理治疗的概念

表达性心理治疗也称表达性艺术治疗，是心理咨询师以各种艺术载体为媒介，通过非口语的沟通技巧，了解当事人的内心世界，处理当事人的情绪困扰，帮助当事人更深刻地认识自己，表达内心感受，重新接纳和整合外界刺激，达到心理治疗的目的。这些艺术载体包括绘画、舞蹈、音乐、文学、雕刻、戏剧、沙盘游戏等。

二、表达性心理治疗的起源和发展

表达性心理治疗的起源最早可以追溯到史前时代，当时人类在岩洞中留下壁画，以表达对自然现象的敬畏之心。20 世纪初，Jaspers、Riese 等开始对梵高等精神病艺术家的作品开展研究，如 1922 年 Prinzhom 发表的《疯者艺术》，通过对 500 多位患者的 5000 多幅作品进行分析，认为精神病患者的作品兼具诊断价值和康复意义。1956 年，Jakab 也对精神分裂症患者的绘画特点进行了分析。弗洛伊德、荣格等精神分析大师也都曾用绘画方式记录梦境并进行分析，弗洛伊德认为一些梦境难以用语言完整表达其中被压抑的情感或细节，在绘画中很可能会得以体现，甚至认为个体内心的冲突和神经症是艺术家创作的根本动机；荣格则重视原始心理模型与视觉表象的普遍性意义，更注重作品所表现出的心理内容。1969 年，美国成立了艺术疗法协会，使艺术和治疗真正结合在了一起。20 世纪 90 年代，绘画艺术治疗被引入中国大陆，尝试作为治疗精神病患者的辅助手段。21 世纪以来，表达性心理治疗在中国得到快速发展，艺术治疗的载体和手段不断丰富完善，应用范围也逐渐扩大。目前，艺术心理治疗技术已广泛应用于国内的个体和团体治疗中，成为最受青睐，也是疗效最显著的主流心理治疗方法。

三、表达性心理治疗的优势

（一）可以有效降低当事人阻抗心理

与其他心理治疗技术不同，艺术心理治疗以艺术活动为载体，整个操作过程以及最后作品呈现都是以艺术活动的形式进行的。人们可以自由表达自己的体验、愿望和困惑，甚至将无意识的内容透露出来。这种表达更具有隐蔽性，不存在社会道德规范等方面的顾忌。所以，当事人一般不会感觉被攻击，阻抗小，易接受，有利于真实信息的收集。

（二）提供一个多元性的空间

艺术作品能够提供一个多元性的空间。作品将不同时间和空间整合在一起，可以在一个作品或一些作品上表达不同地点、时间发生的事件，把不协调的情绪、情感组合在一起，帮助呈现当事人当下身心现状的有关信息和身心成长过程中的心理事件。同时，艺术活动在治疗师与当事人的传统治疗空间之中注入了新的因素，在家庭治疗、夫妻治疗或团体治疗中都可以起到促进自我反观和自我成长的桥梁作用。

（三）安全地释放或转化能量

一方面，艺术创作的过程本身就是一种宣泄，是能量的释放过程，一些毁灭性的负面能量会通过安全的方式和途径释放。另一方面，潜意识中不能被接受的欲望、观念、情感和冲动，通过艺术呈现，有助于个体认识自己潜意识中的冲突和消极体验，把毁灭性能量转变成建设性的能量。

（四）受限因素较少

1. 适用范围不受限制　一般不受来访者语言、年龄、认知能力、地点和环境等条件的限制，尤其是绘画治疗，适合不同年龄、疾病的来访者，对于场地环境要求也较低。特别是对于残障人士，艺术心理治疗技术往往是开展心理治疗最便捷和最高效的手段。

2. 测验次数不受限制　如绘画和沙游戏可作为投射测验，反复使用而不影响诊断的准确性。

第二节　绘画心理治疗

绘画心理治疗是心理艺术的治疗方法之一，是让绘画者通过绘画的创作过程，利用非言语工具，将潜意识内压抑的情绪与冲突呈现出来，并且在绘画的过程中获得疏解与满足，从而达到诊断与治疗的良好效果。

一、绘画心理分析技术

（一）理论基础

1. 心理投射理论　投射是指个人将自己的思想、态度、愿望、情绪、性格等个性特征，不自觉地反应于外界事物或者他人的一种心理反应。分析心理学认为，投射不是有意识地主动进行的，而是自发真实地反应投射者潜意识的心理内容，投射使其进入到意识状态中。把我们把自己察觉不到，但存在于潜意识中的心理内容投射到外部现实的相似物中去，通过分析和识别，我们就可以察觉到这些心理内容。所以，投射起到了潜意识的表达作用。

心理投射理论认为：第一，人们对于外界刺激的反应都有其原因，而且是可以预测的，不是偶然发生的；第二，这些反应取决于当时的刺激或者情境，但是个人本身的人格结构对当时知觉与反应的性质和方向，都会产生很大的影响；第三，人格结构的大部分处于潜意识中，个人无法认知察觉，但在面对一种不明确的刺激情境时，却常常可以使隐藏在潜意识中的欲望、需求、动机冲突等暴露出来。

2. 大脑偏侧化理论　大脑左右两半球存在优势分工。左半球同抽象思维、象征性关系以及对细节的逻辑分析有关；右半球则是图像性的，与知觉和空间定位有关，具有音乐的、绘画的、综合的集合——空间鉴别能力，表明音乐、绘画、情绪等心理机能同属右半球掌控。另外，对精神分裂症侧化损害研究发现，精神分裂症患者大脑右半球功能亢盛，表现为情感活动异常，主要是负性情感的体验，这说明右半球功能损害影响患者情绪机能。因此，绘画疗法认为，以言语为中介的疗法在矫治由不合理认知或信念所引起的心理疾病时有疗效，但在处理以情绪困扰为主要症状的心理问题时就显得无能为力了，而同属右半球控制的绘画艺术活动可以影响和治疗患者的情绪机能障碍。

（二）绘画心理分析的发展

19 世纪末，绘画心理分析最初用于对儿童的观察，关注儿童在绘画中所表现的内心世界，其发展受到了弗洛伊德精神分析理论、荣格精神分析理论以及罗杰斯来访者中心理论的影响。20 世纪初期，就有许多研究者开展样本采集和实证研究。1921 年，伯特用“画人”作为儿童智力测验的方法，对儿童绘画进行分析，同时将少儿绘画分为不同阶段。1925 年，诺拉姆、路易斯、石滕对神经症患者的自由绘画作品进行心理分析。1926 年，古迪纳夫最先提出儿童画人测试，并根据对画的结构分析，评估智力分数。1963 年，哈里斯进一步发展了该理论，提出“绘画是认知成熟的指标”，修订了古迪纳夫的评分标准，根据年龄差异选择了 73 个评分项目。1931 年，阿佩尔把绘画方法引入家庭研究，即画一个家。沃尔福（1942）和赫斯（1951）对这一专题进行了进一步研究讨论。1948 年，巴克提出“房－树－人”绘画法，利用投射理论，从绘画中探索个体成长和发展情况。1967 年，哈莫把“房－树－人”理论拓展运用到心理测量和诊断上，从绘画作品中探讨创作者的人格特质、人际关系及情绪等要素。柏恩斯和考夫曼分别于 1970 年和 1972 年发展了动态家庭图，即一家人在一起做什么事情，获得了家庭成员间互动的信息。

（三）房－树－人心理绘画测验

目前，房－树－人心理绘画测验应用较为广泛，主要体现在以下几个方面：①既可以用于群体测试，又可以用于个体测验。②可以作为人群中有关精神健康的普查筛选工具，以此筛选出群体中不良者。③可以用于门诊临床以及住院患者的心理诊断，为心理咨询提供有关人格方面的信息。④可用于调解夫妻关系、亲子关系，治疗和矫正不良青少年。⑤利用其艺术疗法的作用，促进精神患者的康复。

该测验将房子、树和人三个关键概念作为绘画主题，要求被试画一幅房子、树、人的图画，但因为不对房子、树和人三个关键概念做出明确的绘画要求，所以被试的绘画作品能较好反映其内心真实的状态或体验。此外，被试者在自由绘画的安全情境中，会将潜意识的信息投射在具体的细节和局部。其中，房子主要从家庭生活及家庭关系方面分析；树主要侧重于深层人格和成长中的重要事件（经历）方面分析；人物主要与自我形象、人格有关。

测一测：按照测评指导语，自己画一幅房－树－人绘画，尝试做出分析。

二、绘画心理治疗技术

绘画治疗师利用绘画可以对人的心理问题进行诊断。近年来，国外已有很多应用绘画作为心理干预手段的应用性研究，绘画心理干预不仅可以处理人们的情绪和心理创伤，还可以提升心理障碍患者的自我形象、自尊或自我概念、社交技能等，促进语言的发展与认知功能的改善。所以，绘画是人们最适宜的心灵表达方式，它发展象征性的语言，能触及人所不知的心灵感受，并能创造性地将它们整合到人格里，直至发生治疗性的变化。

（一）绘画疗法的作用机制

1. 潜意识内容视觉化 绘画作为情感表达的工具，能将潜意识的内容视觉化。由于创作者对绘画的心理防御度低，会把内心深层次的动机、情绪、焦虑、冲突、价值观和愿望等投射在绘画作品中，更有利于直接探寻潜意识中的早期创伤和记忆，并且开始理性重建和认知过去。通过绘画创作过程，潜意识外化成具体的视觉图景，为创作者和咨询师提供了大量真实可靠的信息。

2. 从意象到意象 人的早期痛苦经历和创伤，往往源于原始认知中的消极意象，用语言这一认知表达方式去干预和治疗，效果不一定理想。绘画作为意象的重要表现形式，实现了从意象到意象，使来访者内在原始认知中的消极意象，以及画纸上的表达意象，都得到了新的、有建设意义的改变。

3. 创作过程也是一种表达和倾诉 人自身需要一种表达和倾诉，以舒缓情绪，达到平衡和稳定。这种表达和倾诉最常见的就是以语言为手段来实现的，但是一些消极情绪体验本身就超出了语言所能表达的范围，如果能以绘画或其他非语言的形式进行宣泄，会在消除负能量的同时，促进自我对过去经历和情绪的客观思考，重建正能量。

（二）绘画疗法的种类

1. 自由绘画 对绘画的主题和内容不作任何要求和固定，由画作者根据自己的意愿，确定绘画主题和内容，最大限度地自由发挥。此时，绘画主题和内容往往会暴露出自己内心最迫切的想法、最严重的冲突或最痛苦的体验，咨询师和来访者均可通过绘画作品，获得准确、及时、丰富的信息。

2. 规定内容绘画 根据需要了解信息侧重点的不同，有针对性地对绘画的主题和内容进行规定，要求来访者按照主题和内容进行绘画，通过来访者的作品，咨询师就可以了解到来访者某一方面的深度信息，更具有指向性和目的性。如房－树－人绘画、动态家庭图、雨中人等。

3. 完形绘画　给出部分情境或画面，但不规定具体内容，要求来访者在原画面基础上补充完整，咨询师根据来访者在原画面基础上所做的具体改动，分析来访者的内心状态和人格特质等。如中井久夫的“诱发线法”，实现了投影法和构成法的双重效果。

以上三种绘画形式，咨询师一般会根据问题解决的实际需要，进行倾向性地选择使用。

第三节　音乐治疗

一、音乐治疗概述

1. 音乐治疗的概念　音乐治疗又称为音乐疗法，是一门年轻的应用学科，涉及学科广泛，应用领域庞杂，流派思想丰富，不同国家、不同民族的音乐治疗师，受不同的文化、历史、经济、政治、医疗条件等多方面因素的影响，加上各国专家开展音乐治疗的领域及治疗方法的不同，所以并没有一个统一的学科定义标准。

中国学者郑玉章、陈菁菁（2004）在系统分析国内外研究的基础上，提出了较为全面的定义，即：音乐治疗以音乐的实用性功能为基础，按照系统的治疗程序，应用音乐或音乐相关体验作为手段治疗疾病或促进身心健康的方法，而只要是系统的、有计划、有目的的应用音乐作为手段从而达到促进人类身心健康为目的的治疗方法和治疗活动，都应属于音乐治疗的范畴。

2. 音乐治疗的历史与发展　音乐治疗作为一门学科虽然是年轻的，但其理论发展却历史悠久。中国医学经典著作《黄帝内经》，在 2000 多年前就提出了“五音疗疾”。古人的音乐疗法是根据宫、商、角、徵、羽 5 种民族调式音乐的特性与五脏五行的关系来选择曲目，进行治疗的。古埃及有“音乐为人类灵魂妙药”的记载，古希腊罗马的历史著作也曾有过记述。《旧约》上也曾记载扫罗王召大卫鼓琴驱魔的故事。

1890 年，奥地利医生厉希腾达尔发表了“音乐医生”的观点，音乐的治疗作用正式得到了人们的关注，但系统而理论地对音乐治疗的临床价值进行研究始于 20 世纪之后。第二次世界大战期间，由于音乐治疗精神疾病伤员的疗效显著，被迅速推广。1944 年和 1946 年，在美国密西根州立大学和堪萨斯大学先后建立了专门的音乐治疗课程，来训练专业的音乐治疗师。1950 年，美国率先成立了音乐疗法协会，标志着音乐治疗学作为一门新兴的学科正式诞生。1959 年，澳大利亚有了音乐疗法机构。1969 ～ 1970 年，德、法、丹麦、芬兰等国也相继成立了音乐疗法组织。

1989 年，中国成立了音乐治疗学会，吸引了许多音乐学、心理学、医学专家参与到音乐治疗的学术研究之中。20世纪90年代末，一批留美的音乐治疗学专家回国任教，将许多国外先进的音乐治疗方法带到了中国，逐步缩短了中国与世界音乐治疗学的发展距离。

今天，已有越来越多的从业人员发现，声音在治病和调整身心平衡方面的功效。量子力学已经证明了宇宙万物，包括人体都是由振动力构成。一般认为，声音是最重要的一种振动能量，音乐的频率、节奏和有规律的声波振动，会引起人体组织细胞发生和谐共振现象，能使颅腔、胸腔或某一个组织产生共振，这种声波引起的共振现象，会直接影响人的脑电波、心率、呼吸节奏等。越来越多的研究表明，当人处在优美悦耳的音乐环境之中，可以改善神经系统、心血管系统、内分泌系统和消化系统的功能，促使人体分泌一种有利于身体健康的活性物质，调节体内血管的流量和神经传导。良性的音乐能提高大脑皮层的兴奋性，可以改善人们的情绪，激发人们的感情，振奋人们的精神。同时有助于消除心理、社会因素所造成的紧张、焦虑、忧郁、恐怖等不良心理状态，提高应激能力。

二、音乐治疗技术

（一）音乐治疗的原则

音乐治疗作为心理治疗的一种方法手段，除了要遵守与一般心理治疗相同的一些治疗原则，如保密原则、交友原则、价值中立原则、发展性原则等以外，还有一些特殊的治疗原则。

1. 循序渐进原则 音乐治疗要根据治疗对象的心理特点，循序渐进播放音乐。从音乐的选择以及音量控制的角度来看，都要循序渐进。

2. 学习与启发原则 在进行音乐治疗时，对治疗对象进行教育和引导，向来访者介绍有关音乐创作的背景和音乐家所要表达的意境。如果治疗对象听不懂音乐的意境，心理治疗师应进行解释，帮助来访者理解音乐的含义。

3. 体验原则 让治疗对象根据音乐所营造的氛围，用心体验自己的情绪或感受。

（二）音乐治疗的分类及技术方法

按治疗对象人数，可分为：①个体音乐治疗。治疗师与治疗对象一对一的个体治疗形式。咨访关系建立在共情、理解、信任和支持的基础上，治疗师与治疗对象是平等合作的关系。主要应用范围：患者功能低、孤独症无法融入集体。②集体音乐治疗：组建团队或小组，强调小组成员之间的动力关系。其特殊性在于为治疗对象提供一个安全互动的环境氛围，在治愈身心疾病的同时，通过音乐活动和音乐交流学习来促进自己的社会交往和沟通能力。

按治疗师和治疗对象的参与度不同，可分为：①被动音乐疗法。通过听音乐的方式，使治疗对象的精神、神经系统得到调节，从而达到治疗和康复的目的。可根据治疗的需要和治疗对象对音乐的欣赏能力、爱好程度，选择相应的乐曲，仔细聆听并感受体会。②主动音乐治疗。是治疗对象参与音乐艺术之中的一种疗法，治疗对象通过系统地、有计划地参与音乐行为，如直接参与演奏、演唱、创作等活动，来达到治疗与康复的目的。③音乐电流疗法。这当中又可分音乐电流的电极疗法、电针疗法及磁场疗法等。音乐电流疗法是在以上两种治疗方式的基础上，结合传统的电疗、针刺疗法、磁疗等方式发展起来的，它将音乐疗法与其他疗法有机地结合在一起，优势互补。这一治疗方式在临床实践中收到了良好的效果，而且应用范围越来越广。

按治疗形式，可分为：①接受式音乐治疗。包括歌曲讨论、音乐回忆、音乐同步、音乐想象等方法。②再创造式音乐治疗。包括歌曲创作、乐曲创作、音乐心理剧等。③即兴音乐治疗。包括器乐即兴、口头即兴等方法。

复习思考

1. 表达性心理治疗、绘画心理治疗、音乐治疗的概念。
2. 让你的朋友绘制一幅房－树－人绘画，并尝试进行分析。
3. 如何看待我国的广场舞文化？与音乐治疗有关吗？为什么？

扫一扫，知答案

扫一扫，看课件

第十三章
认知行为疗法

【学习目标】

掌握：合理情绪疗法；贝克的认知行为疗法。

熟悉：认知行为疗法的特点；认知行为疗法的适应证。

案例导入

传说，有一次苏东坡拜访高僧佛印，两人正谈得兴起，苏东坡突然披上佛印的袈裟问："你看我像什么？"佛印答："像佛。"苏东坡："你知道我看你像什么吗？像牛粪！"说完苏东坡大笑不止，佛印只是笑了笑，不言语。

事后，苏东坡将此事告诉了苏小妹。不料苏小妹却给他泼了一瓢冷水："你输惨了。"苏东坡不解，问："此话怎讲？"苏小妹答："心中有何物，看到就何物，佛印心中有佛，看何都是佛；你看到牛粪，说明……"

第一节　概　述

当你看到"认知行为疗法"这个词时，可能被"疗法"一词所误导，以为只是用来进行心理治疗，以解决心理疾病、心理障碍和心理问题的一种方法，其实认知行为疗法不仅是心理治疗的一种方法，而且是一种能让我们变得快乐、让我们的生活变得美好的方法。

一、认知行为疗法的兴起

20世纪60年代初期，美国心理学家阿伦·T·贝克在心理健康领域掀起了一场变革。贝克曾经是一名精神分析家，他渴望通过实验找到证据，证明精神分析的理论，诸如患者的梦与疾病的关系之类，然而他并没有发现这些证据，反而证明了痛苦的、负性的认知与抑郁症的关系，在此基础上贝克设计了一套结构化的、短程的治疗方法，并将这一方法推广。人们开始尝试运用这一方法去治疗抑郁症、焦虑症等一系列心理障碍和心理问题，发现这一疗法能取得积极的效果，从而推动了对认知疗法的研究和应用。随着人们对认知疗法的深入研究和推广，认知疗法得到了极大的发展，迅速成为与精神分析、行为主义等治疗方式并列的一大流派。

二、认知行为疗法的特点

认知行为方法虽然有多种理论，各有特点，但是又有共同的特点，笔者（以下简称“我”）用一个求助者——小美（化名）的案例来说明这些特点，展示如何运用认知行为疗法来理解求助者，以促进我们的会谈，并促使来访者进行改变。鉴于我并非精神科医生，因此选择了小美这个案例。小美是一个带有抑郁倾向的女性求助者，19 岁，有过男友，已分手。在来之前的 3 个月中，她感到抑郁和焦虑，这种状态影响到了她的日常生活，但并不严重，经测量尚未达到抑郁的程度。

1. 求助者和咨询师是合作关系 在小美第一次来的时候，我就鼓励她，将治疗看作是一次合作，我们一起决定谈什么，多久见一次，以及会谈之后需要留什么作业等。当然，初期我会引导会谈的方向并总结会谈的内容，当她适应了这种疗法之后，我就让她更多地参与进来，譬如一起决定会谈的内容，一起讨论歪曲的认知，探讨如何改变等。这种方式让她变得积极主动，从而让治疗过程变得轻松愉快。

2. 是一种目标导向、聚集于问题的疗法 认知行为疗法不注重过去，而是聚焦于现在，因此在第一次会谈时，我就请小美列举她的问题，并询问她想达成的目标，或引导她设置自己的目标。譬如，小美提到她存在人际关系问题，她是后加进去的，寝室的同学已经形成了一些小的团体，她不能融入，因而感到孤独无助。在我的引导下，她提出了自己的目标：当寝室同学聊天的时候，先坐在旁边静听，偶尔附和或夸夸同学，花更多的时间与大家一起。然后，在讨论如何进一步改善她的状况时，我引导她对干预自己达成目标的认知进行评价和反应。例如“我就算夸了她，她也不会理我的”，我要求她用行为去检验自己的这种想法，经常夸夸同学，去看看她们的反应，当她发现自己这样去做时，大多数同学都给予了正面的回应，这帮助她识别和改正了自己的错误认知，从而改善了自己在寝室中的处境，同时她学会了运用这种方法去解决自己所遇到的问题。

3. 假设心理痛苦在很大程度上是认知过程发生机能障碍的结果 认知行为疗法认为，导致人们产生心理痛苦的不是事件而是人们的认知。小美在寝室被孤立了，这是事件而不是她心理痛苦的原因，让她产生心理痛苦的是她的认知，因此在与她的会谈中，我不着急让她改变自己的处境，而是着手改变她的看法。我首先问她：“这种情况我们如何想，才会让我们心里感到舒服？”她提到了一些想法，而且表示当她这样去想的时候，心里会觉得好受些。这让她认识到，使她产生消极情绪的根源是她的想法而不是事件，这种改变产生后，在我的引导下，她认识到，能影响自己改变现状的，也是她的不良认知。如她认为“我就算做出改变也不会有效果，还可能会导致他人的嘲笑”等，正是这些想法障碍了她的努力，也是她产生心理痛苦的原因。

4. 强调改变认知，从而产生情感与行为方面的改变 求助者有不良的认知，这些不良的认知会形成自动思维，求助者每天会有数十个甚至上百个自动思维，它们影响着求助者的情绪、行为或生理机能。咨询师可以帮助求助者识别自己的不良认知，从而让求助者产生好的情感，行为上更具功能性或减少过度的生理唤起，这些可以通过提问来引导他们评价自己的认知。当小美感到痛苦时，她会产生很多的自动思维，她自己可以报告一部分，还有一些是我引导的结果，我和她一起检验这些自动思维，看看它们是否有用或有效。当然，它们大多产生的是消极的作用或效果，我让她形成新的想法并记下，鼓励她去检验这些新的想法，这比让她被动地接受有效得多。

5. 认知行为疗法是一种短期的和教育性的治疗 认知行为疗法是一种短期的治疗，通常是有时间限制的，早期的目的是缓解症状，减轻心理的痛苦，最终的目标是改变不良的认知，学会自己解决问题或防止问题的复发。小美的症状并不严重，因此我开始安排每周进行一次会谈，约一个月后，就改为两周一次，以至每月一次。当她初步掌握了自我调节的方法，我也进行了两次回访，这大约用了两个月。当然，不是所有的求助者都是如此，严重的求助者耗时长一些，需要长时间的治疗，以减轻他们的痛苦。

认知行为疗法是教育性的治疗，在治疗过程中，我不是单纯地引导，在第一次的时候，我就教了她一些相关的知识，如障碍的性质、认知疗法的相关理论等，最主要的是教会她自己去做的方法。

三、认知行为疗法的适应证

认知行为疗法可以治疗多种心理障碍，如一般性心理问题、抑郁性神经症、焦虑症、慢性疼痛的求助者，对饮食功能障碍、性功能障碍及不良行为等也可选用认知行为疗法。认知行为疗法可以作为一种疗法，去治疗心理问题或心理障碍；也可以作为一种日常的方式，去改变我们日常的行为，提高我们的生活质量。

例如，你为上台演讲做了精心的准备，然而上台往下一看，底下黑压压的一大片，你一紧张，演讲的内容全忘了，勉强站了几分钟，自己也不知道自己说了什么，你会产生什么情绪？可能你会觉得自己无能，感到失望或沮丧，这或许会让你再也不敢上台了。换个问题，也就是换个思路，你怎样想才会让自己产生积极的情绪？或怎样想让自己再次上台的可能性最大？生活中有很多类似的事情，想法不一样，后面的结果就会不同。

第二节 认知行为疗法简介

认知行为疗法是一组通过改变思维和行为的方法来改变不良认知，达到消除不良情绪和行为的短程心理治疗方法。其中代表性的有埃利斯的合理情绪疗法，贝克和雷米的认知行为疗法和梅肯鲍姆的认知行为疗法。

一、合理情绪疗法

合理情绪疗法是由美国著名心理学家埃利斯于20世纪50年代创立的一种心理治疗的理论和方法，又称“理性情绪疗法”，旨在通过纯理性分析和逻辑思辨的途径，帮助求助者解决因不合理信念产生的情绪和行为问题。

（一）合理情绪疗法的基本原理

艾利斯认为，人既是理性的，也是非理性的，使人们产生情绪或行为问题的不是事件本身，而是人们对事件的态度、看法、评价等认知内容，事件本身并无好坏，是人们根据自己的信念、价值观等赋予事件评价时，这种评价让人们产生了痛苦或困扰。如果人们的信念是正确的，就能愉快地生活，因此只有人们通过理性分析和逻辑思辨等改变自己的不合理信念，形成正确的、合理的理性信念时，才能帮助求助者解决情绪困扰，维护自己的身心健康。

ABC或ABCDE理论是合理情绪疗法的核心理论，A代表诱发事件；B代表人们的认知，即个体对事件的看法、解释及评价；C代表个体由此产生的情绪和行为反应；D是指对个体的不合理信念进行辩论；E指个体经过治疗后的效果。合理情绪疗法认为，A并非引起C的直接原因，A发生后，个体会自觉或不自觉地对A做出某种解释和评价，即B，这一过程通常是自动化的，不易被人意识到，但正是这一过程产生的B，才是引起C的直接原因。

例如，一位大学生竞选失败了，变得有点失望和沮丧，虽然表面上是自己的失败导致了消极情绪的产生，但在ABC理论看来，是因为不合理的信念才导致的，同样的事情发生在不同的人身上，也许会有不同的看法，因为他们有不同的信念，如“我能参加就是一种成功”，或者“这只是一次失败而已，我应该多锻炼，只有这样我才能做得更好”，或者“人的价值并不只表现在这一个方面，我可以在其他方面展示我的才华”等，这些都是合理的信念，它可以让我们避免产生消极的情绪和行为。

（二）合理情绪疗法的操作过程

1. 诊断阶段　在这一阶段，咨询师的主要任务是根据ABC理论，对求助者的问题进行初步分析和诊断，通过与求助者交谈，找出他情绪困扰和行为不适的具体表现（C），以及与这些反应相对应的诱发性事件（A），并对两者之间的不合理信念（B）进行初步分析。

在ABC中，事件A、求助者的情绪及行为反应C是比较容易发现的，而求助者的不合理信念B则难以发现。合理情绪疗法认为，不合理信念的主要特征是绝对化的要求、过分地概括化以及糟糕至极等。绝对化的要求是指个体以自己的意愿为出发点，认为某一事物必定会发生或不会发生的信念。例如："我只要努力，就一定会成功。"实际上，个体的成功，不仅取决于个体是否努力，而且与方法、环境、努力的方向等多种因素相关，因此，当某人只知埋头努力，而不抬头看路即不关注自己的努力方向时，就有可能走向平庸或失败，如果事情的发展与其要求相悖，个体就会感到难以接受和适应，从而极易陷入情绪困扰之中。过分概括化是一种以偏概全的不合理的思维方式，其典型特征是以某一件或某几件事来评价自身或他人的整体价值，就好像一个人因一次或几次恋爱失败来推断自己的整体价值。糟糕至极是一种把事物的可能后果想象、推论到非常可怕、非常糟糕，甚至是灾难结果的非理性结果。如某人因高考失利，就断言"自己的人生已经失去了意义"，当人们坚持这样的观念，遇到了他认为糟糕透顶的事情时，就会陷入极度的负性情绪体验之中。

诊断阶段实际上就是一个寻找求助者问题的ABC的过程。在进行这一步工作时，咨询师应注意求助者次级症状的存在，即求助者的问题可能不是简单地表现为一个ABC。例如，有一位女学生，在一次失恋（A1）后变得很愤怒（C1），其不合理信念可能是"我长得很漂亮，应该是恋爱的成功者"（B1）。但是她的不良情绪（C1）很可能会引发新的诱发事件（A2），例如与他人的矛盾，从而引起她另一种不合理的信念"我应该有好的人际关系，否则就是一个失败者"（B2），从而导致她产生更为不良的情绪反应（C2）。因此，咨询师要分清主次，找出求助者最需要解决的问题。

在这一过程中，咨询师应该向求助者解说ABC理论，使求助者能够接受这种理论，及其对自身问题的解释。咨询师可以通过简单的事例，让求助者认识到A、B、C之间的关系，让求助者能在咨询师的帮助下，结合自己的问题进行分析。这一过程对整个咨询是非常重要的，如果求助者不能接受ABC理论，不能认识到他的问题是由于自身的非理性认知导致的，后面的咨询过程就很难取得较好的效果。

2. 领悟阶段 这一阶段的主要任务是帮助求助者领悟合理情绪疗法的原理，使求助者真正理解并认识到：第一，导致个体产生情绪困扰、引发个体情绪及行为后果的是他的信念，即他对事件的态度、看法、评价等认知内容，诱发事件本身不是引起这一切的原因。第二，改变情绪困扰不是致力于改变外界事件，而是应该改变认知。外在的事情已经发生，我们无法改变；或者外在事件是我们无法掌控的，改变起来非常困难。即使外在事件改变了，如果认知不改变，碰到类似的事件还是会产生相应的情绪和行为。一旦改变了认知，即使外在事件没有变化，也能改变情绪和行为。因此，个体只有改变不合理信念，才能减轻或消除其目前存在的各种症状。第三，情绪困扰的原因与求助者自身有关，咨询师应该帮助求助者认识到引起情绪困扰的原因，恰恰是求助者自己的认知，因此他们应对自己的情绪和行为反应负有责任。

默兹比提出的5条区分合理与不合理信念的标准：①合理的信念大都是基于一些已知的客观事实，而不合理的信念则包含更多的主观臆测成分；②合理的信念能使人们保护自己，努力使自己愉快地生活，不合理的信念则会产生情绪困扰；③合理的信念使人更快地实现自己的目标，不合理的信念则使人难以达到现实的目标而苦恼；④合理的信念可使人不介入他人的麻烦，不合理的信念则难以做到这一点；⑤合理的信念使人阻止或很快消除情绪冲突，不合理的信念则会使情绪困扰持续相当长的时间，从而造成不适当的反应。

3. 修通阶段　这一阶段的工作是合理情绪疗法中最主要的部分。咨询师的主要任务是运用多种技术，使求助者修正或放弃原有的非理性观念，并代之以合理的信念，从而使症状得以减轻或消除。

修通阶段是改变不合理信念的重要阶段，这一阶段，咨询师的主要任务是运用多种技术，使求助者修正或放弃原有的非理性观念。如咨询师采用辩论的方法，动摇患者的非理性信念，用夸张或挑战式的发问，让求助者理屈词穷，不能为其非理性信念自圆其说，从而促进求助者认识到其信念的非理性成分，认识到其非理性信念是不现实的，不合乎逻辑的，也是没有根据的。这一阶段是本疗法最重要的阶段，治疗时还可采用其他认知和行为疗法，或进行放松训练以加强治疗效果。咨询师运用这些技术的目的，是帮助求助者分清什么是理性的信念，什么是非理性的信念，并用理性的信念取代非理性的信念。这是整个合理情绪疗法的核心内容。

这一阶段的常用技术如下。

（1）与不合理信念辩论　辩论是改变不合理信念的最常用方法。这种辩论是指从科学、理性的角度，对求助者持有的关于他们自己、他人及周围世界的不合理信念和假设进行挑战和质疑，以改变他们的这些信念。这是合理情绪疗法最常用、最具特色的方法，它来源于古希腊哲学家苏格拉底的辩证法，即所谓“产婆术”的辩论技术。苏格拉底的方法是让你说出你的观点，然后依照你的观点进一步推理，最后引出谬误，从而使你认识到自己先前思想中不合理的地方，并主动加以矫正。

这种方法主要是通过咨询师积极主动的提问来进行的，咨询师的提问具有明显的挑战性和质疑性的特点，其内容紧紧围绕着求助者信念的非理性特征。例如，针对求助者持有的绝对化要求的一类不合理信念，咨询师可以直接提出以下问题：“有什么证据表明你必须获得成功？”“别人有什么理由必须帮助你？”“你说你那么爱他，他就必须爱你，那么一个你讨厌的人特别地爱你，为你付出一切，是否你也应该爱着他？”等。

合理情绪疗法经常运用“黄金规则”来应对求助者对别人和周围环境的绝对化要求。所谓黄金规则，是指这样一种理性观念：“像你希望别人如何对待你那样去对待别人。”我们在现实生活中也常常不自觉地使用这一规则，如人们结交朋友，帮助他人，有意或无意中，同样希望当自己需要帮助的时候，也能得到他人的帮助。但有时人们会错误地运用这一规则，形成一种不合理的、非理性的信念，如“我对他那么好了，他就必须对我好”“我那么爱他，他就必须那么爱我”等，一旦这类要求难以实现，他就会产生消极情绪如愤怒等，这实际上是构成了“反黄金规则”。如果我们能引导他想想：“别人喜欢你时，你是否必须喜欢别人？”求助者往往会进行思索，从而接受黄金规则，进而发现自己对人或对环境的绝对化要求是非理性的。

当然，求助者不会简单地放弃自己的信念，他们会寻找各种理由为它们辩解。咨询师如果能顺着他的思路，与之展开辩论，将会取得较好的效果。

（2）合理情绪想象技术　求助者的情绪困扰往往是自己不断想象的结果。如“我跟他吵架，已经气了 3 天了”，不是吵了 3 天架，吵架可能只有几分钟，但在这 3 天中，她时时地想起吵架的时候或吵架的可能后果，从而让自己产生了消极的情绪。

合理情绪想象技术就是帮助求助者停止这种传播的方法，有两种方式，其一是想象产生情绪的情境，并做出适当的改变，具体步骤可以分为三步：首先，使求助者在想象中进入产生过不适当的情绪反应或自感最受不了的情境之中，让他体验在这种情境下的强烈情绪反应。然后，帮助求助者改变这种不适当的情绪体验，并使他能体验到适度的情绪反应，这常常是通过改变求助者对自己情绪体验的不正确认识来进行的。最后，停止想象。让求助者讲述他是怎样想的，自己的情绪有哪些变化，是如何变化的，改变了哪些观念，学到了哪些观念。对求助者情绪和观念的积极转变，咨询师应及时给予强化，以巩固他获得的新的情绪反应。

另一种方法更为积极，倡导从正面去想象，即在让求助者想象的情境中，可以想象自己产生的是积极的情绪和想法。通过这种方法，可以帮助他拥有一个积极的情绪和目标。这种方法也可以用于医疗领域，我们曾在学生中做过试验：根据中医“通则不痛，痛则不通”的理论，让有原发性痛经的女生想象，在痛经时自己腹部的血液流通非常顺畅，进一步想象血液流通能给腹部带来热量，从而让自己的腹部变得温暖起来，经过多次的想象，可以极大地缓解女性痛经的问题。

（3）家庭作业　认知性的家庭作业也是合理情绪疗法常用的方法，是让求助者自己与自己的不合理信念进行辩论，这可让求助者在脱离咨询师的时候，能进行自我治疗，而不是回到自己的非理性思维方式。如 RET 自助表和合理自我分析报告。

RET 自助表是以表格的形式呈现的，求助者首先列出自己的事件 A 和结果 C，这是比较容易做到的，然后找出自己的非理性认知 B，对自己的非理性认知 B 进行逐一分析，并用合理的信念代替那些非理性信念，最后要求求助者列出自己在合理信念下产生的新的情绪和行为。这实际上是求助者自我完成 ABCDE 的过程。合理自我分析报告与此类似。

（4）其他方法　现代心理治疗技术常常是融合性的，即多种疗法相互融合、相互借鉴，合理情绪疗法也是如此。合理情绪疗法虽然是一种高度的认知取向的治疗方法，但也强调认知、情绪和行为三方面的整合。常见的其他疗法有放松训练、系统脱敏、自我想象技术等。

4. 再教育阶段　这一阶段的主要任务是巩固前几个阶段治疗所取得的效果，帮助求助者进一步摆脱原有的不合理信念及思维方式，使新的观念得以强化，从而使求助者在咨询结束之后仍能用学到的东西应对生活中遇到的问题，以更好地适应现实生活。

这一阶段用到的方法和技术与前几个阶段相同，主要目的是认知重建，即帮助求助者创建新的合理的认知模式。

合理情绪疗法主要是一种着重于认知取向的方法，可以帮助个体达到以下几个目标：一是自我关怀；二是自我指导；三是宽容；四是接受不确定性；五是变通性；六是参与；七是敢于尝试；八是自我接受。这几个方面的特点是个体心理健康的重要指标。

二、贝克的认知行为疗法

（一）基本原理

贝克是在研究抑郁症治疗的临床实践中逐步创建了认知行为疗法的，与其他认知行为疗法一样，贝克也认为个体的认知是情感和行为的中介，认知产生了情绪及行为，贝克更注重从逻辑的角度看待当事人非理性信念的根源，通过鼓励当事人自己收集与评估支持或反对其观点或假设的证据，以瓦解其信念基础。

贝克早期是精神分析学家，因而他的疗法带有精神分析的成分，他认为人们早期经验形成的“功能失调性假设”（或称为图式）决定着人们对事物的评价，成为支配人们行为的准则，这些准则存在于潜意识中而不为人们所察觉。当个体在生活或工作中遇到某些严峻的事情时，这些图式就被激活，脑海中同时伴随有大量的“负性自动想法”出现，进而导致产生消极的情绪和行为障碍。此时，如果负性认知和负性情绪相互强化，形成恶性循环，可使问题持续加重。

贝克指出，求助者的“自动想法”是一些个人化的倾向，有情绪困难的人倾向于犯一种特有的“逻辑错误”，即将客观现实向自我贬低的方向歪曲。贝克指出了下列常见的歪曲认知：①主观推断：完全凭自己的想象进行判断，没有支持性的根据就做出结论。如：一个学生和老师打招呼，却发现老师没有任何反应，于是想：“我是不是得罪他了？他为什么生我的气？”②选择性概括：仅根据对一个事件某一方面的了解就形成结论，这一结论往往是倾向于负面。如：某学生邀请一个女孩看电影，被拒绝了，就认为自己不是女孩喜欢的类型。③过度概括：由一个偶然事件而得出一种极端信念，通常是引出消极的观念。如：孩子生病了，便认为是自己的错，自己不是一个好母亲。④夸大和缩小：用一种比实际偏大或偏小的认知去感知某事。如：某生虽然平常成绩不好，但很努力，某次考了一个好成绩，却不认为是自己努力的结果，而认为纯属侥幸，微不足道。⑤个性化：个体在没有根据的情况下，有将某些外部事件与自己联系起来的倾向。如：某学生过生日，邀请一些同学参加，其中一个同学在聚会中摔伤了，就认为都是自己的错，要是当初不邀请他，也许朋友就不会受伤。⑥贴标签和错贴标签：给他人或自己做出不适当的评价。如：某同学小时候学习不认真，成绩不好，他父母批评他“笨得像头猪”，久而久之，他自己也认为自己笨得像头猪。⑦极端思维：非此即彼的思维方式。如：一次事情做失败，便认为全完了，这辈子没希望了。

（二）认知治疗技术

贝克认为改变不良情绪和行为的直接方式就是修改不正确的思维，并提出了下列几种具体的认知治疗技术。

1. 识别自动性思维　这些自动性思维是求助者思维的一部分，往往存在于潜意识中，求助者在产生消极情绪和行为障碍之前，很难意识到这些思维的存在，这就要求咨询师帮助他们去挖掘和识别这些自动化的思维，咨询师可以要求患者将自己遇到事情后的所思所想立刻记录下来，并对经常出现的、消极的念头进行总结。如“我真没用，怎么都做不好”“我又失败了”“我无脸见人了”等。更为具体的技术可用提问、演示和模仿的形式。

2. 识别认知性错误　所谓认知性错误，是指求助者在概念和抽象性上经常犯的错误。如主观推断、选择性概括等。为了识别认知性错误，治疗者应听取和记下当事人所诉说的自动想法以及不同的情境和问题，然后要求当事人归纳出一般规律，找出其共性。求助者通过学习，能够分析和识别自身的认知性错误，可以逐渐认识到情境、自动想法和情感反应之间的联系，并尝试在治疗者的帮助下，去改变自己的认知性错误，形成新的正确或理性认知模式。如上所述，认为自己笨得像头猪的学生，当他持有这种认知的时候，他不自觉地将猪的习性移到了自己身上，如猪的懒、蠢等，因而认为自己像猪一样蠢，虽然意识知道自己应该努力学习，但成绩一直上不去。应引导他认识到，正是他的这种错误认知，导致了他的现状，只有改变了认知，才有可能改变结果。认知疗法一般强调由小的变化开始，小变化更容易让人接受，从而引起个体的大变化。所以，治疗者可首先让求助者认识到，即便他是头“猪”，也是一头聪明的“猪”，当他从潜意识接受了这种改变后，他的人生也会发生改变。

3. 真实性验证　咨询师将求助者的自动想法和认知性错误视为一种假设，可以和求助者一起探讨如何去对这些假设进行验证。例如：上节我们所说的小美，她认为与寝室的同学关系不好，即使她主动去交往，也不会有好的效果，我和她一起讨论，设计了相应的方案，让她碰到同学的时候主动微笑打招呼，观察并记录同学们的反应，结果她发现几乎所有同学都做出了积极的回应。经过真实性检验，小美和其他求助者一样，往往会发现自己的自动想法和错误认知与实际并不相符，从而动摇其原先的错误信念，并自觉加以改变。这是认知治疗的核心。

4. 去中心化 很多求助者总感觉自己是人们注意的中心，他们的一言一行、一举一动都受到他人的关注，并因此产生消极的情绪和行为，而他们认为自己对此一直是无力的、脆弱的。某治疗者曾接触过一个男孩，他一直要求坐在最后的位子上，从不肯挪动自己的座位，也不愿意参加集体活动。原因很简单：他的后脑勺有一个不是很明显的伤疤，他不想让别人知道。只要有人在他的后面，他就觉得是在看他的伤疤。直到某一天，他忽然发现，其实没有人注意到他的伤疤。因此，当求助者觉得自己是他人关注的中心，只要稍加改变就会引起他人的关注时，治疗师可以要求当事人不像以前的方式行事，即稍稍改变自己的习惯或行为方式，并记录下他人的不良反应次数。这时求助者往往会发现，很少有人会注意他的言行变化。

5. 监察苦闷或焦虑水平 许多慢性甚至急性焦虑患者，往往认为自己的焦虑会一直不变地存在下去，但事实上，焦虑的发生是波动的，有高峰，也有低谷。上了演讲台的同学可能更容易认识到这点，很多同学上台之前，往往非常紧张，但大多在上去之后不久，就感觉到不那么紧张了。随着演讲的进行，我们有时甚至感受不到紧张的情绪，考试也是如此，只要我们一动笔，紧张的状态就似乎减弱了。因此，治疗师可以鼓励求助者对自己的焦虑水平进行自我监测，这有利于求助者认识到焦虑情绪波动的特点，这样他们就能认识到，自己的焦虑情绪是可以控制的，从而增强治疗的信心，这是认知治疗的一项常用技术。

6. 苏格拉底式对话 贝克的疗法也采用苏格拉底式的对话，只是他在采用的这种方式，与合理情绪疗治略有不同，不是辩论式的，而更多地是采用引导的方式进行。例如："你很爱他，是吗？""是的。""你认为你这么爱他，他也应该爱你，是吗？""是的。""你认为你的这种想法是正确的，对吗？""是的。""如果有人对你说，他爱你，那么你也应该爱他，对吗？""……"

认知行为疗法不仅受精神分析的影响，也深受人本主义的影响，非常强调咨询关系的建立，认为良好的咨询关系是任何心理治疗的基础。上述技术的运用能否产生实际效果，主要取决于咨询师是否与求助者建立了良好的咨询关系。该疗法强调，咨询师在治疗过程中扮演的是诊断者和教育者的双重角色。所谓诊断者，就是对求助者的问题及其背后的认知过程有一个全面的认识，对求助者的问题进行诊断；而教育者的含义主要是引导求助者对他的问题及其认知过程有一定的认识，并安排特定的学习过程，来帮助求助者改变其不合理的认知方式。

三、认知行为疗法的注意事项

认知行为疗法认为，个体的认知（而非事件）是导致个体产生消极情绪和行为的因素，需要改变求助者的认知方法。通过改变个体的认知，可以帮助个体解决一般的心理问题，对抑郁症、焦虑症、恐惧症、考前紧张等也有较好的效果，也可用于慢性疼痛、性功能障碍、进食障碍等的治疗。这种疗法更广泛的用途是改变我们的日常生活，每个人或多或少都有一些非理性的认知，如果我们能改变这些非理性认知，就能更好地适应社会，从而创造更美好的生活。

认知行为疗法和其他方法一样，也有其局限性。首先，认知行为疗法不能解决所有心理障碍或疾病，更多的是解决情绪困扰或因情绪困扰所导致的心理障碍和疾病，但也达不到不再产生非理性信念的程度；其次，这种疗法要求求助者有一定的领悟能力，领悟能力越高，越容易取得效果。

复习思考

1. 认知行为疗法的特点是什么？在康复治疗中有何意义？

2. 某患者，60 岁，因遭遇车祸导致半身不遂，如果进行康复训练，有可能恢复行走功能，进行保守疗法则要靠轮椅代步。患者本人不想给子女增加经济负担，坚决要求保守疗法（子女愿意进行康复治疗）。医院希望你能转变患者的认知，使患者同意进行康复治疗。请问，你应该如何进行劝说？

扫一扫，知答案

扫一扫，看课件

第十四章 暗示与催眠疗法

【学习目标】

掌握：暗示及应用；各种放松训练的训练方法、适应证和注意事项，放松训练相关的概念；根据患者病情选用不同的放松训练方法；催眠。

熟悉：放松原理；催眠与中医。

案例导入

一位农民因肠癌去医院手术，医生打开他的腹部，发现癌症已经扩散，手术已经毫无意义，他将农民的腹部缝合好。他不忍心告诉农民，而农民感觉到了手术的过程，认为癌症部位已经切除，自己的病好了，所以高高兴兴地回去了。过了一段时间，医生想了解农民的近况，找到他之后，发现他表现得很高兴，也知道了他的想法。医生将农民带回医院做了检查，让他感到惊奇的是，这位农民的癌症完全消失了。

第一节 暗示概述

暗示是一种常见的心理现象，它是指人或周围环境以言语或非言语的方式向个体发出信息，个体无意识地接受了这种信息，从而做出一定的心理或行为反应。心理学家巴甫洛夫认为，暗示是人类最简单、最典型的条件反射。从心理机制上讲，它是一种被主观意愿肯定的假设，不一定有根据，但由于主观上已肯定了它的存在，心理上便竭力趋向于这项内容。人都会受到暗示，受暗示性是人的心理特性，它是人在漫长的进化过程中，形成的一种无意识的自我保护能力。当人处于陌生、危险的境地时，人会根据以往形成的经验，捕捉环境中的蛛丝马迹，来迅速做出判断，这种捕捉的过程，也是受暗示的过程。因此，人受暗示性的高低不能以好坏来判断，它是人的一种本能。

一、暗示

根据暗示的效果，可分为积极暗示及消极暗示；根据暗示方式，可分为直接暗示和间接暗示；根据暗示的来源，可分为自我暗示和他人暗示。积极的自我暗示往往使人处于积极的心态中，常常会出现积极的结果。在美国，有个叫亨利的身世不详的青年，30 多岁却一事无成，整天在家唉声叹气。有一天，他的一位好友兴高采烈地找到他："亨利，我看到一份杂志，上面有一篇文章，讲的是拿破仑的一个私生子流落到了美国，他的私生子的特征几乎和你一模一样：个子很矮，讲一口带有法国口音的英语……"亨利半信半疑，但他愿意相信这是事实。于是，他拿起那份杂志琢磨了半天，最终他相信自己就是拿破仑的孙子。之后，他对自己的看法竟完全改变了。以前他叹息自己个子矮小，而现在他欣赏的正是这一点："个子矮小有什么关系？当年我祖父就是以这个形象指挥千军万马的！"过去，他总认为自己的英语讲得不太好，如今他以讲一口带有法国口音的英语而自豪，每当遇到困难时，他总是这样对自己说："在拿破仑的字典里，没有'难'这个字！"就这样，他克服了一个又一个困难，仅仅 3 年，便成为一家大公司的总裁。后来，他派人调查自己的身世，却得到了相反的结论，然而他说："现在，我是不是拿破仑的孙子已经不重要了，重要的是，我懂得了一个成功的秘诀，那就是，当我相信时，它就会发生。"

二、暗示的作用

人的心理活动分为意识和潜意识两部分。意识活动是我们能够感受到的那部分心理活动，就像浮出海面的冰山一角；大部分心理活动我们是意识不到的，即潜意识活动，像海面下的冰山。潜意识虽然不为我们所知，却蕴藏着巨大的能量，时刻影响着我们的认知、情绪和行为。如果能把意识和潜意识两者融合在一起，其产生的心理能量是不可估量的。

心理暗示，通俗地说，就是通过使用一些潜意识能够理解、接受的语言或行为，帮助意识达成愿望或启动行为。调动潜意识的力量，也就是在开发我们自己的潜能，其中最常用的方法就是进行积极的自我暗示。"飞人"刘翔在起跑前经常要对自己说一些积极的话，鼓励自己；2004 年，雅典奥运会上爆出冷门获得奥运冠军的网球选手李婷、孙甜甜，其成功也得益于心理教练对她们进行的积极心理暗示。

心理暗示的特点，全在于一个"暗"字，它常常是"不走正门，而从后门"悄悄地潜入人的意识，直接对人们的情绪和意志发生作用。自我心理暗示是一种常用的心理调整方法，具有一定的心理效应。

1. 镇定作用　人的心理十分复杂，经常受到外界环境的影响。尤其是在对抗、竞争的条件下，对手的好成绩，会造成你内心的紧张；即便实力超过对手，心理的紧张也会束缚你潜在能力的发挥，自我暗示在这时就能起到排除杂念、镇定情绪的作用。一位考研学生在考场上，由于紧张而导致脑海中一片空白，他明白自己越紧张就越想不起来，便索性放下笔，闭上眼睛，默默地安慰自己："别紧张，这只是一次考试而已，不是决定生死的战争，也不是我人生唯一的一条路，只是一种体验而已，我只要将自己知道的题目答出来就可以了。"睁开眼睛后，他试着镇定地看第一道题目，记忆慢慢浮现。

2. 集中作用　一件事情的成功总是离不开注意力的高度集中。一些人常常在注意力应该高度集中的时候，出现心猿意马的情况。当你在紧张的备考过程中，被电视剧、游戏、上网聊天等因素诱惑的时候，学会自我暗示，或许能减轻你的痛苦挣扎。比如，你可以在心里默念："电视剧只能让我消磨更多的时间，我愿意为梦想放弃暂时的娱乐！"就像鼓励一个朋友一样鼓励自己，你会发现，面对诱惑时，你将不为所动。

3. 提醒作用　用这种自我暗示的方法，可以提醒自己不去做某种事情。如经常提醒自己：不要总是想着自己掌握的知识还"差"多少，而应该想到自己现在已经"会"多少，从"补"的角度考虑，补一分就能多得一分。这种积极的心态会让自己充满信心。

三、暗示的运用

心理暗示有积极和消极之分，积极的暗示能够对人的心理、行为、情绪产生一定的积极影响和作用；反之，消极暗示产生的是消极的影响和作用。从心理学角度来分析，言语中的每一个词、每一句话，都是外界事物和生活现象在人的大脑中的反映，对人体起着重要的启示作用。

合理地运用暗示，利用暗示的积极作用，促进个体和他人的发展，需要做到以下几个方面。

1. 学会和自己说话，多从正面鼓励自己　很多人习惯用否定词来表述，如不少同学上台演讲时，常告诫自己"不要紧张"，结果反而更加紧张，这时，不妨从正面告诉自己"我在放松"，你会发现这样说的效果是不一样的。最好是有声地说话，让"意识"调动内心深处的"潜意识"。可以站在镜子面前，看着自己的眼睛，真诚地表述自己的愿望："你马上要参加一场至关重要的考试了，我相信你的实力，只要肯努力，你一定可以成功的！加油！"第一次这么做的时候，可能会感到难为情，觉得自言自语有点傻，但尝试之后会发现，经过这样的自言自语，你的心态会更加积极乐观，思维、行动的效率也会提高。这样的自我暗示，每周可以 1 ～ 2 次。

2. 在想象中预演　在一个安静、安全的环境中，将自己彻底放松，并将希望达到的目标在脑海中进行清晰细腻的预演。比如，想象着自己进入了理想的单位，想象着自己在未来美好地生活，在心里告诉自己："这就是我的理想，我愿意为我的理想去付出奋斗！"

有了这样的心理预期，人就会有前进的动力。想象之后，脑海中会留下一个积极的记忆印痕；而在遇到真实的情境后，记忆就会被激活，从而指引人的思维和行动。

3. 把每一次失败都当作是最后一次　在遭遇不顺和失败的时候，试着对自己说："这是最糟糕的情况了，不会再有比这更倒霉的事情发生了。""既然'最糟糕的事'都已经发生了，那么以后就该'否极泰来'了！"这样做会给自己以信心，增强心中的安全感。

4. 学会从正面强调信息　不要总是给自己一些这样的提醒"昨天我有20个单词没有背下来""这类题我总是找不到解题思路"等。越是这样，担心的事情越容易发生。所以，应该避免用失败的教训来提醒自己，而应该多用一些积极性的暗示，如"多背几遍我就能记住了""我只是暂时没有找到方法""这次知道错在哪里，下次做这类题目的时候就有经验了"等。积极的暗示和指导，比起强调负面结果，效果会好很多。

5. 别给自己贴上失败的"标签"　不要总是对自己说"我的能力实在不行""我缺乏解题的技巧"等类似的话。要知道，真正能够击倒你的有时恰恰是你自己。因此，不要给自己贴上"这不行，那不行"的失败"标签"，而应该多给自己一些激励与信心。平时多做一些纵向比较，如"我今天学到了什么""我有哪些进步"等。盲目与他人攀比，只能挫伤自己的自信心，打击自己的积极性；要不断告诉自己"我有实力，我有能力，我会成功，我一定会成功"等。

6. 培养良好的行为习惯　自我心理暗示不仅仅是在潜意识方面的沟通，还包括很多行为习惯，尤其是一些细节。比如，走路时挺胸抬头，会觉得自己很有精神；出门的时候照照镜子，整理好仪表，会对自身形象有一个积极的评价；工作或学习的时候，整理好桌面，摆放好物品，让自己感到很从容很有条理；说话的时候清晰大方，让自己感到自信沉稳……这些看似微不足道的地方，其实都会不知不觉地影响一个人的精神面貌。

自我暗示的用处很多，范围也很广，只是开始时效果往往并不明显。这并不奇怪，人的心理调整不是一蹴而就的，要把原有的心理活动纳入自己所期望的轨道，需要具备一定的毅力。万事开头难，只要我们持之以恒，不以途远而怯之，不以效微而废之，久而久之，自我暗示一定能够成为我们进行心理调整的重要法宝。

第二节　放松概述

美国田纳西州有一座工厂，许多工人都是从附近农村招募的。这些工人由于不习惯在车间里工作，总觉得车间里的空气太少，因而顾虑重重，工作效率自然很低下。后来，厂方在窗户上系了一条条轻薄的绸巾，这些绸巾不断地飘动着，暗示着空气正从窗户外进来。工人们由此祛除了"心病"，工作效率随之提高。

能使人引起放松反应的方法古已有之，特别是在一些宗教中，如佛教、道教、基督教、犹太教等均有放松训练的内容。现代放松训练的实际应用，则应首推雅可布松的先驱著作《渐进性放松》。他认为，焦虑能因直接降低肌肉的紧张而被消除。他的放松训练程序，基本上是使各肌肉群紧张与放松，并学会区分肌肉紧张与放松的感受，这一训练被称为“渐进性肌肉放松训练”。

活尔帕（1958）改进了他的方法，建立了系统性脱敏治疗。本斯屯等（1973）发表了渐进性放松训练治疗手册，进一步简化了 PMR 技术，只集中在 16 组肌肉。当前，放松训练已成为一种单独的训练程式，而且发展了录音带指导的 PMR，这样可使人们在家中自行训练，应用也越来越普遍，但有人也提出，由于它不能根据每个人的实际情况而进行恰当的指导，因而它与治疗者生动的指导是有所差异的。通过放松训练，使心理生理的疲劳得到缓解，有利于身心健康，从而起到预防和治疗疾病的作用。像我国的气功、坐禅，印度的瑜伽等，都是以放松为主要目的的自我控制训练，其共同特点是——松、静、自然。

一、基本概念

放松，是按一定的练习程序，学习有意识地控制或调节自身的心理生理活动，以达到降低机体唤醒水平，调整因紧张刺激而紊乱了的功能。放松疗法或放松训练，是通过一定的程式训练，学会从精神及躯体上（骨骼肌）进行放松的一种行为治疗方法。其核心理论认为，放松所导致的心理改变，同应激所引起的心理改变是一种对抗力量。放松可阻断焦虑，副交感支配可阻断交感支配。

二、治疗效果

放松训练具有良好的抗应激效果。在进入放松状态时，交感神经活动功能降低，表现为全身骨骼肌张力下降，即肌肉放松呼吸频率和心率减慢，血压下降，并有四肢温暖、头脑清醒、心情轻松愉快、全身舒适的感觉。同时，加强了副交感神经系统的活动功能，促进合成代谢及有关激素的分泌。经过放松训练，通过神经、内分泌及植物神经系统功能的调节，可影响机体各方面的功能，从而达到增进心身健康和防病治病的目的。

放松疗法常与系统脱敏疗法结合使用，同时也可单独使用，可用于治疗各种焦虑性神经症、恐怖症，且对各系统的身心疾病都有较好的疗效。目前，放松训练分为五大类型：第一类是渐进性肌肉放松，第二类是自然训练，第三类是自我催眠，第四类是静默或冥想，第五类是生物反馈辅助下的放松。其中第二、三、四类兼具有自我催眠的成分，犹如我国气功疗法中的放松功。

三、适应证和注意事项

（一）适应证

1. 肌张力增高性运动障碍；
2. 焦虑症、强迫症、恐怖症等神经症；
3. 失眠；
4. 疼痛；
5. 性功能障碍；
6. 高血压、冠心病、支气管哮喘、消化性溃疡等身心疾病；
7. 某些慢性病等。

（二）注意事项

1. 需要技术人员指导；
2. 发现异常感觉，应及时停止。

四、放松原理

放松疗法的原理是：一个人的心情反应包含“情绪”与“躯体”两部分，如果能改变“躯体”对事件的反应，“情绪”就会随之改变。至于躯体的反应，除了受自主神经系统控制的“内脏内分泌”系统的反应，不易被操纵和控制外；受周围神经系统控制的“骨骼肌”的反应，则可由人们的意念来操纵。也就是说，通过人的意识活动，可以把“骨骼肌”控制下来，再间接地把“情绪”松弛下来，建立轻松的心情状态。基于这一原理，“放松疗法”就是通过意识控制，使肌肉放松，同时间接地松弛紧张情绪，从而达到心理轻松的目的，有利于身心健康。

五、放松技术

渐进性放松法由美国医生雅可布松所创。他在1929年出版的《渐进松弛》一书中指出，这是一种逐渐松弛人体肌肉，减少身体紧张，消除焦虑和精神压力的方法。

（一）肌肉松弛法（对比法、交替法等）

1. 对比法　是通过反复练习肌肉的收缩和松弛，以提高肌肉的感觉，促使肌肉真正得到松弛的训练方法。训练前的准备：环境、衣饰、体位、静息。动作要领：①练习者以舒适的姿势靠在沙发或躺椅上。②闭目。③将注意力集中到头部，咬紧牙关，使两边面颊感到很紧，然后再将牙关松开，咬牙的肌肉就会产生松弛感。将头部各肌肉逐一放松下来。④将注意力转移到颈部，先尽量使脖子的肌肉感到紧张，感到酸、痛、紧，然后将脖子的肌肉全部放松，以觉得轻松为度。⑤将注意力集中到两手上，用力紧握，直至手发麻、酸痛时止，然后两手开始逐渐松开，放置到自己觉得舒服的位置，并保持松软状态。⑥把注意力指向胸部，开始深吸气，憋气 1 ～ 2 分钟，缓缓把气吐出来；再吸气，反复几次，让胸部感觉松畅。依此类推，将注意力分别集中于肩部、腹部、腿部，逐次放松。最终使全身松弛处于轻松状态，保持 1 ～ 2 分钟。按照此法，学会如何使全身肌肉放松，并记住放松的顺序。每日操作 2 遍，持之以恒，必会使心情及身体获得轻松，睡前做 1 遍以有利于入睡。

2. 交替法　是以收缩拮抗肌来促使原先紧张肌群松弛的训练方法。训练前准备：环境、衣饰、体位、静息。动作要领：将上肢或下肢均置于下垂位，做前后放松摆动，直至肢端出现明显麻胀感为止。

（二）意念松弛法（放松功、静思冥想放松训练等）

1. 放松功　需要注意体位和方法，体位有卧位、坐位和站位。方法：先注意一个部位，吸气，并默念“静”，呼气时默念“松”，再进行下一个部位。如此反复。①第一条线：头部两侧、颈部两侧、两肩、两上臂、两肘、两前臂、两腕、两手、十个手指。②第二条线：面部、颈前、胸部、腹部、两大腿前、两膝、两小腿、两脚、十个脚趾。③第三条线：后脑部、后颈、背部、腰部、大腿后、两膝窝、小腿后、两足跟、两跟底。

2. 静思冥想放松训练　静思冥想是通过闭目守静，把意念集中到一点上，在大脑中形成一个优势兴奋中心，从而抑制其他部位活动的放松训练方法。步骤：放松、静思、冥想、收式。

（三）自律训练法

自律训练法又称自我催眠疗法，是通过患者本人进行主观意念诱导和有序练习，来达到自我催眠效果的方法。

（四）意象训练法

意象训练法是指通过想象轻松愉快的情境（如人海、蓝天、白云、瀑布、沙滩、青山、绿水等），达到身心放松、舒畅情绪的方法。

第三节　催　眠

一、催眠概述

催眠是一种意识改变的状态，催眠状态下的意识水平介于觉醒和无意识之间。其特征为：被催眠者的行为、意志、自我意识和生活方式较易出现主动性改变。在一定条件下，催眠状态可见于任何正常人和患者。

催眠术的历史十分悠久。早在远古时期，一种被称为“寺院睡眠”的治疗仪式中，就包含有催眠的成分：教徒们在礼拜那天，能实现纯然的催眠术——教徒们闭合双眼，寂然静坐，不久即会出现幻觉，在幻影中教徒能与神灵见面。中国古代的"祝由术"就含有催眠的成分。所谓的祝由之术，在古代亦被称之为巫术，是一项崇高的职业，它曾经是轩辕黄帝所赐的一个官名。当时能施行祝由之术的都是一些文化层次较高的人，他们都十分的受人尊敬。祝由术包括中草药在内的，借符咒禁禳来治疗疾病的一种方法。在西方，以催眠形式出现的催眠术由宗教上的僧侣操纵，用于布教、占卜和治疗。早在公元前500年左右，埃及、罗马僧侣每逢祭日，在身前呈现一种失神状态，替人占卜休咎；另一种被称为占星术，施术者凝视手中握定的宝石（水晶球），口中念念由此，旋即能预知未来，答复别人占问，据说灵验异常。

远古时期的催眠术，和我们现在所研究的催眠不尽相同，我们认为催眠术的历史源于中古时期的动物磁气时代。18世纪中叶，维也纳有一位医生叫麦斯麦（首创了"动物磁气流体学说"，麦斯麦毕业于维也纳大学，曾研究过神学、哲学和法律，之后从事医学研究，当时受到磁石治病的影响，也使用该法治愈了许多患者，影响甚广，由于前来就诊的患者急骤增多，个别地使用磁石治病太过费时，已不能满足患者的要求。因此，他创造了使用磁气桶进行集体治疗的方法：患者围绕磁气桶坐定，桶内盛满磁屑，桶顶置放一根发亮的铜丝，各人接上一根通向磁气桶的铜线，提示磁气可以通过铜线转到人体内。当一切安排就绪后，麦斯麦身着黑色催眠服，手持磁棒，低声念着单词重复的催眠语，不久受术者就进入集体催眠状态，再予以各种暗示进行心理治疗，治疗结束便暗示醒来。麦斯麦认为，磁气的流动影响了人体内磁气流通，从而起到治疗作用，故又称为"动物磁气流体学说"。后来经过验证，磁气桶内并无磁气，麦斯麦的学说也被贬为邪说，继而受到抨击和质疑，但即便如此，麦斯麦的通磁术的确治愈和缓解了许多疾病，如风湿病、疼痛、皮肤疾病、痉挛性哮喘等。后人为了纪念他，在德国建立了纪念碑。这种流体学说的观点持续了约3个世纪，可以认为是催眠术的科学萌芽阶段。

由于磁气说的治疗效果确实存在，19世纪中期，一批临床医生对通磁术产生了浓厚的兴趣。1841年，英国医生布雷德在观看一位瑞士医师表演用催眠术为患者治疗时，本是带着挑剔的眼光，想从中找出欺诈的手法，但他未发现任何破绽——患者被治愈了。布雷德被这种奇异的现象所吸引，并为之震惊，进而对此产生了极大的兴趣。经过多次观察，他发现受术者总数闭着双眼，表现出疲劳的姿态，布雷德认为这是一种人为的睡眠方法，布雷德逐渐变得相信并开始应用催眠术。他经过多次试验发现，令受术者凝视盛满水的玻璃瓶也能取得同样效果，从而达到催眠状态，因而他认为这是视神经疲劳后引起的睡眠，根据这一观点，布雷德引用希腊语"hypnus（睡眠）"提出hypnotism（催眠术）一词，这一术语一直沿用至今。布雷德对催眠术积累了丰富的经验，1843年发表《神经性睡眠论》，提出催眠状态的几个阶段和对神经症的治疗作用。1850年，催眠术已作为麻醉方法应用于外科手术中，被称为“催眠麻醉术”，代替药物麻醉进行手术。1845～1851年，印度一位外科医生在患者被催眠并无痛觉的情况下进行了2000例手术，甚至包括截肢，但许多外科医生对此持怀疑态度。仅仅通过一些催眠引导词就能达到这样的效果，简直难以置信，加上一些失败的案例也强化了这样的怀疑，外科医生需要的是适用于任何人的技术。19世纪中期，化学麻醉剂乙醚和氯仿的发明，让医生们逐渐对催眠失去了兴趣。随后，法国的Liebeault总结了前任的研究结果，继承了布雷德学说的精髓，强调受术者的主观因素，提出了“人为睡眠状态说”，并著有《人类睡眠理论》一书。他在法国Nancy医学院，联合了生物界、法律界的学者共同对催眠进行研究，形成了催眠学的“南希学派”。这一学派认为，催眠状态是受术者接受了施术者的暗示所致。这一主张改革了布雷德的施术方法，仅采用暗示诱导，便可令受术者进入催眠状态。南希学派的暗示说侧重于心理方面的研究，比布雷德单纯以生物因素为主的视神经疲劳学说更进了一步，更具有说服力。

与之相对的是法国著名神经学家Jeam Charcot，他对催眠的研究侧重于病理学方面。他认为，催眠与歇斯底里状态在本质上是相同的，都是神经系统疾患的表现，换言之，催眠术是一种人为诱导的短暂歇斯底里罢了。依据这种观点，他把催眠现象分为大、小催眠两种，分别类似于歇斯底里的大、小发作，他的上述观点当时在学术界颇有影响，许多人士前来学习，其中包括年轻的弗洛伊德。这一学派据其发源地而被称作Salpetriere学派，它与南希学派互相争论，互不相让，但最后论战以南希学派的胜利而告终。

弗洛伊德的精神分析学说与催眠有着千丝万缕的联系。青年时代的弗洛伊德曾在Charcot的实验室工作过，后又到南希学习，在处理那些对催眠反应不佳的病例中，弗洛伊德发展了他的“自由联想”技术。他发现催眠的效果仅适用于对症处理，疗效欠持久。催眠状态下，虽易使患者宣泄情感或对遗忘的情感进行再体验，但他反对不考虑症状对患者的含义而一概加以消除。同时，他还察觉到了性心理冲突对催眠的影响。他认为，并非对所有对象均能达到催眠状态。因此，弗洛伊德认为心理分析优于催眠术。同时，他对催眠也给予了客观的评价。在他完善了心理分析理论之后，他再次强调了心理分析与催眠结合的必要性。

1837年，Charcot去世之后，对催眠的科学研究跌入低谷，人们将兴趣转向外科手术中的化学麻醉。直至第一次世界大战后，人们恢复了对催眠的热情，因为当时催眠术十分适用于战争创伤性神经症。“催眠分析”这一催眠与精神分析的联姻物也应运而生，这一治疗方法后来在第二次世界大战中同样得到了广泛的应用。

二战以后，有关催眠学的学术氛围有了很大变化，英、美两国医学会相继承认了催眠在医学中的合法地位，并在心理学会中专设了催眠学术分会。1949年，美国先后成立了SCEH和ASCB两大催眠学术团体。这段时间内对催眠较有意义的研究有：巴甫洛夫的中枢选择性抑制理论和 Mc Dengall 运用暗示的“分离假设”，阐明不同类型分裂人格障碍之间的联系等。

目前，催眠中很多行之有效的治疗方法已被广泛用于医学、心理、教育、体育等多个领域，但距离我们真正了解催眠术还有很长的一段路。相信在未来，催眠的优越性将随着进一步的研究而更加凸显。

二、催眠方法

1. 惊愕法　是在对方感到惊恐、大吃一惊的瞬间施加暗示，使瞬间的内心空虚状态固定下来。例如，将食指和中指稍微分开，在受术者眼前约 30 厘米处伸出来，让他凝视着。看准时机，迅速地将手指伸向他的两眼，这时他就会因吃惊而闭上眼睛。接着，轻轻地按住闭合的眼睛，大声果断地说：“双目紧闭，怎么也睁不开。”停留一会后，迅速地将手拿开。这时，大多数人的眼皮会微微跳动，从而进入催眠状态。看到过别人被导入催眠状态的人，或已由该施术者施加过一次催眠术的人，对其使用这种方法进行诱导，更为简单。

2. 快速催眠法　瞬间达到深催眠状态的催眠法。对于暗示性较强，或经其他催眠法取得成功后易于施行。突然的、快速催眠法主要应用于酒精中毒、厌食症和强迫症等。对于那些不能忍受强烈和突然刺激，或患有严重心血管疾病的孕妇、小儿等应慎用。施术时使受术者坐在床上或立于沙发前，告之：“一旦催眠后，你会很安全地倒在床上或坐在沙发上熟睡，进入催眠状态。”施术方法是用手心压在受术者头后部，嘱其“全身肌肉放松，听口令”。全神贯注地听施术者言语。告之：“手突然从你的头部撤去，你立即就进入很深的催眠，并向后倒睡在床或沙发上。现在开始无力了……头昏了……注意！我准备松手，你就会立即熟睡……”如果发现受术者身体摇晃，就提示已接受暗示，乘机突然地把手撤掉，用响亮、坚定的口气说：“睡吧！熟睡了……”这样，受术者会迅速进入催眠状态。如果发现受术者催眠不成功或不深，也不必紧张，可以再施以其他催眠法。

3. 远离催眠法　受术者曾接受催眠术催眠，在催眠状态下进行暗示：“你在某日某时躺（或坐）在家中床上（或沙发上），我在办公室里用特别的方法给你催眠，你很快会进入催眠状态，半小时后会醒来。”通过催眠状态下的暗示，受术者按照要求去做，便能达到预期的目的，这就是催眠暗示性的作用。另一种方法，是对于有高度暗示性的受术者，并已接受过成功的催眠术后，也按上述暗示语告诉受术者照着去做，同样能达到催眠的目的，一般这类远离催眠法连续使用 2 ～ 3 次后再进行直接催眠术，以强化远离催眠的成功率。为了自我调整的需要，进行多次催眠治疗可用自我催眠法。

4. 灯光音乐催眠术　在一个幽静、舒适温暖而光线暗淡的催眠室内进行。受术者在施术者的陪同下进入催眠室，然后坐在柔软的沙发上，注意注视距离约 2 米处的蓝色灯光（蓝光具有镇静作用），灯光由明亮逐渐变暗，同时播放具有催眠暗示语的音乐录音带，这样受术者会逐渐进入催眠状态。这种方法简而易行，可以个别也可集体进行，以节省施术者的时间，也不必花更多的精力就能达到深度催眠。

5. 药物暗示催眠法　是选用无麻醉作用的一类药物，常用10%葡萄糖酸钙10mL缓慢静脉注射，再结合语言暗示催眠，受术者在药物暗示下就会进入催眠状态，医生通过药物能产生发热感和舌尖甜味感，提示药物已发挥催眠作用，结合上述言语催眠方法达到催眠的目的。这是以非麻醉药物代替铅笔头的凝视，一般应用于单纯凝视催眠，不易进入催眠状态的人，或暗示性不强的人。这种方法必须由有经验的医生来施行。

为了进一步加深患者的催眠程度，可令患者想象乘电梯慢慢下降或乘船缓慢地漂移过风景如画的两岸；或者让患者计数或倒计数，使患者感到飘飘然，从而促使幻觉的产生。过一段时间后，施术者可引入一个运动或感觉的观念，例如，暗示患者，当他注意手或手指上的感觉时，手指上的肌肉就开始颤动，这样手及前臂开始变轻，导致从上而下自然浮起，并继续上浮，最后到达口边。同时，施术者还可加上其他暗示，如手浮起得越高，催眠就越深；催眠越深，手就浮起得越高等。

6. 凝视法　这是最有用也是最古老的催眠诱导术。使用这种方法时，让受术者的目光固定于某一发光的物体或施术者的眼睛上，同时用言语来暗示催眠。①方法一：受术者取仰卧位，头部及颈部垫高。医师坐在受术者的床头，拿一发亮物体，放在受术者眼前约10厘米的地方，令受术者集中注意力于物体上的某一点，并逐渐向眼睛和眼睛下方移动，数分钟后，施术者用单调、柔和、低沉的语调说："你觉得很安静，你觉得很放松，你觉得越来越放松，你的眼皮开始疲倦起来了，眼皮重了，你的眼皮感到越来越沉重了，你的头脑有些模糊不清了，越来越模糊了，更模糊了，你的眼皮变得更加沉重了，眼皮紧紧地粘在一起，怎么也睁不开了，你没有力气抬眼皮了，周围渐渐地寂静无声，越来越安静，越来越幽暗，你感到舒适的疲倦，全身不想动了，一点力气也没有了，也动不起来了，入睡吧，瞌睡来临了，睡眠越来越深了，睡吧！睡吧！深深地睡吧！睡吧！睡吧！深深地睡吧！深深地睡吧！"②方法二：受术者坐在椅子或凳子上，医师面对受术者，让受术者盯住自己的眼睛看，自己则睁大眼睛，集中目光注视被试者，施术者拿一发光物体，在受术者眼前以顺时针方向慢慢划圈，圆圈直径约10厘米，使受术者目不转睛地看着这个发亮地物体。渐渐地缩小所划的圈子，并且稍放低一些。这样，当受术者的目光集中于这光亮点时，就可使眼睑下垂。这种紧张的注视能促使瞌睡的来临。5分钟后，暗示受术者："请你集中看这发亮的一点，你紧紧地盯住亮光，使亮光源源不断地进入身体，你看时间久了，眼皮会越来越沉重，你的眼睛也慢慢地疲倦起来了，眼皮越来越重，越来越重……现在你的眼皮合上了，眼皮越来越重，再也睁不开眼了，也不想睁眼了，周围的一切渐渐地寂静无声，越来越安静，越来越幽暗，你的头脑有些模糊不清了，越来越模糊了，眼皮变得非常沉重，眼皮紧紧地闭上了，什么也看不见了，只看到进入小腹深处的那团亮光。这不要紧，你就入睡吧！安安静静地入睡吧！睡吧！睡吧！睡吧！深深地睡吧！深深地睡吧！你现在睡深了，全身没有力气了，一点力气也没有了，手也抬不起来了，脚也抬不起来了，全身都动不起来了，是的，完全动不起来了。睡吧！睡吧！深深地睡吧！深深地睡吧！”③方法三：施术者用单调、柔和、清晰而又坚定地语言嘱受术者：“请放松全身肌肉，先放松面部、颈部、上肢、胸腹部及下肢肌肉，然后慢慢地呼吸，使自己的身体置于最舒服的位置。”并告诉受术者：“现在开始催眠，你注意听我说，并照着去做，你会很舒服地入睡。”接着告之：“请放松你的手臂，将手臂放在舒服的位置，也放松下肢肌肉，放在最舒服的位置。”可重复 2 ～ 3 次，要把受术者的注意力完全集中于施术者，开始受术者凝视，距眼睛 30 厘米，略低于受术者眼睛平视线的铅笔头，并逐渐向眼睛和眼下方移动，同时说：“你注意这支红色的铅笔头，你慢慢得会感到眼皮沉重，眼皮就会慢慢地下垂，你全身的肌肉也开始沉重无力，你的眼部肌肉也沉重无力，疲劳了，眼睛就要闭上，你的视力模糊了，现在你感到头昏想睡，要睡了，睡了……”这时，受术者就会进入催眠状态。检验是否进入催眠状态，可用暗示语：“你的双手很沉重，已经抬不起来了，试着抬也抬不起来，你试试看。”（这时受术者抬手动作）如抬不起来，表示已进入催眠状态。再接着暗示：“是的，抬不起来了，因为你全身肌肉都放松了。”受术者试着睁开眼皮，也同样达到测验的目的。受术者进入催眠状态后，就可通过交谈来了解心理创伤的内容，并鼓励其发泄隐痛，应用暗示进行治疗。

7. 放松法　①方法一：让患者坐在舒适的椅子上或沙发上，头和背靠着更为理想。现在放松身体，先开始做深呼吸，放松地深呼吸，有规律地深呼吸。从鼻子慢慢地吸进来，再从嘴巴慢慢地吐出去。现在开始……吸 – 呼，吸 – 呼，吸 – 呼，吸 – 呼，吸 – 呼。每当你吸气的时候，把自然界的清气和平静的力量吸进去；每次呼气的时候，把身体内的浊气和紧张、不适全部呼出来。放松，放松。你觉得很宁静，你觉得很放松，你觉得越来越放松，你觉得沉重和放松，你的双脚、双踝觉得沉重和放松，你的膝盖和臀部觉得沉重和放松，你的双脚、双踝、膝盖和臀部觉得沉重和放松，你的膝部和腰部觉得沉重和放松，你的胸部和背部觉得沉重和放松，你的双手觉得沉重和放松，你的手臂觉得沉重和放松，你的双肩觉得沉重和放松，你的双手、手臂、双肩觉得沉重和放松，你的脖子觉得沉重和放松，你的下巴觉得沉重和放松，你的头部觉得沉重和放松，你的面部觉得沉重和放松，你的眼皮觉得沉重和放松，你的脖子、下巴、头部、面部、眼皮觉得放松了，整个头部觉得放松了，你的整个身体都觉得平静、沉重舒适、放松。你的呼吸越来越慢，越来越深，你看到太阳正照着你，一股气流、一股轻松的暖气流逐渐向下流去，流遍了你的全身，现在你的手心很热，是吗？现在你的脚心也热了，是的，全身都感到温暖、沉重和放松，你的全身肌肉都松弛了，不想再动了，一点力气都没有了，不能动了，你的眼皮感到越来越沉重，怎么也睁不开了，你已经入睡了，现在你的心情非常平静，已经感觉不到周围的一切，你已经进入催眠状态了，不会有任何人打搅你，只有这轻松的音乐陪伴着你，睡吧，你会越睡越深，等你睡深时我再与你联系，只有我的声音你才能听到。睡吧，深深地睡吧，睡吧，深深地睡吧！②方法二：现在请你躺好，两腿伸直，稍稍分开一点；双臂放在身体两侧，手心向下。闭上眼睛，全身放松，聆听自己的呼吸声。现在你已经开始入静了，入静了，不想睁眼了……请注意，现在开始放松面部的肌肉。请体会一下面部肌肉放松后的舒适感。放松，放松，放松！现在放松上肢肌肉，请体会一下上肢放松后的舒适感，体会一下上肢放松后的舒适感。放松，放松，放松！放松胸部，放松背部，请体会一下胸部和背部放松后的舒适感，体会一下胸部和背部放松后的舒适感。放松，放松，放松！放松腹部肌肉，请体会一下腹部放松后的舒适感，体会一下腹部放松后的舒适感。放松，放松，放松！放松下肢肌肉，请体验一下放松后的舒适感，体验一下放松后的舒适感。放松，放松，放松！现在你已经感到非常轻松，非常沉静。请你再体验一下这种舒适！请你再体验一下这种舒适！现在你的呼吸越来越深，越来越深。越来越慢，越来越慢。越来越深，越来越慢。你感到太阳正照着你，你的头顶正中感到阳光照射的温暖。一股轻松舒适的暖流顺着头顶、颈部流进了你的双手，你的双手是温暖的、沉重的、放松的；是的，你体验到了，一股轻松的暖流流进了你的双臂，你的双臂是温暖的、沉重的、放松的，请体验一下，你体验到了，你的双臂是温暖的、沉重的、放松的；一股轻松的暖流流进了你的双腿，你的双腿是温暖的、沉重的、放松的，你体验到了，你的双腿是温暖的、沉重的、放松的；一股轻松的暖流流进了你的双脚，你的双脚是温暖的、沉重的、放松的，你已经体验到了，你的双脚是温暖的、沉重的、放松的。一股轻松舒适的暖流流遍了你的全身，你的全身都感到温暖、沉重和放松，你全身的肌肉完全放松了，全身的肌肉完全放松了。不想再动了，一点力气也没有了，不能动了，完全不能动了，完全不能动了。你的眼皮越来越沉重，你的眼皮越来越沉重，不想睁眼，不想睁眼了。眼皮完全睁不开了，眼皮完全睁不开了，你被瞌睡笼罩着。你已经要入睡了，你已经入睡了，入睡了，入睡了。现在，你的心情非常平静，你感到舒适的疲倦，周围的声音渐渐消失，渐渐地寂静无声。只有这淡淡的音乐声在伴随着你。越来越安静，越来越幽暗，你体会到一种内心的宁静，这优美的音乐使你的内心无比宁静。你的内心已经变得像明净的天空，一尘不染，你已经进入催眠状态了，你已经进入催眠状态了，你已经进入催眠状态了。③方法三：抚头放松法。抚头放松法是一种言语和操作联合使用的施术方法，一般能达到较深的催眠状态，对于催眠感受性不高的人可以采用此法。让受术者松解衣钮裤带，微闭双眼，静卧数分钟。施术者用手心安抚受术者的头顶（百会穴），嘱其全身肌肉从头到脚依次放松。告之："一旦放松后就深深地呼吸三次。"当观察到三次呼吸后，再令受术者体验一下头顶部有一股热流流向脑内，并伴有一种沉重的压力感，此时受术者会感到头顶发热而又沉重。然后嘱受术者进一步体验，热流继续向脑内扩散并向手心流去……如感到手心发热，说明已充分接受暗示，再继续暗示：“现在热流继续向下肢脚心流去，你的脚心也发热了……发热了……”“现在你全身已放松了，无力了，发热了，现在你很舒服地、静静地享受催眠给你带来地轻松感，你四肢不能动了，眼也睁不开了。”此时可以测试是否进入催眠，如抬手、睁眼动作已经不能完成，就证明已经进入催眠状态。催眠不深可加强催眠，可告之：“现在你已经进入催眠状态，我要把手抽去，当我抽去手后，你会突然深深地沉睡，注意！再睡深……再睡深……睡吧……”与此同时，把手抽去。这样受术者能进入更深的催眠状态。在催眠状态中，可根据不同病情进行暗示性心理治疗，治疗结束后可唤醒受术者。为防受术者突然醒复后会头昏无力，应帮助其活动肢体，并暗示“治疗已完成，醒后感到轻松，精神饱满，精神愉快”，然后用醒复暗示语唤醒。④方法四：紧张放松法。现在请你躺好，双臂放在身体两侧，双腿伸直，略微分开，闭目养神，请你做一次深慢呼吸，吸气后憋住，双手握拳，用力收缩双臂双肩肌肉，迅速放松呼气。再重复一遍，吸气后憋住，双手握拳，用力握拳，用力收缩双臂双肩肌肉，迅速放松呼气。呼气后憋住，咬紧牙关，收缩腹部肌肉，迅速放松，呼气……再来一遍……吸气时保持全身肌肉紧张，呼气时全身肌肉放松。请体验放松的感受，再慢慢做三次深呼吸。你现在觉得全身放松了，你觉得很放松，你觉得你的双脚、双踝沉重和放松，你觉得你的膝盖和臀部沉重和放松，你的双脚、脚踝、膝盖和臀部沉重和放松，你的腹部和胸部觉得沉重和放松，你的双手觉得沉重和放松，你的双臂、双肩觉得沉重和放松，你的双手、双臂、双肩觉得沉重和放松，你的脖子觉得沉重和放松，你的下巴觉得沉重和放松，你的面部和眼皮觉得沉重和放松，你的脖子、下巴、面部、眼皮觉得沉重和放松。现在，你的整个身体都放松了，呼吸越来越慢，越来越深，你觉得非常宁静、轻松和舒适。你的全身肌肉已经放松了，不想再动了，一点力气也没有了，不能动了。你的眼皮感到沉重，不想睁眼，也睁不开眼了。你已经入睡了，你的心境已经很平静，越来越平静，你已体验到一种内心的宁静，头脑一片空白，你已进入催眠状态了，睡吧，睡吧！

8. 从观念运动开始的催眠法　在催眠诱导法中，观念运动是最为切实有效的方法之一。所谓观念运动，是暗示表现为身体运动的现象，催眠同这种观念运动有着密切的联系，可以说观念运动是从觉醒到催眠的桥梁。即使在觉醒状态下，也能通过暗示引起观念运动，而观念运动一旦产生，通过暗示诱导越来越强烈，最后进入催眠状态。一般来说，观念运动是一开始就进入了较浅的催眠状态，随着催眠状态的加深，观念运动更易产生，并会很快达到完全催眠的状态，而且对任何暗示都能反应。①后倒法：让受术者双脚并立，闭上眼睛，双手触额，额头稍微向上仰。这样一来，身体就难以保持平衡。施术者在受术者的背后，伸出双手支撑他的双肩。告诉对方放心地靠着，一面喊“一、二、三”，一面放开支撑着的手，身体便会向后倒。只要不断地暗示其向后倒，大多数人都会这样站着倒向施术者的手中。与后倒法相对的是“前倒法”和“侧倒法”，做法与后倒法大体相似。②扬手法：让受术者直立，施术者站在他前面约1米远的地方。受术者伸出右手食指，指着施术者并齐的双脚中间。这就是暗示，如果目不转睛地凝视着食指指尖，手便会逐渐变轻，不断向上抬起来。在这样反复的暗示过程中，手便渐渐抬高，直到指着施术者的眉间。抬到这种高度时，便暗示他停止抬手动作，这时，受术者同施术者的眼睛就自然地交汇在一起了。于是，目不转睛地凝视着受术者的眼睛，说："闭上眼睛，手像原来那样放下去，紧贴着身体。"接着，绕到受术者的后面去，按后倒法的要领进行。"我说一、二、三，身体就会后倒，听着，一、二、三。"这时身体的确会向后仰倒，就这样，身体不动地倒向施术者的手中。③双手合分法：受术者舒适地在椅子上随意坐着或端正坐着，双手合掌，置于胸前，安静地闭上眼睛（也可凝视着施术者的眼睛），肘部放松，以免硬直。施术者托住受术者的两手手背，使其左右分开又合拢，同时使其手部放松，以感到舒适为宜，看到受术者的心情完全平静下来后，说："我一说手分开，你便把手迅速分开，不可自己使劲，让手自然地分开。"接着大声地说："喂，把合拢的手分开，快点，快点分开！"受术者的手开始分开。如果只是手指先分开，则可暗示说："手指已分开了，现在把手掌分开。"两手分开到两肩一样宽即可。然后，暗示其将分开的手仍旧像原来那样合拢。估计受术者手掌合拢时，说："手掌再合紧一点。"这样一来，两手手掌紧紧合拢，手指会微微抖动。这时，要大声地暗示说："喂，你的两手已无法分开了。"受术者的两手便处于硬直状态，怎么挣扎两手也分不开，这样一来，就完全进入催眠状态了。④身体摇动催眠法：受术者两手交合，放在膝盖上，抱住下腹部。也可坐在椅子上，端坐或盘腿坐更好。全神贯注于手心之上，精神集中于脐下丹田，深吸气，然后慢慢吐出来。这样连续呼吸几次，心情就会完全平静下来。这时便可暗示其身体左右摇动起来，如果身体摇动的幅度过大，应立即暗示其说："随着心情逐渐平静下来，身体摇动的幅度要逐渐变小。"等到适当的时候，再施加身体摇动停止、交合的双手不能分开的暗示，使受术者逐渐进入催眠状态。

三、掌握催眠的要点

1. 阅读相关书籍　网络上的催眠专业网站有普及性的催眠知识，有催眠入门电子书籍或催眠视频可以下载，某些网络书店也有催眠书籍可以邮购，也可参加一些催眠心理交流的QQ群，有时可以分享一些催眠的专业技术电子资料。初学者可以先从书籍资料中学习催眠的入门知识，在此基础上不断练习提高自己的催眠技术。

2. 熟练暗示语　熟记书上的催眠暗示语，做到"曲不离口"，经常"自言自语"。对着镜子或墙练习都可以，想象一个虚拟的"咨客"，反复念叨，可以想象对方被催眠的样子。只有在熟练掌握了暗示语之后，才能做到语言流畅，在拥有自信的同时，也可增加他人对你的信心。要把每一句暗示语都烂熟于心，且反复练习。要将每一句暗示语举一反三，用不同的模式表达出来，并能熟练地面对不同状况，能将不同的人在不同的环境下进行催眠。

3. 勇于实践，不断练习　学习催眠的不二法门就是不断地练习。有人配合练习的时候，要大胆地做实际的催眠练习；没人配合的时候多，就做自我催眠练习。要熟悉每一个诱导技巧、指令语言模式和动作模式，体验身心在催眠状态下的感受，做到知己知彼，感同身受。大量的催眠实践是成为一个优秀催眠师的前提，只有不断地做实际催眠练习，才能灵活应对各种状况，把催眠技术演绎到出神入化的地步。

4. 小团体催眠沙龙，快速成长　平时多参加或组织催眠爱好者组织的小团体沙龙，对初学者催眠技巧的提高有很大帮助。一方面，大家都是学习催眠的朋友，你不会因催眠不成功而被取笑，以至于丧失信心；另一方面，可以互相交换意见，互相指点，促进共同成长。

5. 循序渐进，由简至繁　刚开始练习催眠时，先练习一些简单的小技巧。例如，催眠测试或短时间的催眠诱导，旨在熟悉催眠步骤而非追求催眠效果。等渐渐熟悉之后，再加入其他技巧，催眠的时间也应逐步加长，以此方式渐进，可以从中体验到微妙的变化，催眠技术水平也会逐渐提高。

6. 认真揣摩催眠过程，积累经验　每一次催眠练习，事后都要回溯整个过程中的每一细节（步骤、语气、动作、眼神、用词、心态、对方的身心反应等），最好做一下催眠笔记，总结经验，以便下一次催眠时做出更合理的调整。对于曾经成功的经验，要大胆地再次使用，不要犹豫。

7. 语调与情景和谐　我们在看电影的时候，遇到剧中紧张危急的情节，此时其背景音乐的节奏也会变得急促，音调高亢响亮，我们的心情在被情节带动的同时，也会受到音乐感染而更显紧张。同理，催眠中的语调、节奏也应和催眠情景彼此和谐，这样会加强催眠效果。当催眠师要暗示被催眠者很愉快、很喜悦时，节奏应明快，语调要欢快高亢，不能一味地低沉、缓慢。

8. 语速与呼吸同步　每个人的身体节奏通常要与呼吸频率保持一致，所以，催眠师说出暗示语的速度最好与被催眠者的呼吸速度保持同步。观察其呼吸时的肩膀或胸部起伏，当其呼气时，催眠师就把一句催眠语讲完，按此节奏，被催眠者会觉得这样的声音不急不慢，十分舒服，催眠效果也会更加显著。

四、催眠技巧

1. 关于眼神　眼神是人心灵的窗户。催眠师的眼神要练到能动人心魄，一旦与被催眠者对视，就要有强大的吸引力，让被催眠者专注于催眠师，不被外界所干扰，从而提高催眠效果。这就要求催眠师能够不停地练习，比如凝视在墙上的一个目标，或在黑夜里凝视一只蜡烛，要想有更多的穿透力和吸引力，就需要不断地练习。

2. 催眠术的四个元素　美国催眠师马修·史维根据自己和他人的催眠经验，总结出如下 4 个元素：①激发对象的想象力；②让对象失去平衡（心理或者身体的平衡）；③冲击对象的神经系统；④明确的重塑指令。

催眠是一项心理学技术，可以让治疗者多了一种工具，可以单独使用，也可以与其他技术结合运用，就好像武学中的内力一样，有了内力，就可以提高我们运用各种武器的能力；催眠也可以和各种心理治疗技术相结合，或者和其他专业技术相结合，如针灸、推拿、美容等技术。

复习思考

在练习推拿时，试着运用语言进行暗示，看看效果如何。

扫一扫，知答案

第十五章
其他心理治疗

【学习目标】

掌握：家庭心理治疗和集体心理治疗的基本概念；主要的家庭心理治疗模式；集体心理治疗技术。

熟悉：家庭心理治疗的主要目标；集体心理治疗的主要目标。

了解：家庭心理治疗的理论基础；集体心理治疗的理论基础。

案例导入

南北朝时齐明帝有个爱妃叫姝英，体态苗条，容颜较好，能歌善舞，可谓是“回眸一笑百媚生，三千佳丽无颜色”，颇得齐明帝宠爱。不久，又被册立为皇后。谁知风云变幻，祸福难测，在一次突发的变故中，齐明帝不幸驾崩。娘娘姝英落得个孤雁悲鸣，恹恹忧思而成疾。经御医治疗、名医献方，却苦不见效。当时有个画家叫刘倩，得知娘娘患病，便毛遂自荐，愿为其治疗。画家治病，闻所未闻，不过病急乱投医，也只得一试。于是，刘倩画了一幅齐明帝与其他嫔妃、宫女调情淫乐的丑态图进献。姝英不看则已，一看便醋意大发，怒不可遏，对齐明帝的一腔思念之情也渐渐地烟消云散了，疾病也因此痊愈。

第一节　家庭心理治疗

家庭是给人们最初和最深影响的环境，会影响家庭成员的一生；改善家庭中的不良因素，将有利于每个家庭成员的身心健康。因此，家庭心理治疗被视为心理治疗中不可缺的组成部分。

一、家庭心理治疗的概述

（一）家庭心理治疗的概念

家庭心理治疗是以家庭为单位，通过治疗性交流会谈、角色扮演、行为作业等方式，促使家庭发生变化，通过家庭成员的相互影响，促进家庭成员心理健康的一种心理治疗模式。家庭心理治疗超越了过去只关注个人内在的心理冲突、人格特征、行为模式的局限，把人及其症状放在整个家庭背景中去了解并治疗。因此，家庭心理治疗也可称为“系统疗法”或“关系疗法”。

（二）家庭心理治疗的理论基础

家庭心理治疗理论基础的核心在于系统观，它不把焦点放在个人的病理心理，即所谓“神秘的黑匣子”上，它关注并试图介入和改变的，是看得见、摸得着的整个家庭的互动模式。没有一个人或一件事是独立存在的，他们同周围的人或事都存在着千丝万缕的联系。人和事件存在于相互影响和彼此互动的脉络中，也就是说，家庭成员彼此分担其他每个人的命运；它把家庭看成是一个私人性的特殊“群体”，需从组织结构、沟通、扮演角色、联盟与关系等观念和看法出发，以了解这一“群体”，并且依据系统论的观点来分析此家庭系统内所发生的各种现象。在家庭系统内，任何成员所表现的行为，都会受到其他成员的影响；个人的行为会影响系统，而系统也会影响其成员。这种系统相关的连锁反应，可导致许多所谓的病态家庭现象；而一个人的病态行为，也常因配合其他成员和心理需要而被维持。基于此种观念，家庭心理疗法主张要改变病态的现象或行为，不能单从治疗个人成员着手，而应以整个家庭系统为其治疗对象。家庭治疗通过语言疏导家庭关系，指导生活模式，对家庭成员进行心理治疗，以改善患者生活环境，促进患者的康复。

（三）家庭心理治疗的主要特征

1. 互补性　心理互补意味着互相影响。个人与其家庭成员间的互相交往在很大程度上会影响他的行为。家庭关系不和睦，成员间的争吵、打闹、反目，会成为沉重的心理压力，致使疾病发生。如有些患者一进医院病情就缓解，回到家里病情就复发，说明患者与居住的环境、人际关系不相适应。成年精神患者早期的病史表明，家庭破裂、社会不稳定造成的家庭问题（酗酒、分离、争吵、失业）以及家庭内缺少适当关注，不会塑造孩子健康心理（溺爱、放任、隔绝等），错误模仿等更容易造成严重的心理问题。家庭治疗师一旦听到一个人抱怨另一个人时，就要考虑到要心理互补，要将焦点放在家庭成员的互动与关系上，从家庭系统角度去解释个人的行为与问题，利用健全的家庭功能，消除家庭成员的心理异常。

2. 适应性　从理论上来说，假如一个家庭在家庭结构、组织、沟通、情感表现、角色扮演、联盟关系或家庭认同等方面有非功能性的现象，并影响其家庭的心理状态，而且难以由家人自行改善或纠正时，宜由专业人员协助辅导，通过家庭治疗来改进其家庭心理功能。从临床的角度来说，假如发觉一家人常不和谐、父母教育子女有困难、兄弟姐妹难以相处、夫妻感情不佳，影响全家人的日常生活，也可考虑采用家庭治疗。假如一个家庭遭遇重大的挫折或困难，家里人不知如何应对与适应时，均可考虑进行家庭心理治疗。

3. 挑战性　心理治疗师的工作类似于催化剂，要对家庭实施积极的、有挑战性的干预治疗；要积极主动地参与到此时此刻的家庭当中，并成功地让对方意识到他的存在，在家庭能够更具建设性地处理问题时方可离开。

（四）家庭心理治疗的主要目标

家庭心理治疗的主要目标，在于帮助每一位家庭成员寻找来自原生家庭的可能被投射到当前家庭中的问题或事件，在关注个体内心感受的同时，也关注家庭成员的关系及其交往模式，使家庭恢复正常的状态与功能，使家庭成员之间重新建立联结。家庭心理治疗的最终目标是改善家庭成员互动模式，使家庭成员具有爱的能力。

1. 健全的家庭结构　家庭心理治疗在于协助一个家庭消除异常或病态的情况，构建健全的家庭结构。家庭结构是家庭中能够影响家庭成员相互交往的功能性结构，即家庭内部有适当的领导、组织与权威分配，没有散漫或独权的现象；成员之间的角色清楚且适当，没有畸形的联盟关系。通过调整家庭规则、行为模式，明确家庭角色，设置角色界限，从而改善家庭关系，实现解决问题目标，以便能执行健全的家庭功能。

2. 良好的沟通交流　构建家庭沟通模式，寻找问题的根源并解释。家庭成员之间彼此沟通，真诚相待，特别是面临冲突时，能保持耐心交流；成员之间有情感，相互提供情感支持，能团结一致应对困难；对内有共同之“家庭认同感”，对外有适当的“家庭界线”。家庭成员应学会减少指责、承担责任，甚至一些必要的妥协，以达到解决问题的目的。

3. 和谐的家庭环境　建立一种信任、和谐的家庭气氛。一个健康的家庭，在其生活中能有适当的家庭仪式与规矩，也有家人共同生活的重心与方向。家庭心理治疗帮助患者解决心理问题的最有效方法，就是会见他生活中的重要家庭成员，通过了解家庭环境及家庭成员间的人际关系，让患者及其家庭成员之间展开讨论，找出矛盾的焦点，指导他们正确对待和处理，以建立一个和谐和利于患者康复的家庭环境。

（五）家庭心理治疗的产生发展

1. 萌芽时期　20 世纪 20 年代是家庭治疗奠定基础的 10 年：①杰克逊将社会和行为科学的理念应用于临床，开创了联合治疗；②贝尔将家庭治疗分解为一系列的阶段，每个阶段都集中在家庭特定的问题上；③阿德勒认识到，家庭与儿童和青少年问题有着密切的关系，在维也纳建立了 30 多个儿童指导诊所，并进行家庭治疗。

家庭心理治疗于 20 世纪 50 年代正式登上历史舞台。在第二次世界大战后的余波中，家庭剧变和聚散制造了一连串的问题，如战时轻率成婚所带来的压力、晚婚、婴儿潮、离婚对家庭的冲击等。个体心理治疗解决家庭问题过于缓慢，治疗中产生的改变常被家人所破坏，所以治疗师开始注意家庭关系对个体行为和心理问题的巨大影响。越来越多的临床工作者开始认识到改变家庭结构以及互动模式对于治疗问题行为或病症，以及维持治疗效果的必要性。①美国精神分析师兼儿童精神科医师的纳森·阿克曼研究家庭的互动模式，发表了首篇关于在家庭范围内用精神分析原则处理病症的报告，并首次提出了“家庭治疗”的概念。② 1962 年，阿克曼创办了最有影响力的期刊——《家庭历程》，阿克曼被后人称为家庭心理治疗的开山鼻祖。③美国第一代家庭治疗师维吉尼亚·萨提亚于 1964 年出版了重要著作《联合家庭治疗》，这本书被誉为家庭治疗的“圣经”。

1970 年，美国婚姻与家庭治疗学会组建成立。家庭心理治疗不仅是一种新的治疗技术，更是一种思想、一种理念。它的诞生，是心理学界的一次革命，意味着一次范式的转移，它代表了“一个理解人类问题，了解行为、症状的发展以及解决之道的全新方法”。

2. 成熟时期　20 世纪 80 年代是家庭心理治疗的成熟黄金时期，是家庭心理治的专业化发展时期，家庭治疗成为一种国际现象，被称为心理咨询与治疗领域崛起的“第四势力”，已成为与心理动力学派、行为主义学派以及人本主义学派并驾齐驱的第四大学派，既有一般性理论基础，又有多种流派，整个学科高度职业化、组织化和国际化。20 世纪 80 年代末，家庭治疗进入中国，中国人的家庭观念是深入人心的，“小我”要服从“大我”，个人对家庭和社会的责任更为重要，这为人们接受“家庭治疗”这一新的技术奠定了基础。1987 年，国际家庭治疗学会成立。

3. 融合时期　20 世纪 90 年代，家庭治疗的各个主要流派之间不再相互排斥，而是更加趋于融合。该学科各种流派的方法虽然不同，但均以处理人际关系背景中的心理问题为目的，以人际系统（最普遍的即为家庭系统）为干预对象。家庭治疗出现了整合与创新：不仅关注家庭成员行为本身，而且关注其行为背后的意义；避免用一个理论框架套用不同的家庭；重新审视自己的价值与态度，注意从性别的角度看待家庭中呈现的问题。

（六）家庭心理治疗的组织实施

1. 参加对象　凡与家庭功能紊乱有关的成员均参加，甚至可包括一些有关的社会成员，如朋友、医师、监护人等。要克服参加人员的顾虑和阻力，如怕家丑外扬、互相抱怨、家庭被社会歧视等。

2. 谈话技巧　首先要保持气氛和谐，每个家庭成员都能自由、心平气和地发表意见。注意各成员之间的关系，如谁和谁坐得最近，各人选择座位的方式，每个人发言的频度，其他成员的反应和表情。家庭心理治疗者要担任指导、启发、协调的角色，要让家庭成员之间在思想和情感上直接交流，鼓励互相尊重，避免争吵、抱怨，各人多作自我批评，宣讲家和万事兴的道理。

3. 分析问题　对家庭的结构和性质应先有一个分析和类化。家庭的结构形式可以引出家庭存在的问题。例如，家庭可分为不和谐家庭、破碎家庭（有人死亡或离异）、杂合家庭（一方或双方带有儿女，再婚组合家庭）、不幸家庭（有慢性患者、残疾人，或受政治迫害的家庭）等。下一步则要找出存在的问题，目前的烦恼和困境产生的根源等。

4. 协商讨论问题　以集体心理治疗的形式进行。家庭心理治疗者和家庭成员一起共同分析、讨论，找出问题的症结，研究如何摆脱困难，解决家庭成员之间的关系。强调每个成员都应承担义务和责任，家庭成员之间互通信息，相互了解和理解，并能相互尊重和容忍，不能只强调自己的家庭角色，而一味指责他人。家庭心理治疗还应包括家庭生活艺术、家庭管理、心理卫生知识介绍，照顾老人和患者的护理知识，以及如何争取社会的支援等。

二、家庭心理治疗模式

针对家庭出现的不同心理问题，可采用不同的家庭治疗模式。主要的家庭治疗模式有以下四种。

（一）结构性家庭治疗模式

1. 基本内涵　结构式家庭治疗模式指的是将发生在个体身上的问题放在家庭的关系中来分析和理解，通过对家庭结构的重建、对人际界限的澄清，使得家庭成员能够以自由、良性的模式进行沟通的一种心理治疗模式。

2. 理论观点　结构性家庭治疗模式是由美国家庭治疗师萨维多•米纽琴及同事于20世纪60年代末到70年代初建立的，最初是米纽琴为治疗贫困家庭的心理问题采用的一套特殊干预技术，而后发展成为结构性家庭治疗模式。

结构性家庭治疗模式以系统控制论为指导，心理治疗的任务应放在纠正家庭的结构、组织角色与关系上。家庭是一个系统，整个系统由家庭成员组成。系统中的每个成员扮演着特定的角色，他们之间相互影响、相互依赖。家庭内部存在一定的界限，清晰的界限有助于维持彼此间的分离，同时也增进对整个家庭系统的归属感；否则，家庭结构不合理，就可能会产生问题。治疗过程需要整个家庭的参与，通过改变家庭的内在结构来解决问题。

3. 治疗方法　结构性家庭治疗模式将重点放在家庭的组织、关系、角色与权力的执行等方面，使用各式各样的具体方法来纠正家庭结构上的问题，促进家庭功能的改善。治疗师要关注家庭结构的整体性、家庭层级组织、自我调整和控制，要会同家庭成员一起对家庭中失调的交往规律进行修正；要帮助粘连的家庭成员找到各自的界限，帮助角色扮演欠妥的个体根据当前家庭结构的要求，重新认识和定位自己的家庭角色，从而使得家庭能够重新承担起相应的功能。家庭结构包括成员间的沟通方式、权威的分配与执行、情感上的亲近与否、家庭角色的界限是否分明。治疗师应找出上述结构中的偏差，并进行纠正。评估结构问题，可用“家庭形象雕塑”的技巧来测定各成员的心理知觉，治疗师可让各成员排列各自心目中家人关系的位置及距离远近，再开展针对性的治疗。家庭成员之间存在的问题是因为家庭结构的缺陷和不恰当的等级关系造成的，治疗的目标是去除阻挠家庭功能发挥的结构，取而代之以比较健全的结构，从而使家庭的功能得以正常地发挥。

该疗法包括连接、评估及介入家庭三个环节：①连接。治疗师去接触家庭内每一成员，在“连接”的过程中临时变成家庭系统的一分子，了解家人的交往关系和交往方式等，探知家庭的联盟和家人间的影响力，以此作为治疗的基础。②评估。评估家庭状态和家庭结构，评估家庭系统的弹性及适应能力；了解家庭生活环境和家庭生命周期以及交往方式。③介入。通过改变家庭成员的交往、挑战有害的家庭结构、转变家庭成员的错误世界观，使个别成员的症状消失或好转。

（二）动力性家庭治疗模式

1. 基本内涵 动力性家庭治疗模式建立在古典精神分析理论、系统理论和客体关系理论基础之上，强调早期的亲子关系，重视家庭成员精神生活中的“动力”与“阻力”之间的相互作用和家庭交互作用的系统性，解决家庭冲突，促使个体人格的不断发展；关注个体内心感受的同时，也关注家庭成员的关系及其交往模式，使家庭恢复正常的状态与功能，从而使家庭成员之间重新建立联结的心理治疗模式。

2. 理论观点 动力性家庭治疗模式以系统论为指导，关注家庭的相互影响及个体心理过程这两方面，重视无意识和力比多，强调公开表达感情和透露家庭秘密，注意其他家庭成员是怎样责备另一成员，以及怎样成为另一成员的替罪羊，关注整个家庭及成员内部或成员间的关系。动力性家庭治疗师认为家庭功能包含每个成员的独特人格，家庭角色适应的信息；家庭成员所扮演的角色特征间出现冲突或不契合，会使角色变得僵化、受局限，或者出现定型、巨变，从而引起混乱；冲突是家庭失衡的原因，会对整个家庭系统产生影响。

3. 治疗方法 动力性家庭疗法探讨家庭中潜在的心理冲突和投射机制，启发内省力，促进人格成熟，以保持和谐的家庭关系。该疗法把家庭当前的问题归因于各成员（尤其是父母）早年的体验，治疗者的重点任务是发掘治疗对象无意识的观念、情感与当前家庭中行为问题的联系，通过深层心理及动机的分析，使他们恢复“自知力”，着手改善情感表达，满足与欲望的处理，促进家庭成员的心理成长。①阿克曼的家庭动力疗法：运用精神分析与系统观点，把家庭看作是一个交互作用的系统，家庭内部每一个成员都是一个重要的子系统，关注家庭成员的关系及其互动模式，解决家庭冲突，恢复家庭功能的正常状态。②弗拉莫的客体关系与原生家庭疗法：强调人际关系与个人内部动力间的关系。家庭机能失调最初源自原生家庭系统，夫妻双方在原生家庭中形成的未解决的内心冲突不断地被当前关系（如配偶或孩子）激起，是在问题夫妇和问题家庭中发现的那种压力的核心。

该疗法将关注点转移至个体在原生家庭中的内心冲突与人际问题，帮助每一位家庭成员寻找来自原生家庭的可能被投射到当前家庭中的问题或事件，从而构建家庭成员之间良好的互动模式，使家庭成员之间重新建立联结。

（三）行为性家庭治疗模式

1. 基本内涵　行为性家庭治疗模式是指从家庭、社会等系统方面着手，更全面地处理个人所出现的问题，着重提高个人的自尊，改善沟通，帮助个人生活得更“人性化”，并着眼于可观察到的家庭成员间的行为表现，建立具体行为改善目标和进度，充分运用学习的原则，给予适当奖赏或惩罚，促进家庭行为改善，治疗的最终目标是使个人达到“身心整合，内外一致”的状态，也称“萨提亚模式”和“联合家庭治疗模式”。

2. 理论观点　行为性家庭治疗由美国第一代家庭治疗师维吉尼亚·萨提亚于1951年创立。萨提亚尝试以整个家庭作为治疗的对象，发现效果较为理想。家庭成员之间的互动方式改变后，每个成员的行为也会随之改变，而且这些改变的持续时间不是暂时的。

行为性家庭治疗模式建立在行为主义和认知理论的基础之上，秉承“凡事皆以人为本位，以人为关怀”的信念，从关注个体所处环境中家庭成员以及整个家庭对来访者可能带来的影响，到认知与行为的结合，最后发展为行为性家庭治疗模式。

3. 治疗方法　行为性家庭疗法不强调病态，而将心理治疗扩大为成长取向的学习历程。该疗法在进行家族治疗的过程中，可以使人学习和体会到许多不同的技巧，例如家庭雕塑、影响轮、团体测温，以及用一条白色绳索展现出家庭关系图，显示个人与家庭之间的心理脐带关系，这些活动均灵活地融合了行为改变、心理剧、当事人中心等各派心理治疗技巧，实际运用不同取向的治疗方法，兼容并蓄；在家庭治疗前沿发展出强有力的干预技术，这些技术包括对雕塑和“生存姿态”、隐喻、个性部分舞会，以及家庭重塑的治疗性使用；在注重“你和我”的同时，更关心“我们”，在这样一个被充分尊重和关心的过程中，使患者对事业、家庭、婚姻、健康以及个人成长都有了更深层次的感悟和学习，重获并掌握生命的意义，做一个身心一致的人。

（四）策略性家庭治疗模式

1. 基本内涵　策略性家庭治疗模式是指对家庭问题的本质有动态性的了解，并建立一套有步骤的治疗策略，解决当前的症状，拒绝探讨行为症状的深层次原因，着手更改认知上的基本问题以求有层次地改变家庭问题的心理治疗模式。

2. 理论观点　策略性家庭治疗模式是由美国治疗师杰·哈利在20世纪80年代发展起来的。该理论认为个人症状是错误观念和误导行为造成的结果，一定程度的模式化行为会强化症状。治疗师界定所呈现的问题，下达指令要求家庭根据他的策略来执行新的互动关系，改变家庭系统的结构，将家庭组织改换位置，使呈现问题不再具有原来的功能。治疗师对家庭问题的本质要有充分的了解，用合适的治疗策略，从认知层面分析、改变家庭问题。

3. 治疗方法　改变家庭系统的结构，使呈现的问题不再具有原来的功能，是策略式家庭治疗模式中最有效的方法。治疗的目标是解决当前的问题，并把焦点放在行为的改变上。治疗策略是按照个案的特别需要而特别定制的，重点是针对每种独特问题设计出策略。

策略性家庭治疗分为四个阶段：①社交阶段。治疗师与家庭建立融洽的关系，使每个家庭成员参与访谈、互动。②问题阶段。治疗师询问每个家庭成员对问题的看法，寻找三角关系和家庭结构等级的线索。③家庭互动阶段。治疗师进行倾听，观察围绕问题所进行的信息交换。④目标设定阶段。治疗师与家庭成员共同确认问题的特性，约定治疗的目标与方式，使参与者能持续评估自己达成这些目标的进展情况。治疗方法包括更换座位、比身高、去诊断、积极赋义、演出等。治疗技术包括欲擒故纵、融入、重构、夸大、假装、情景扮演、考验治疗，当家庭成员一起经历时，可促进彼此间的联结。

第二节　集体心理治疗概述

人类的生活、工作与娱乐都在各种不同的社会团体中产生，因为许多情绪问题的解决，都是从团体中人－我关系所带来的经验，所以在心理问题的治疗上，人与人之间的问题比人内在的问题显得更为重要，诸如家庭、医院病房等大量使用这一治疗形式，使得集体心理治疗成为一种最常用的心理治疗方法。

一、概念

集体心理治疗是指在接受过心理专业训练的医师的指引下，使用心理治疗的技术，对经过选择并确诊有心理疾病的患者进行治疗，同时加强参与治疗的患者之间的互动，以期达到改善患者不良情绪，纠正错误行为，并促进人格成长的目的。

二、集体心理治疗的主要理论

集体心理治疗理论中，影响较大的有个人中心治疗理论、心理分析治疗理论、行为治疗理论、理性情绪治疗理论以及人际相互作用分析理论。

1. 个人中心治疗理论　个人中心治疗理论是20世纪60年代由美国人本主义心理学家卡尔·罗杰斯创立，是从一种心理治疗方法发展而来。罗杰斯在人本主义心理学的基础上，提出了会心团体理论。他认为，会心就是指心与心的沟通和交流，性质相同的心理咨询和心理治疗团体统称为会心团体。会心团体的原则是“以团体为中心”，这是从“以个人为中心”发展而来的，成员在团体中相互尊重，相互信任，从而建立起良好的关系，这可以促进团体成员的共同成长，从而达到治疗的目的。

2. 心理分析治疗理论　心理分析治疗理论强调人的潜意识，在集体心理治疗过程中，治疗者致力于创造一种接纳性的宽容气氛，以增进患者在集体中的互动，目的是促进患者投射与移情作用的发生，同时鼓励患者揭示被压抑的潜意识，使其达到对自己心理动力更深刻的洞察；患者常常被要求报告自身的经验，集体讨论，保持充分开放，允许其他患者提出任何内容；为患者提供一种重新体验早年家庭关系的气氛，在这种气氛中，患者能发掘出与那些影响现在行为的事件相伴随、被埋藏的情感，进而促进患者对不适应的心理发展根源的洞察，激发患者矫治性的情绪经验。

3. 行为治疗理论　行为治疗理论认为，人类的个性可以被理解成是一系列习得性行为的综合。人类的异常行为多是在日常生活经历，尤其是在心理创伤体验中，通过学习并经条件反射固定下来的。异常行为和正常行为一样，都是通过学习获得的，都可以通过学习而矫正，进而达到治疗的目的。集体治疗技术实际上是通过相互学习而矫正，从而达到治疗的目的。

4. 理性情绪治疗理论　理性情绪疗法强调人的价值观在治疗心理障碍中的作用，主张采用纯理性的方法帮助患者解决心理问题。理性情绪疗法在集体心理治疗中运用的技术是积极性教导，治疗者通过集体探测、面质、挑战、强制性的指导，示范并教导理性的思考方法，强调患者思考、驳斥、辩论、挑战、说服、解析、说明和教导、鼓励，甚至直接反驳与训诫，尽可能证明患者的自我言语以及对事件的看法是不合理的，然后再协助患者采用较合理而健康的方式思考。在集体心理治疗中，治疗者广泛使用的行为技术有角色扮演、行为研究、家庭作业以及肯定训练等。

5. 人际相互作用分析理论　人际相互作用分析理论是美国心理学家艾利克·柏恩于20世纪40年代独创的一种心理治疗理论和方法。所谓人际相互作用分析（亦称沟通分析），是以人际互动为基础的心理治疗，其目的旨在从对当事人的自我心理状态进行分析了解，协助其认识现实，祛除幼稚冲动，学习成熟适应，从而重建自我的健康人生。

人际交往疗法在集体心理治疗中的技术是治疗者扮演着教师的角色，教导患者去了解和认识所玩的游戏、成员沟通时所表现的自我状态，以及生活计划中自我妨碍、自我挫败的情况，懂得发展处理人际关系的策略；治疗者要协助患者学习鉴别和分析他们的自我状态，以便能够改变使他们感到僵滞的行为模式。要使患者意识到其父母、成人及儿童自我状态的内容与功能，探索个人的思维、感觉与行为模式，使患者发现自己的行为与思考方式，找出自己可能的抉择，并掌握自己的方向。

三、集体心理治疗的目标与技术

马斯洛说："如果可以把普通的个别治疗看作是一个由两个人组成的理想社会的雏形，

那么集体治疗就可以看作是一个由十个人组成的理想社会的缩影。另外，我们现在依据经验得出的资料表明，集体治疗可以做一些个别心理治疗无法做到的事情。”

集体治疗的参与者可以不考虑年龄、问题、社会经济地位、教育水平、种族、文化背景。集体治疗可以设计成帮助成员处理几乎所有需要的形式，一个主要原因是集体的方式比个别治疗的方式更有效率，这种效率来源于集体成员可以将从群体中所学习的技术应用到所在群体中，又能将其运用到外界生活的日常相互作用上，而且成员能从其他成员中获得反馈和洞察。集体还能够提供很多模仿和试验的机会，成员能够通过观察其他成员在类似情境下的反应，学习处理他们自身的问题。

（一）集体心理治疗的目标

1. 帮助患者恢复自知力　集体心理治疗为患者提供一种重新体验早年家庭关系的安全气氛，有助于患者恢复自知力，重新认识自己的疾病及其性质、症状和内容，以及疾病和症状产生的有关因素；使患者能开放自己，充分探索自己的感觉，表达自己酌感受；使患者能够在心理医师的引导下，发掘出那些影响现在行为的被压抑的情感，促进患者洞察力的提高，激发患者矫治性的情绪经验；使患者更能接受新的经验，并增强自信。

2. 解决共同的心理问题　集体心理治疗利用集体的互动，克服疏离感和因患病而造成的不安全感、自卑感和绝望感等，鼓励患者活在当下；使患者发展开放、诚实、自然的特质，表现出新的适应性行为。如从扮演角色转为更直接地表达自己，从对经验和不确定性持较保守的态度，转为更开放地接受外在现实和忍受不确定性；从在自身以外寻找答案，转为愿意向内指导自己的生活；从缺乏信任、封闭和畏惧人际关系，转为对别人更具开放性和善于表达自己。

3. 配合医师的全面治疗　集体心理治疗在于帮助患者克服一切心理障碍，使患者从情绪低落到学会适应，从态度保守到心理开放，从自卑到自信，接受现实，善于表达，配合医师进行全面治疗，以巩固疗效，防止复发。

（二）集体心理治疗的阶段

集体心理治疗一般分为三个阶段。

1. 讲解阶段　由治疗者讲解集体治疗的目的和意义，患者所患的疾病及其性质，常见的心理症状及心理问题，治疗的方法及其作用和效果，疾病的预后和转归，以及争取较好预后的可能途径。讲解人应用通俗易懂的语言，深入浅出而又具体生动地把科学道理讲清楚，并且要强调患者的主观能动性在促使疾病向有利方面转化中的重要性，鼓励患者在集体中敞开心扉，积极主动地参与。能否形成生动活泼的治疗氛围，往往取决于讲解人的经验和技巧。

2. 讨论分析阶段　启发和引导患者联系自身情况进行讨论和分析，这是治疗中最重要的一环。只有通过讨论，才能把科学知识消化，转变成患者自己的知识。这一阶段开始时要鼓励患者自己谈，鼓励患者自己倾诉，不要急于解释和分析。在此阶段，应以患者自己诉述或相互讨论为主。治疗者的任务只是中介者和“催化剂”，要使讨论向深度和广度发展，并沿着正确的方向。有时需要事先进行个别工作，特别是那些在集体中很少开口的成员，常需给予个别帮助。既不要出现“冷场”，又不希望由个别人“包场”。对于讨论中发现的共性问题，应引导大家进行深入讨论。有时，邀请已经康复的病员回到医院现身说法，常能收到特别显著的效果，因为他们常常有较深的体会，有较生动的实例，可以较详细地描述当时的想法、情绪和反应。他们的谈话，使有同类问题的患者感到亲切可信，容易产生共鸣，并从中学到正反两方面的经验。

3. 制订康复计划阶段　在经过充分的讨论以后，让患者结合自身情况制订出个人的康复计划。计划不要求面面俱到，有怎样的认识，就制订怎样的打算。制订得好的，可以在集体中交流，让大家一起来讨论。除了上述以特定治疗目的为内容的集体治疗以外，国内外的医院都还组织常规的集体性治疗活动，也称为集体治疗，有人将之命名为“大集体治疗”，以资区别。“大集体治疗”包括病室中所有可以参加活动的患者，常有数名医生和护士参加。一般是讨论在病房集体生活中的问题，患者间的相互帮助问题，病房规章制度的执行情况，治疗的配合情况，以及由患者进行自我管理等问题；听取患者对治疗及医务人员的意见，也是这类活动的重要内容。有时，可以引导大家对某些明显的异常行为进行讨论，例如患者间的暴力冲突等，这对于有类似问题的患者也是一种社会性学习的过程。要特别注意区别情况，保护那些新患者以及特别脆弱的患者，他们有可能不适应这样的集体讨论，甚至会产生焦虑、不安全感或导致精神症状的恶化。

（三）集体心理治疗的小组

小组可以分为三类：治疗小组、成长小组和技能小组。

1. 治疗小组　集体心理治疗的重点是治疗和人格重建。因为患者的痛苦大多来自于较为严重的情绪问题，集体治疗能够处理既往的种种困难，正式这些困难使目前的正常功能发生了障碍。一般来说，治疗小组试图帮助参与者重新体验极度痛苦的场景，并把强烈的内心感受表达出来，例如极度的憎恨。一旦在小组中重新经历这些创伤性体验，参与者就会获得领悟，知道他既往的生活史或者无意识的动力学因素是如何妨碍了目前的正常功能。另外，小组要提供支持性环境，以发展新的行为模式。治疗小组的持续时间相对较长。集体心理治疗可以采用多种治疗方法，包括精神分析、行为治疗等。

2. 成长小组　成长小组的着眼点要放在当前集体中的相互作用和交流技巧上，并强调“此时此地”，而不是去挖掘种种问题和既往的感受。成长小组有时被称为“相遇小组”或“T 小组”，其主要目的是探寻那些存在于团体成员身上的，对其建立亲密关系和自我实现构成障碍的问题，也可以用于健康人群的心理成长方面，如积极心理品质的培养等。成长小组所使用的技术取决于他们的理论倾向。这些技术包括想象和幻想、对质游戏、心理剧、与自身的各个不同部分对话等。有时，成长小组的着重点会放在某个特殊的问题上，如实习准备和就业指导等。

3. 技能小组　技能小组的重点在于教授某些方面的特殊技巧，例如意愿表达、父母技巧、婚姻交流、减缓应激等，但是也处理一些更具有普遍性的问题，例如“学会管理自己的生活”“建立自信”“体重调节”等。技能小组应用的方法包括短期课程、特殊的社交互动练习、社会技能训练等。绝大多数技能训练小组主要采用的是认知－行为干预。社会技能训练方法分为以下几个步骤：①使成员能够正确地认识自我，对自己有一个深刻的了解，并对以往的错误认知进行纠正。②对各个方面进行放松的训练，形式为冥想，通过意念上的冥想，让成员充分放松自己的身心，让不良情绪如焦虑及抑郁得到缓解和改善；更为重要的是，让他们能够正确地面对自我。在本环节中，成员之间要进行相互间的交流，使每一成员能够对自身现状有一个更为深刻的认识，对于自己目前面对的一些问题可以比较积极地参与交流，比如如何改掉不良的生活方式，如何提高自己的生活质量等话题。③形体上的训练：治疗中安排各种活动，让成员投入其中，并彻底释放自我，如设置各种游戏，或盲人走路等类似的游戏与活动，以此激发并调动成员的团队精神。

集体心理治疗的重点是补救性、康复性的，组员可以是患者，也可以是正常人。社交行为障碍明显者比较适合集体治疗。成长小组和技能小组是成长和发展性的，参加者是普通人，目的是为了改善关系，发挥潜能，自我实现。

复习思考

1. 家庭心理治疗的主要目标是什么？

2. 调查：医院有集体病房和 VIP 病房之分，调查同样的疾病，住在集体病房和住在 VIP 病房的患者，哪一类患者康复得更快？并就调查结果做出解释。

扫一扫，知答案

扫一扫，看课件

第十六章
特殊康复人群的心理康复

【学习目标】

掌握：老年患者的心理康复；残疾儿童的心理康复。

熟悉：老年患者的心理特点；残疾儿童常见的心理问题。

了解：老年人的身心特点；正常儿童的身心特点。

案例导入

王某，退休教师，61岁，性格内向，细心谦和，老伴性格开朗，老两口感情很好，生活默契。两个子女均在外地居住工作，子女及其孩子们都很孝顺，但因工作学习十分忙碌，共同相处的时间很短。因退休后赋闲在家，王某每日可做的事情不多，孩子们又不在身边，渐感空虚寂寞，常常怀念以前充实忙碌的生活，逐渐出现了失眠的症状，晚上睡不好，白天没力气，食欲下降，身体逐渐消瘦。王某对老伴也逐渐变得苛刻和挑剔，有时还无理取闹，也不爱出门，不爱说话。既往有高血压，现在一有点小病小痛就觉得身体不好了；另外，因为年龄大了，体力大不如以前，很多力气活都干不了，却总是坚持要做，一旦做不好就容易动气。

第一节　老年患者

衰老是人们不可避免的自然规律，老年期被视为生命中的一个重要阶段，从生理意义上讲，是生命过程中组织器官退化和生理功能衰退的阶段。进入老年之后，人的各种生理机能都进入了衰退阶段，再加上家庭、职业、人际等社会角色的改变，必将引起一系列的身心变化。因此，要了解老年人的身心特点，有针对性地进行心理康复，才能更好地促进老年人的身心健康。

一、老年人的身心特点

（一）认知方面的变化

个体的认知活动在进入老年后会发生一定程度的退行性改变。主要表现为：①感知觉是退行变化最早、最明显的认知活动，如视觉方面的敏锐度下降、视野缩小；听觉能力减退甚至丧失，老年人首先丧失的是对高频声音的听觉，因此会出现有的人与男性对话没有问题，但与女性对话存在困难；味觉、嗅觉和触觉日益迟钝等。②老年人的记忆障碍主要在于信息提取困难，故老年期记忆的退化表现在：瞬时记忆没有变化或变化很少，长时记忆退化明显；机械记忆衰退明显，意义记忆相对衰退较慢；再认能力虽逐渐表现出老化情形，但仍比回忆能力保持的要好。③老年人的注意力变得迟钝，且较难持久，或是注意力的转移能力下降，不容易把注意力转移出去。④思维是最复杂的认知活动，随着年龄的增长，出现衰退较晚。由于老年人在感知觉、记忆和注意力方面的衰退，思维的敏捷性、流畅性、灵活性、创造性等比起中青年时期还是要差些，但是对于自己非常熟悉的知识领域，仍能保持很好的思维能力。

（二）情绪方面的变化

情绪是一种躯体和精神上的复杂变化模式，由于在认知方面的退行性改变，在身心健康、经济基础、社会角色、生活价值等方面的老化或丧失，老年人的情绪变化主要表现为：①负性情绪逐渐增多，如衰老感、孤独感、空虚感、自卑感、恐惧感、焦虑感、抑郁感等。②情绪体验比较深刻持久，老年人情绪体验的强度和持久性并不随年龄的增长而降低，一旦爆发，难以平复。③情绪表达方式较为含蓄，老年人遇事往往要考虑到事情的前因后果，照顾到方方面面，这在一定程度上缓冲了老年人活动的倾向性和表达方式，久而久之，情绪表达日趋含蓄。④情绪较为多变。老年人常有比较明显的情绪变化，不太稳定，比较容易动感情，即使是一些小事，如噪音等，也常会引起烦躁发怒。有些老人的情感会变得像小孩一样反复无常，甚至近于幼稚，俗语称之“老还小”。

（三）意志方面的变化

大部分老年人只要身体条件许可，仍可有顽强的意志，尤其是忙碌惯了的老人，一般不愿服老，即所谓“老骥伏枥，志在千里”，如能量力而行，对社会、对家庭做出自己的贡献，可以提高自己的生活质量，如强行为之，则有可能因劳累过度而导致生病或受伤。有些老年人由于脱离工作岗位，子女成家立业，又没有及时找到生活的乐趣，随着年龄的增加，容易感到衰老，产生无用感，情绪悲观，意志衰退，人变得慵懒，甚至什么也不想做，不再喜欢参加有益的或应当参与的活动，长期如此，则有可能发展成为老年期抑郁症。

（四）人格方面的变化

从个体来说，老年人的人格是个体过去人格的继续发展，会把本来的人格特点增强，如：本来比较内向或害羞的，会变得比较孤僻，回避与人来往等；本来比较开朗外向的，就喜爱与人接触、谈天说笑。

从共性的角度来讲，随着年龄的增长，老年人对待周围环境的态度和方式逐渐由主动转为被动，由外部转向内心，同时伴随身心功能的衰老和其他多种因素的影响，一般具有小心、谨慎、猜忌、固执、刻板、保守、自责等特点。如因学习和活动能力的下降，往往难以接受新鲜事物，变得固执；对自己的身体日趋关注，害怕疾病和死亡，因而变得焦虑、敏感、谨慎等。

从人格发展的过程来看，人格特征的发展既表现出连续性，又表现出阶段性，因此，对老年期人格的透彻理解，要建立在对其人生经历了解的基础之上。老年期人格发展的基本要素是自我满足感的获得，如果一个人进入老年期后，认为一生无悔，事业有成，愿望基本满足，就能对现实采取积极态度，对未来无所畏惧，乐享天伦；反之则易出现消极悲观等态度。

二、老年患者的心理特点与康复

（一）老年患者的心理特点

1. 孤独失落　老年人由于退休离开工作岗位、子女成家分开居住等社会及家庭地位和生活方式的改变，人际交往减少，逐渐使老年人感到空虚寂寞，心理上往往产生隔绝感或孤独感，进而感到烦躁无聊。有的老年人因患有慢性疾病而行动不便，心理上易产生自卑感，不愿意出门见人，整天待在家里，未免会从心理上产生一种孤独感。老人因病住院期间，由于生活单调，与家人及外界的联系减少，缺乏沟通和情感交流，患者常常易产生被抛弃感，因而导致性格、行为的改变。心理孤独的老年患者，多表现为自尊心强、固执、沉默寡言。

2. 焦虑恐惧　按照“老年丧失期”的心理变化观，老年期是一生获得的丧失时期，所丧失的内容包括身心健康、经济基础、社会角色和生活价值等方面，所以如何去避免或延缓这些情况的发生，或当发生时如何去应对，成为许多老年人经常考虑或担心的内容。某些疾病在急性期，还会给老年患者造成巨大的心理压力，如心肌梗死患者可因持续性剧痛而产生濒死的恐惧心理，加上住院后在饮食、休息、睡眠等各方面难以适应，日常生活规律被打乱，从而在精神上产生焦虑和恐惧。此类患者多表现为睡眠不佳、不思饮食、烦躁不安、痛苦呻吟，只关心治愈时间及预后。

3. 敏感猜疑　老年患者常敏感多疑，怀疑医生、护士甚至家人都在对他有意隐瞒病情，或推测猜想自己的病情很严重，周围一个细小的动作、一句无意的话语都可能引起他的猜疑，导致其心理负担加重。老年患者多承受长期慢性病的折磨，治疗进程缓慢，倍感痛苦，有的效果不明显，易使老人无端地猜忌自己是否得了什么不治之症，有的会敏感地观察检查、检验的结果和他人的言行。此类患者多表现为极度关注医护人员的谈话内容，易受暗示，情绪低沉、悲伤或波动大，常常无端地大发脾气。

4. 悲观抑郁　老年人的心、脑以及其他器官趋于衰退，功能下降，常常会感到力不从心和老而无用，由于病情迁延反复，治疗效果不明显，长期遭受慢性疾病的困扰，加之死亡的威胁，很容易产生悲观情绪，甚至发生抑郁。此类患者多表现为情绪低落、精神忧郁、意志消沉、束手无策，常暗自伤心落泪，不愿与人交往或交谈，食欲下降、失眠，对治疗及疾病的转归表现漠然，不愿接受治疗和护理，消极地等待着“最后的归宿”，严重者可出现自杀行为。

5. 依赖心理　进入老年期后，伴随着生理功能的自然老化和退休带来的社会地位的变化，以及经济能力的下降等，老年人的自信心、控制感和安全感会产生相应变化，这些都给老人带来一个心理信号——我老了。有了这个心理背景，有些老人自然就更多地需要身边的亲人，需要更多的陪伴、赡养。当然，由于年迈体弱，老年人确实需要家人照料，需要家庭、亲人、社会的关心，这是对老年人的关爱和家庭社会的优良传统。但是，老年人出现的依赖心理与家人对他的关心照料是两回事，依赖心理是一种消极心理，是缺乏自信心的表现。依赖心理的主要特征是对未来失去信心，把生活和健康的希望寄托于家人、社会，甚至药物，缺乏安全感. 全身机能处于抑制状态，各脏器功能不断降低，应急能力下降，行动迟缓，精神呆滞，忧郁自卑。一旦失去依靠，精神支柱倒塌，健康状况便每况愈下。

6. 沮丧和药物抵触　老年人往往同时患有多种疾病，如冠心病、糖尿病、脑部疾病等，长期服药，饱尝疾病之苦和药物不良反应的刺激，易使老人产生沮丧和药物抵触心理。

（二）老年患者的心理康复

1. 心理评估　心理评估即通过心理学的技术和方法，收集患者的心理信息，掌握其心理活动，以便有针对性地开展个体化心理康复。对于老年患者心理评估的内容，主要包含五个方面：一是个人行为方面，如个人衣着、饮食、卫生习惯；二是心理行为方面，如个人生活、行为动机及沟通方式和处理问题的能力；三是社会行为方面，如家事的处理、社交活动和工作情形；四是医疗行为方面，如个人接受健康检查、门诊治疗及服药情况；五是患者家属及患者的互动行为，如家人与患者的沟通情况及对患者的态度。

在对老年患者进行心理评估时，要注意交谈时语气应温柔、关心、体贴，语速应缓慢，面带微笑，让患者感到平等、尊重和信任。因为老年人的反应相对比较迟缓，注意力不易集中，应耐心地引导患者，并使用开放式的提问方式。交谈的方式，尤其对有认知障碍的老年患者，除通过直接和患者交谈以外，还可以和患者的亲属交谈，或通过老年患者的眼神、表情、手势、坐姿等肢体语言，以便保证资料收集的准确性和完整性。

2. 治疗关系　良好的治疗关系在老年患者的心理康复中起着非常重要的作用。从温暖的家庭到陌生的医院，对周围环境的不适应、疾病的折磨以及对疾病的认识不足等，均易使患者产生不良情绪。作为和患者密切接触的医务人员，首先要尊重、理解、关爱他们，讲话礼貌，态度和蔼，耐心听取他们的诉求，对老人的健忘和啰嗦给予谅解，对老人的要求尽量满足。其次，对于不同的患者应采用不同的沟通方式，自尊心和虚荣心都较强的老年患者，应以鼓励和赞扬的口气，在充分尊重的基础上，让患者乐于接受医生的治疗，适时与患者进行有效沟通。对于好猜疑的老年患者，医生必须满足患者有了解自身疾病及有关知识的需要，要尽早取得他们的信任，减少猜疑和误会，一味地隐瞒只能事与愿违。在交谈沟通中，要讲究方式、程度，要注意到老人对疾病的认识水平和心理承受能力，掌握语言、形体和情感传递的技巧，遇问三思、仔细斟酌，该解释的一定解释清楚，需要保密的既不能直言相告，又要给予其一个可以接受的答复。总之，由于老年人的生理功能及性格出现明显变化，医护人员要给予他们理解、尊重、同情、体贴，以科学态度给予实事求是的解答，尽量使他们心情放松，调节其紧张情绪，增强其战胜疾病、恢复健康的信心，使其保持良好愉悦的心理状态。

3. 家庭支持　在康复治疗过程中，除了医务人员和患者本人，家属在患者的康复中也起着不可忽视的作用。疾病所带来的功能障碍，导致正常的家庭角色、工作角色缺失，患者除出现焦虑、恐惧、孤独、害羞等不良情绪外，有的患者还表现出否认等认知障碍，一厢情愿地曲解病情，不愿了解预后，试图避免心理上的痛苦。因此，有的患者抵触康复治疗，对所有事物都失去兴趣，悲观失望，严重的出现抑郁；还有的对他人的依赖性逐渐增强，这些负性的心理反应常常使康复计划不能顺利实施，直接影响着康复进程。

家属是患者生活中关系最亲密的人。在康复过程中，家属能够安慰患者，让患者从悲观、焦虑等心理状态中走出来，保持稳定的心理状态，使康复治疗过程平稳、有序进行；家属能帮助患者克服消极被动的心理状态，克服依赖与“懒惰”，保持积极心态和主动性；家属能唤起、鼓励、支持与增强患者康复的信心和主观意愿。

4. 社会支持　①调适社会角色，加强人际沟通。鼓励患者与周围病友多交友聊天，看看电视，听听广播，阅读书刊杂志等，培养多种兴趣，丰富生活内容。对病情较轻的老人，动员他们到院内散步，呼吸新鲜空气，酌情做些喜欢的活动或适合老年人特点的体育锻炼，如气功、太极拳等。通过人际交流和锻炼，不仅可以分散患者对自身疾病的注意力，还可达到避免孤独、交流思想、排忧解难、相互鼓励等效果。②健全社会支持和保障体系。要健全与老年人相关的最低生活保障制度、救助制度、医疗制度、福利制度等养老保障制度；从家庭到养老机构，从社区卫生服务中心到医院的连续照护体系；部分老年患者，其看护和养老问题仍依赖自我保障，即家庭看护和养老，以政策和法律手段鼓励和强制的家庭赡养制度，构成了老年患者康复服务社会支持体系。完善的社会支持体系，具有制度化、体系化、职业化、社会化和法律化等特点，对老年患者可起到积极的心理支持作用，是帮助他们实现全面康复的基本条件。

5. 心理治疗　①认知治疗。认知治疗是根据认知过程影响情感和行为的理论假设，通过认知和行为技术来改变患者不良认知的一类心理疗法。简单地说，认知疗法的基本观点是：认知过程是行为和情感的中介，适应不良行为或情感与不恰当的认知方式有关，医务人员应结合患者病情，从多个影响因素出发，对患者实施健康宣教以及心理干预，纠正患者对疾病的错误认识，从而有效地改善患者的心理状态。也可以引导患者采用积极乐观的暗示法、不良情绪宣泄法、有益活动转移法、不如之意自我宽慰法等方式来进行心理调适。②行为治疗。行为治疗是以减轻或改善患者的症状或不良行为为目标的一类心理治疗技术的总称。生活方式对人们的身心健康有着重要的影响，对于老年患者，改变不良生活方式和生活习惯是行为疗法的重要内容。从日常生活点滴做起，改变吸烟、酗酒等不良的生活习惯，养成有规律的作息生活习惯，合理安排膳食结构，注意劳逸结合，增加户外活动，善于释放和消解不良情绪，树立积极的人生观和乐观的心态等。有一些老年人会觉得一辈子的习惯很难改变，但只要我们树立健康的生活方式理念，要改掉不良的生活方式并非做不到。比如，积极接纳年龄增长和身体变化这一客观规律，降低一下人生目标，放松思想压力，适当舒缓生活节奏，适度地娱乐身心，增加户外运动，培养一些高雅的文化体育爱好，如打拳、游泳、散步、慢跑、气功、唱歌、跳舞、书法、绘画等，这些都可以在改善生活行为方式的同时改善生活质量，使自己的身体更健康、生活更快乐、家庭更和谐幸福。

第二节　残疾儿童

一、正常儿童的身心特点

（一）儿童的身心特点

对于儿童而言，不同的年龄段身心特征会有很大的差异，儿童期的身心特点具有以下特征：①儿童是一生中发育最为快速的一个阶段，身高、体重、大脑以及相貌都在发生着快速的增长和变化；认知活动从以具体形象性为主，开始向抽象逻辑性发展；心理活动以无意性为主，开始向有意性发展；情感由易变、外露开始向稳定和有意控制发展；个性从开始形成向稳定性发展。②由于大脑结构和相关功能的发展正在完善之中，故大脑缺乏对自主神经和情绪活动的有效调节。③儿童时期是人生发展的重要时期，其个性和很多心理品质都是在这个时期形成的，心理学上常把这一时期定义为人生发展的关键期。因此，在这一时期儿童受到的不良内外因素的影响，极易可能成为他们产生心理问题的隐患。

（二）儿童的心理需要

1. 被爱、被关怀的需要　爱是人类永恒不变的主题，爱对儿童来说意味着安全感，意味着被关注，意味着自信心。儿童需要感到家长爱他、需要他及欣赏他，谁爱孩子，孩子就爱他，爱是最伟大的教育力量。

2. 归属感的需要　孩子喜欢有家人、有同伴，大家共同生活，此乃所谓归属感。作为家长，应认识到家庭不可能给孩子所需要的一切，无论你怎样努力，儿童都会受到同龄小伙伴的影响。

3. 自尊心的需要　自尊心是影响儿童健康成长的重要心理因素。一个小孩子如果从小就能照顾他人，并从同伴那里感觉到被关怀，他会相信自己是“值得人爱的”。这种自信是自尊的第一步，也是自尊心最原始的来源。

4. 成就感的需要　当儿童第一次体验到成功的喜悦，并得到适当的鼓励时，他会继续做下去，成就感会促使一个儿童继续去尝试解决他所遇到的任何困难，所以家长要帮助他实现目标，而不是包办代替。

5. 满足好奇心的需要　好奇心是儿童的心理特征之一，越是聪明的孩子好奇心越强。孩子对于他不曾看过的或不曾听到的事物，他会去看、去摸、去探索。这样萌生了学习，从而不断增长知识，并养成自动自发。提问是孩子获取知识的一个重要途径，对孩子提问题，家长要尽可能地回答。要充分利用孩子的求知欲，对他实施各种知识教育，培养他的观察力和思维力。

6. 活动的需要　活动可以训练四肢，促进脑功能的发展，促进良好的协调及反应，活动也能使儿童心胸舒畅，体格强壮，更能在活动中结交朋友，学习与人相处。

7. 指导的需要　儿童需要成人友善地帮助他学习如何对待别人和事物，家长要以身作则地指导他如何为人处世。儿童需要知道他们能做的事情的限度，家长应该把这些限度告诉他，不然容易受挫，伤害其积极性。

二、残疾儿童的心理特点与康复

（一）残疾儿童常见的心理问题

1. 自卑　表现为不能正视自己的生理残疾。认为自己总比健全儿童矮一截，遇事畏缩，缺乏竞争的勇气，由于升学、就业等的限制及社会传统的偏见，对未来丧失信心，有些残疾儿童更是自暴自弃，不思奋发。

2. 孤僻　由于生理缺陷，而游离于普通儿童之外，喜欢独处，只爱与同类残疾儿童交往。

3. 多疑　常常表现为对人际活动产生偏见和误解，仅依据感性认识和事物表象做出推断。当周围事物出现时，不管与自己有无联系都会表现出疑虑、反感等情绪，并通过面部表情、言语表情充分流露出来。

4. 依赖　一些残疾儿童在家庭受到过多的照顾，养成依赖的习性，其中盲童依赖性最强，即使是一些力所能及的事，也不愿做，一味地等、靠、依附于他人，自主自立能力差。

5. 分离焦虑　患儿由于生病住院，可能不得不与父母分开，或与父母接触的时间减少而产生分离焦虑。核心症状是患儿与主要依恋人或家庭分离后表现的焦虑情绪和行为反应，如反抗、哭闹、拒绝他人、无助、冷漠、失望等。还可伴有自主神经系统功能紊乱的症状，如心慌、胸闷、尿频、尿急等，易出现食欲减退、胃肠功能紊乱，或呈营养不良容貌，入睡困难、睡眠不安等。

6. 过度激动　在受到不公正的对待或曲解其原意时，极易激动，举止冲动，待人态度生硬，乱发脾气，不听劝告。

（二）残疾儿童的心理康复

1. 建立亲密的治疗关系，了解病情病因　患儿的心理康复是需要医务人员和患儿共同完成的一件事情，患儿对医务人员的喜欢和信任格外重要，是治疗的前提。医务人员首先要真诚地关心和同情患儿，获取患儿的信赖，与患儿建立起有爱、喜欢、尊敬、平等、信任、包容的亲密治疗关系。良好的治疗关系能保证医务人员和患儿之间的良好沟通，详细了解其病情，了解其心理、社会背景，从而有针对性地开展康复及治疗。

2. 矫正不良行为和情绪，培养新的适应能力　凭着良好的医患关系，改变患儿认知、情绪和行为，鼓励支持患儿矫正其歪曲的认知或消极的情绪与行为，并督促训练患儿培养新的能力，重建健康心态及人格。

3. 分析认识问题，确定治疗目标　在了解病情病因的基础上，对可靠材料分析比较，找出问题的关键之处，确定治疗方案及方法。其病因若是潜意识中的矛盾，可用分析疗法；如属于习得的不良行为习惯，则适合行为疗法；如属于认知歪曲，则应帮助患儿发现认知错误，通过认知疗法来解决。

4. 巩固成效　通过矫正和重建之后，患儿病情逐渐好转，治疗目标得以实现，但并不意味着治疗全部结束。此时还应鼓励患儿将重新习得的经验和技巧付诸实践，并布置适当的任务和家庭作业。如患儿的症状消失或明显减轻，增强了对环境的适应能力，人格得到了新的建树和完善，即可终止治疗；如经过一段时间的治疗，症状无改善，则应对原方案进行调整，甚至放弃原方案，更换新的治疗方案。

（三）其他心理康复方法

1. 音乐治疗　音乐能超越语言表达情感世界。音乐可以开启有语言障碍、情感障碍残疾儿童的内心，使其情感能与外界交流。音乐可以刺激多重感官，与人的听觉、视觉、触觉、运动觉、平衡感等多重感官同步，在安全和无威胁的音乐环境下，引起残疾儿童有意识或无意识的反应，消退残疾儿童的心理防御机制。因此，音乐治疗师参与下的音乐疗法可以产生有效的刺激作用，通过这些刺激，可以改善儿童的智力、记忆力、注意力，并能加强儿童的整体协调能力及空间驾驭能力。有目的的音乐治疗活动能增强儿童的自信，建立良好的人际交往关系，发展社会交往能力。针对残疾儿童的音乐治疗更重视心理、情绪的调适，而不以做行为训练为主。

2. 游戏治疗　一种针对儿童心理发展特点和心理治疗难点的特殊疗法，它是以游戏活动为媒介，让儿童有机会很自然地表达自己的感情，暴露问题，并从中自我解除心理困扰。简单地说，就是利用游戏的方式，达到心理辅导或治疗的效果。在游戏治疗中，玩具就是儿童的词汇，游戏则是儿童的语言，对儿童而言，“游戏”就是最自然的沟通媒介，也是表达自我情绪、想法和行动的工具。游戏治疗所涵盖的不只是与儿童玩，更重要的是我们透过游戏治疗的过程，将儿童在现实中无法处理的问题，透过象征性的呈现，转变为可学习的、可处理的情绪与事物，从而达到舒缓紧张、发现问题、解决问题等目的。在游戏治疗中，医务人员应注意游戏本身只是一种媒介，带领者要注意自己的态度，不要有说教和批评的语气；让患儿自己选择玩耍的方式，保证游戏治疗的自发性、直接性和完整性。

（四）家长的康复指导

1. 为何要进行家长指导　残疾儿童的降临，往往家长心理准备不足，怨恨、烦恼、无助、焦虑等令家长对残疾儿童的教育不知所措，要么百般宠爱，要么放任不管，缺乏塑造培养意识，按其情况，大致可将残疾儿童家庭分为如下几种类型。①施教得当型。这类残疾儿童家庭往往能正视自己的孩子，生活上对其关心，心理上给以温暖，潜心疏导，使孩子从小培养了良好的心理素质。在进入学校教育阶段，家长出于对孩子的关心，主动与学校联系，从而进一步得到老师的重视。同学又因受老师的影响，而对这类残疾儿童产生好感和同情心。使他们在心理上感到没有被歧视，从而树立信心，取得良好的教育成果，使之到了社会上后仍有一个良好的表现。②施教模糊型。对于这类残疾儿童，家庭对他们往往只是认为温饱给予的解决就是关心，而对其心理发展状况漠不关心。对孩子的优点没能予以肯定和积极引导，对所存在的缺点又没有及时给予帮助纠正。到了学校，一些教师对这类残疾儿童时好时坏的表现往往是见优点表扬，见缺点批评。对其心理状况，往往没有多加留意，探个究竟。当这类残疾儿童走上社会后，其个性表现往往具有较大的摇摆性。③排外溺爱型。有的家庭认为自己的孩子有缺陷，会被人讥笑，在同龄人中矮一截。于是就将孩子与外界隔绝开来，对孩子采取封闭性管教，致使孩子性格孤僻，严重不合群。由于心理障碍严重，到了学校后，教师如不能运用心理学原理给予矫正，那么孩子长大后便很难适应社会的环境。④受歧视型。有的孩子因残疾，一出生就受家庭歧视，认为给家里丢人现眼，因而这类残疾孩子的遭遇是最不幸的。由于在家遭白眼，有时还成了家庭成员的“出气筒”，在外边就更容易遭同龄孩子的欺侮。久而久之，他们的心理遭受了严重的扭曲，或没有自尊心，或报复心理重。

由此可见，残疾儿童家庭的教养方式以及家长自身的心理问题，都会给患儿带来巨大的影响，给予家长科学的指导和帮助，建立良好的家庭康复环境是十分必要的。

2. 如何对家长进行康复指导 ①鼓励家长，促其配合。对康复医疗中出现的疗效缓慢的现象，要鼓励他们有信心、有耐心地按计划训练，坚持治疗，持之以恒。要让他们明白并相信绝大多数患儿一定会回归学校，走向社会，独立生活。②沟通理解，解决需求。医务人员应该像患儿家长的朋友一样，多交流、多沟通，做一个良好的倾听者，甚至可以让他们将自己的不满、疑惑和焦虑等不良情绪发泄出来，劝解患儿家长要以一颗平静的心对待治疗。③情感沟通，自我肯定。残疾儿童同样有强烈的情感方面的需要，有爱与被爱的需要，也有成就感的需要，希望得到表扬、奖励，有安全感的需要，有自尊感和被人尊重的需要，以及有独立性及独立解决问题的需要，家长要掌握正确的情感沟通方法，加强自我肯定，坦然面对患病的孩子，不要自责是不是自己干了什么事情得到了报应，不要觉得自己低人一等，或嫉妒健康的儿童。④既要养，也要教。家长要克服只知“养”、忽视“教”的片面做法，不要认为孩子有残疾，怕孩子受委屈，要抓紧动作、智力、语言、交流的训练，要敢于纠正脑瘫患者的不良行为，使孩子扩大活动和认识范围，发展独立性，使之在心理上趋于正常发展。⑤扩大交往，树立信心。医务人员应鼓励家长扩大社会和人际关系的接触面，鼓励家长带孩子参加一些带娱乐性质的活动，鼓励其亲朋好友来医院探视；结合残疾儿童的自身特点，积极发掘自己的本性，寻找一个温和有趣的正常爱好，例如听音乐、慢跑、绘画、散步、下棋等，这些既可以增强家长和患儿对疾病的心理承受能力，也可以得到放松，让家长及患儿意识到自己不是一个人，而是有亲朋好友在一起面对疾病、战胜疾病，从而减少其孤独感，树立战胜疾病的信心。

（五）教育与社会支持

残疾儿童是社会的一员，关爱残疾儿童是全社会的责任。残疾儿童应该同其他孩子一样享有学前教育与义务教育的权利。残疾儿童在接受教育的时候，可以根据自身情况选择进入普通小学或者特殊教育学校。选择普通小学接受融合教育，可以让残疾儿童走出孤独世界，真正地与普通儿童共享蓝天。已经在特殊教育环境中学习的儿童，也应努力参加学校有计划创设的社会交往的环境，如组织残疾儿童参加各项有意义的社会活动——参观、访问、为社会服务，和健全学生开展手拉手活动，参与书画、舞蹈、声乐、体育等各种竞赛，使残疾儿童在交往参与中不断克服自卑心理，不断丰富残疾儿童的精神生活和健康的思想情感。在教育环境中，教师的心理健康也是残疾儿童心理健康的重要前提，教师时时处于残疾儿童的观察、注意之中，一言一行都会直接影响到学生。因此，从事特殊教育工作的教师应具有坚定的信心，要有稳定、乐观的情绪和愉快的心境，要尊重、期待和信任每一个残疾孩子，要有高度的耐心和深沉的爱心。

残疾儿童不只是关乎个人自身发展的行为，还关系到国家和民族的未来。每个人都有责任和义务，帮助残疾儿童全面发展和更好地融入学校、融入社会，实现幸福的人生。

复习思考

1. 试述老年患者的心理特点。
2. 如何运用心理康复技术对老年患者进行心理康复?
3. 试述残疾儿童常见的心理问题。
4. 如何对残疾儿童进行心理康复?
5. 如何对残疾儿童家长进行康复指导?

扫一扫，知答案

第十七章
常见残疾的心理康复

【学习目标】

1. 掌握：神经系统患者的心理康复。

2. 熟悉：残疾人的心理特点；残疾人的心理变化过程。

案例导入

黄美廉，1964年出生于台湾台南市，父亲是一位牧师。出生时由于医生的错误，造成她脑部神经受到严重的伤害，以致颜面四肢肌肉都失去了正常的作用。当时，爸爸、妈妈抱着身体软软的她四处寻访名医，得到的都是无情的答案。她不能说话，嘴还向一边扭曲，口水也止不住地流出。14岁时，全家移民到美国，她进入洛杉矶市立大学就读，之后转至洛杉矶加州州立大学艺术学院，如今已取得艺术学博士学位，成为画家和作家。

由于不能通过语言正确地表达自己的意思，每一次演讲，黄美廉女士总是以笔代嘴，以写代讲，所以，人们又亲昵地称她为“写讲家”。在台南市的一次演讲中，一位学生问：“黄博士，您从小就长成这个样子，您会认为老天不公吗？在人生的旅途上，您有没有怨恨？”对一位身有残疾的女士来说，这个问题是那样的尖锐而苛刻，大家唯恐黄美廉因此感到难堪，因为这个问题会伤到她的心。然而，黄美廉只是微微一笑，转过身来，用粉笔在黑板上写道：“我很可爱！我的腿很长很美！我的爸爸妈妈很爱我！上帝会公平地对待每一个人！我会画画，我会写稿子！还有很多的生活方式让我热爱……”

黄美廉一下子写出了几十条让她热爱生活的理由，而且热爱得那样理直气壮。看着黑板上写下的理由，整个“写讲会”上鸦雀无声，大家都感动得热泪盈眶，再也没有人多说话。

黄美廉转过身来，看了看大家，再次转过身去，在黑板上重重地写下了她的那句名言：我只看我所有的，不看我所没有的……

第一节　残疾人的心理特点及康复

残疾是指不能正常生活、工作和学习的身体上或精神上的功能缺陷，包括程度不同的肢体残缺、感知觉障碍、活动障碍、内脏器官功能不全、精神和行为异常、智能缺陷等。残疾人包括肢体、精神、智力或感官有长期损伤的人，这些损伤与各种障碍相互作用，阻碍残疾人在与他人平等的基础上充分和切实地参与社会。伤残改变了患者的生理及社会状况，其心理问题与健全人相比，更具有复杂性的特点。治疗者要针对残疾人的心理特点，采取有针对性的心理康复措施，使残疾人尽快恢复功能，重返社会。

一、残疾人的心理特点

1. 自卑心理　残疾人由于机体缺陷，使之不能像普通人那样学习、工作、恋爱，导致心中的悲伤和失落，使他们产生自卑的心理，体现在缺乏自信心，总感觉自己的缺陷带来诸多不便，导致情绪低落。当个人不能解决困难的问题，而又缺乏足够的支持和帮助，甚至遭遇嘲笑和鄙视时，就会产生自卑心理。自卑心理是残疾人的主要心理特点。

2. 孤独心理　残疾人由于机体缺陷，如行为障碍、语言障碍等，加之社会配套设施不健全，如无障碍通道、残疾人卫生间、红绿灯声音信号等，限制了残疾人外出，导致他们活动范围狭小。此外，缺乏活动场所，缺少人际交流，久而久之会产生孤独心理，这种心理会随着年龄的增长而加重。

3. 敏感心理　残疾人由于自身缺陷，与外界交流较少，遇到事情藏在心里，造成他们敏感多疑的性格。对其他人的评论也特别敏感，尤其是涉及个人的缺陷时，不正确的眼神、不恰当的称呼、不合适的动作都可能被他们视为针对自己，往往引起他们特别强烈的反感。

4. 消极心理　残疾人由于机体缺陷，自我效能感弱，抱怨老天的不公正，对个人的未来失去希望，易产生消极逆反心理，常表现为情绪低落、意志消沉、缺乏兴趣、缺乏生活动力等。更有甚者，表现出敌对情绪，当个人利益受影响或遭受不公正待遇时，会辱骂甚至攻击他人。

5. 依恋心理　残疾人由于自身的疾患，需要获得社会的支持和帮助；残疾朋友之间有更多的相似性，彼此更乐于互相帮助，结为有限的社会支持网络，形成依恋心理。

6. 性格倔强　肢体残疾朋友的性格特点比较倔强和自我克制，在他们的内心深处，可以把一切不平和怨恨忍受下来，只是到了他们难以忍受的时候，才会脾气爆发。

7. 挫折感强　尤其是后天的事故或其他原因造成的残疾，受挫感特别强烈，有的甚至会改变一个人的整个精神面貌和性格。

8. 富有同情心　残疾朋友在生活中是非常富有同情心的。残疾朋友由于自身的疾患，内心的无助，希望得到更多人的关注和帮助，在这样的心理状态下，从心理学的角度说，他容易在相类似的人身上产生移情和投射，也就是说，潜意识里在对方身上看到了自己，给对方（也是给自己）更多的理解和同情。

9. 自强自立　有相当一部分残疾朋友身残志不残，具有强烈的自强自立精神。有非常强的毅力去学习，从而实现自我的人生价值，为社会创造财富。

二、残疾人的心理变化

残疾人在残疾后的最初一段时间，不了解病情或不清楚疾病的预后，往往不会出现心理异常。当他们逐渐意识到病情的严重性时，情绪开始发生剧烈的变化，产生心理波动和危机。

1. 情绪剧烈变化　残疾人在确认自己残疾后，首先出现的心理变化就是情绪剧烈变化，即情绪低落、反应迟钝、抑郁、焦虑。一些残疾人还会伴有急躁、愤怒的心理，表现为爱发脾气、易激惹。严重者还会产生情感障碍，出现强迫性情绪、情感脆弱、情感倒退等反应。

2. 依赖心理增强　残疾人在治疗期间，由于病情严重、长期卧床，许多活动都由护士或家属代替完成，从而产生依赖心理。患者认为只要自己没有重新站起来走路，或没有完全康复，就需要依赖他人的帮助。

3. 心理动机低下　一些患者由于残疾来得突然，打击太大，动机消极，抑郁悲观；一些患者出现心理动机低下，不愿参加活动和训练，言语明显减少，对任何事情都没有兴趣，行为变得懒散、消极。严重者还会出现退行性反应，如出现童年时期的行为或低于现实水平的行为。

4. 心理反应强烈　个别患者由于无法面对现实，产生极端的强迫观念，如经常想到自杀或攻击他人。这类患者表面上往往没有异常表现，但其内心活动和心理反应非常强烈。强迫观念和行为在年轻患者、女性患者和心理承受力较低者中多见。一般情况下，患者在受伤致残后心理承受能力下降，出现自杀倾向是比较正常的，但真正付诸行动的很少。患者出现自杀行为往往有比较深刻的诱因，如身体健康状况的极大变化、感情危机（如离婚）、经济危机等。平时出现自杀的情况虽然较少，但其危害和负面影响却很大，应引起特别重视。

三、影响因素

1. 家庭因素　伤残后，患者的家庭地位、在家庭中的作用、承担家庭义务的能力以及主要家庭关系都会发生很大变化，尤其是在家庭中扮演重要角色的患者，面临的角色转换更为突出。例如夫妻关系，在伤残前，夫妻双方共同经营家庭，共同照顾父母、抚养子女，共同承担家庭义务；一方残疾后，不仅所有的家庭重担都要由另一方承担，而且还要照顾残疾的一方，残疾人从原来照顾别人转变成被人照顾。大部分患者致残后会完全丧失或部分丧失社会劳动能力，经济收入明显降低，同时还要支付各种治疗、训练等费用。这种变化会对患者的心理产生较大影响。

2. 社会原因　患者伤残后，很长一段时间内不能继续工作，有的甚至再也不能回到原来的工作岗位。即使能回到原有岗位，其工作也会或多或少受到影响，加上部分人还对残疾人抱有蔑视、歧视的现象，这些都可能会增加他们的心理负担。

3. 个人原因　残疾人在伤残后面临的第一个问题，就是从原来的健康身体变成残疾。患者的活动、生活都会受到限制，甚至生活完全不能自理。其生活、工作和社交等都会发生变化，有的人个性坚强，生性乐观，能很快适应现状；有的则不能正确对待残疾，产生依赖心理，或怨天尤人，或自暴自弃。

四、残疾人的心理康复

（一）帮助患者完成社会角色转换

帮助患者正确认识残疾，尽快认同新的社会角色，完成角色转换。要选择合适的时机让患者全面了解病情，使他们充分认识残疾可能带来的影响和康复训练对残疾的重要作用，进而正确面对现实，接受残疾。完成角色转换有利于帮助残疾人尽早树立正确的心理观念，重新认识自己，发现并积极开发自己的潜能，使其成为今后参与社会活动、树立自信心的心理支撑点。

（二）与患者建立良好的医患关系

通过观察、会谈、心理测验，或通过医生、护士、家属等了解患者目前的心理状况，做出正确的心理诊断，明确患者所处的心理阶段，同时要有意识地和患者建立一种良好的医患关系，让患者感到温暖和关心，从而赢得患者的信任。在建立这种关系时，要注意保持中立的立场和治疗的客观性。促进患者充分参与康复训练，主动配合医生完成各阶段的训练任务，提高训练质量。

（三）帮助患者树立正确的角色观念，接受和认同新的角色

帮助患者树立正确的角色观念，通过角色支持与角色矫正等方法，用具体的方法来帮助患者接受、认同新的角色，并尽快适应新角色。

1. 行为疗法　利用行为疗法中的鼓励与支持手段，定期对患者进行心理强化，巩固患者已经形成的正确观念。患者初步认同新的社会角色后，还会出现一些反复，因此，要定期对患者进行随访、强化，鼓励和表扬他们的进步，不断让患者体会到认同新的角色是正确和愉快的。

2. 角色扮演训练　通过对患者进行假定角色的扮演训练，提高患者转换社会角色的能力，增加对不同社会角色的心理体验，有助于患者顺利完成对当前“残疾”这一角色的认同。

3. 集体疗法　将病情、自然状况相近的患者组成小组，让他们相互之间进行交流，畅谈自己耳闻目睹的事物和内心感受，以及对残疾的看法、生活训练的经验等，特别邀请一些对残疾有全面认识、心理状态良好的患者作为小组的主要发言者，这对新患者可以起到榜样的作用。通过交流，可以加深患者对残疾的理解，并找到一种心理平衡感。在进行该疗法时，要预先设定好讨论的内容，并在心理医师的指导下进行。

（四）营造和谐的家庭氛围

家庭是生活成长的主要场所，亲人是他们最亲密的人。因此，家人要增加与残疾人的交流和沟通，认真聆听他们的需求和想法。对于积极的应尽量满足和实现，而对于消极的应及时纠正和制止。对于产生的心理问题，要尽快疏导和解决，如果家人解决不了，应借助社会力量解决。要营造和谐温暖的家庭氛围，以宽容和平和的心态对待残疾人，使他们感受到家庭的温暖和家人的关心，这样才能增加他们战胜困难的信心和未来发展的希望。

（五）帮助患者了解社会资源

我国政府和社会已经建立了相关的社会保障体系，以保障残疾人能够获得良好的教育和就业机会，解决其工作和生活、婚姻等问题，使他们能全面地融入社会生活，但很多人对此并不了解，担心自己不能适应社会。因此，有必要帮助患者了解现有的社会保障体系，如我国有对残疾人的免费培训，可帮助他们学习新的技能；残疾人的创业和就业制度，可提供资金和税收的优惠等。

（六）帮助患者树立正确的价值观

帮助患者树立正确的价值观和积极向上的人生态度，强化残疾人自强不息的意识，这样患者才能有平常的心态面对社会和他人，才能树立并努力去实现自己的理想。

总之，医院、家庭、社会和残疾人应共同努力，使残疾人真正解决自卑、孤独、敏感、忧虑等心理问题，增强残疾人的社会适应能力，建立人与人之间良好的人际关系，促进健全人格的成长，使他们能够更好地生活和发展。

第二节　神经系统疾病的心理康复

一、脑卒中患者的心理康复

（一）脑卒中含义

脑卒中又称“中风”“脑血管意外”，是一种急性脑血管疾病，是由于脑部血管突然破裂或因血管阻塞，导致血液不能流入大脑而引起脑组织损伤的一组疾病，包括缺血性和出血性卒中。缺血性卒中的发病率高于出血性卒中，占脑卒中总数的60%～70%。

（二）脑卒中病因

1. 血管性危险因素　脑卒中发生的最常见原因是脑部供血血管内壁上有小栓子，脱落后导致动脉－动脉栓塞，即缺血性卒中。也可能由于脑血管或血栓出血造成，为出血性卒中。冠心病伴有房颤患者的心脏瓣膜容易发生附壁血栓，栓子脱落后可以堵塞脑血管，也可导致缺血性卒中。其他因素有高血压、糖尿病、高脂血症等。其中，高血压是中国人群卒中发病的最重要危险因素，尤其是清晨血压的异常升高。

2. 性别、年龄、种族等因素　研究发现，颈内动脉和椎动脉闭塞和狭窄可引起缺血性脑卒中，年龄多在40岁以上，男性较女性多。我国人群脑卒中发病率高于冠心病，与欧美人群相反。

3. 不良生活方式　通常同时存在多个危险因素，如吸烟、不健康的饮食、肥胖、缺乏适量运动、过量饮酒和高同型半胱氨酸，以及患者自身存在一些基础疾病如高血压、糖尿病和高脂血症，都会增加脑卒中的发病风险。

（三）脑卒中临床表现

中风的最常见症状为一侧脸部、手臂或腿部突然感到无力，突然昏仆，不省人事。其他症状包括：突然出现一侧脸部、手臂或腿出现麻木，或突然发生口眼㖞斜、半身不遂；神志迷茫、说话或理解困难；单眼或双眼视物困难；行路困难、眩晕、失去平衡或协调能力；无原因的严重头痛；昏厥等。根据脑动脉狭窄和闭塞后神经功能障碍的轻重和症状持续时间，可分为三种类型。

1. 短暂性脑缺血发作　颈内动脉缺血表现为突然肢体运动和感觉障碍、失语，单眼短暂失明等，少有意识障碍。椎动脉缺血表现为眩晕、耳鸣、听力障碍、复视、步态不稳和吞咽困难等。症状持续时间短于2小时，可反复发作，甚至一天数次或数十次，可自行缓解，不留后遗症。脑内无明显梗死灶。

2. 可逆性缺血性神经功能障碍　与短暂性脑缺血发作基本相同，但神经功能障碍持续时间超过24小时，有的患者可达数天或数十天，最后逐渐完全恢复。

3. 完全性卒中 症状较短暂性脑缺血发作和可逆性缺血性神经功能障碍严重，不断恶化，常有意识障碍。脑部出现明显的梗死灶。神经功能障碍长期不能恢复，完全性卒中又可分为轻、中、重三型。

4. 脑卒中预兆 研究发现脑卒中常见预兆依次为：①头晕，特别是突然感到眩晕。②肢体麻木，突然感到一侧面部或手脚麻木，有的为舌麻、唇麻。③暂时性吐字不清或讲话不灵。④肢体无力或活动不灵。⑤与平时不同的头痛。⑥不明原因突然跌倒或晕倒。⑦短暂意识丧失，或个性和智力的突然变化。⑧全身明显乏力，肢体软弱无力。⑨恶心呕吐或血压波动。⑩整天昏昏欲睡，处于嗜睡状态。⑪一侧肢体不自主地抽动。⑫双眼突感一时看不清眼前出现的事物。

（四）脑卒中患者心理康复

1. 脑卒中患者的主要心理问题 ①恐惧心理。脑卒中患者因发病前无心理准备，突如其来的病痛带来各种功能障碍和痛苦，会使其感到茫然、慌乱，为不能继续工作、生活不能自理，给家庭带来经济负担而焦虑恐惧。②否认心理。疾病的突然降临，脑卒中患者从心理上不能接受既成的身体功能障碍事实，拒绝承认脑卒中带来的危害。③焦虑心理。脑卒中急性期，患者因为不了解病情和预后而慌乱焦虑。④抑郁心理。治疗过程中，疗效不明显，脑卒中患者感到失望而抑郁；随着时间的推移，身体功能障碍的持续，脑卒中患者感到绝望而抑郁，封闭自己，拒绝亲人，伤感落泪。⑤自卑心理。因身体功能障碍，生活不能自理，心理承受能力下降，十分在乎别人的态度。认为身体形态异常，说话吐字不清，被人耻笑，不愿参与社交活动，不敢直视别人的目光。

2. 脑卒中患者的心理康复措施 ①减轻恐惧。针对脑卒中患者的恐惧心理，要采取鼓励安慰的支持疗法。家属要对患者热情关心，多与患者交谈，面色和蔼，热情地给患者洗脸、喂饭、洗澡、翻身、处理大小便等，使患者感到不孤独，有继续生活的勇气。医务人员要多深入病房，多问候，耐心开导，讲明病情，表示同情，让患者尽量把内心的紧张情绪都倾诉出来，再予以相应的疏导和解释，以解除患者的心理负担，用医务人员的和蔼目光、热情态度，得体言行，医治患者的精神创伤，促进患者对现实生活的适应，增强和维护患者的自尊心和自我价值，尽快减轻患者的恐惧心理。②改变认知。脑卒中患者多处于急性期，意识水平较低，发病时持续数周后，患者从惶恐中安静下来，对疾病的认识和治疗尚不清楚，但对康复的期望值很高。医务人员可通过现代化检查手段的结果和科学的医学理论说服患者，用循序渐进的身心放松法减轻患者的精神压力，启发患者尊重客观现实，具体问题具体分析，使患者意识到不切实际主观认知的错误，学会以合理的思维方式看病治病。帮助患者面对现实，从心理上承认疾病，配合治疗。③调节情绪。脑卒中患者经过几个疗程的治疗后，疗效提高不明显，就认为是不治之症，心理活动表现出情绪抑郁、意志消沉、精神萎靡、孤独绝望、沉默寡言、性情孤僻、表情淡漠、急躁易怒、精神崩溃、悲观厌世等。针对脑卒中患者认知偏差导致的一系列不良情绪反应，医务人员可根据患者病程中不同阶段的心理冲突，适时调整治疗方案，和颜悦色地耐心安慰患者，最大限度地满足患者的需要，调动患者的正面情绪，促使患者的病态心理向正常心理状态转化。④训练自信。医务人员协助患者进行功能训练的同时，鼓励患者多与人交往，参加娱乐活动，培养兴趣爱好，参加集体活动，培养集体意识、参与社会意识和自信意识，尽早走出孤独和“被遗弃”的心理阴影。患者锻炼进步时予以鼓励表扬，使患者看到治疗的成绩和痊愈的希望，以便更好地配合治疗。⑤修正行为。患者因病残依赖性增加，对生活失去信心，能做的事也不愿意做，渐渐产生惰性心理，“衣来伸手，饭来张口”，医务人员要协助家属，根据患者病情的不同阶段制订患者自理方案，督促鼓励患者独立完成，用成功病例教育患者，激励患者面对现实、改善不良心态，增强对治疗的依从性，建立战胜疾病的信心，使患者不断自我调节，达到心理平稳状态，主动解决困难，逐步适应正常生活。

二、颅脑损伤患者的心理康复

（一）颅脑损伤含义

颅脑损伤是一种常见的外伤，可单独存在，也可与其他损伤复合存在。根据颅脑解剖部位，可分为头皮损伤、颅骨损伤与脑损伤，三者可合并存在。头皮损伤包括头皮血肿、头皮裂伤、头皮撕脱伤。颅骨骨折包括颅盖骨线状骨折、颅底骨折、凹陷性骨折。脑损伤包括脑震荡、弥漫性轴索损伤、脑挫裂伤、脑干损伤。按损伤发生的时间和类型，又可分为原发性颅脑损伤和继发性颅脑损伤。按颅腔内容物是否与外界交通，可分为闭合性颅脑损伤和开放性颅脑损伤。根据伤情程度又可分为轻、中、重、特重四型。

（二）颅脑损伤病因

和平时期颅脑损伤的常见原因为交通事故、高处坠落、失足跌倒、工伤事故和火器伤；偶见难产和产钳引起的婴儿颅脑损伤。战时导致颅脑损伤的主要原因包括房屋或工事倒塌、爆炸性武器形成高压冲击波的冲击。

（三）颅脑损伤临床表现

1. 一般表现　①意识障碍。绝大多数患者伤后即出现意识丧失，时间长短不一。意识障碍由轻到重表现为嗜睡、蒙眬、浅昏迷、昏迷和深昏迷。②头痛、呕吐。是伤后常见症状，如果不断加剧，应警惕颅内血肿的可能。③瞳孔。如果伤后一侧瞳孔立即散大，光反应消失，患者意识清醒，一般为动眼神经直接原发损伤；若双侧瞳孔大小不等且多变，表示中脑受损；若双侧瞳孔极度缩小，光反应消失，一般为桥脑损伤；如果一侧瞳孔先缩小，继而散大，光反应差，患者意识障碍加重，为典型的小脑幕切迹疝表现；若双侧瞳孔散大固定，光反应消失，多为濒危状态。④生命体征。伤后出现呼吸、脉搏浅弱，节律紊乱，血压下降，一般经数分钟及十几分钟后逐渐恢复正常。如果生命体征紊乱时间延长，且无恢复迹象，表明脑干损伤严重；如果伤后生命体征已恢复正常，随后逐渐出现血压升高、呼吸和脉搏变慢，常暗示颅内有继发血肿。

2. 特殊表现 ①新生儿颅脑损伤几乎都是产伤所致，一般表现为头皮血肿、颅骨变形、囟门张力高或频繁呕吐。婴幼儿以骨膜下血肿较多，且容易钙化。小儿易出现乒乓球样凹陷骨折。婴幼儿及学龄前儿童伤后反应重，生命体征紊乱明显，容易出现休克症状。常有延迟性意识障碍表现。小儿颅内血肿临床表现轻，脑疝出现晚，病情变化急骤。②老年人颅脑损伤后意识障碍时间长，生命体征改变显著，并发颅内血肿时早期症状多不明显，但呕吐常见，症状发展快。③重型颅脑损伤常常可以引起水、盐代谢紊乱、高渗高血糖非酮性昏迷、脑性肺水肿及脑死亡等表现。

（三）颅脑损伤患者心理康复

1. 颅脑损伤患者的主要心理问题 ①否认心理。颅脑损伤患者从过去健康、具有一定工作能力情况下，突然转变为身体残缺，心理上接受不了肢体功能障碍的现实。②抑郁心理。颅脑损伤患者吃饭、洗浴、如厕、简单的更换衣着等，都需要他人照顾，生活的不便、精神的打击和心理压力，导致患者出现情绪低落、抑郁、悲观，甚至产生轻生的念头。③自卑心理。颅脑损伤患者身体出现残缺，意识出现障碍，感到生不如死，羞于见人。

2. 颅脑损伤患者心理康复措施 ①认知性心理康复。针对颅脑损伤患者的否认心理，医务人员要采用认知疗法，耐心、细致地向患者介绍和解释神经医学理论知识，使患者对疾病的可治性有足够了解，消除思想疑虑；鼓励患者宣泄、倾诉以缓解抑郁情绪，使心理压力得以释放；治疗时采用主动坦诚的医患关系，使用激励性语言以鼓舞患者战胜疾病、重返社会的信心，使其配合康复治疗。鼓励患者面对现实，用积极的态度配合治疗，尽快消除消极情绪，树立信心，和医务人员共同努力恢复失去的功能，回归家庭，回归社会。临床医学证明，97% 的颅脑损伤患者经抢救治疗后，会产生负性情绪或导致精神方面的缺陷，长期的焦虑、抑郁会经下丘脑 – 神经或垂体途径，激活肾上腺髓质系统与血管紧张素 – 醛固酮系统，直接或间接地影响到机体淋巴细胞分化增殖及抗体分泌能力，造成免疫系统抗感染能力削弱，很大程度上会影响患者肢体活动障碍的康复治疗进程，及时的心理康复使颅脑损伤患者的心理应激得到缓解，抑郁、焦虑等不良情绪症状获得显著改善。②支持性心理康复。中重型颅脑损伤患者多会留有后遗症，包括瘫痪、失语等，为帮助患者及早调适情绪，形成稳定的康复功能锻炼习惯，应创造良好的康复氛围与治疗环境：第一是协调社会支持。协调家属、同事等社会支持力量能够提高患者康复治疗的主观能动性，在帮助患者解决实际困难的同时，要鼓励患者配合治疗，消除或减轻患者的心理负担，改变其负性思维；鼓励患者主动参与早期功能锻炼，激发潜在能力，配合康复治疗以克服肢体或语言障碍。第二是情志调治。针对颅脑损伤患者长期住院的特征，根据患者的年龄、性别、文化素养等差异，有区别地引导患者阅读书报、看电视新闻等，鼓励类似病情患者间的沟通交流，营造和谐互动的病区环境；适当播放轻松、舒缓的音乐用作心理干预材料，促进颅脑损伤患者心理健康水平、社交能力的恢复，缓解躯体及精神痛苦。第三是运动调治。鼓励并协助患者主动参与日常生活活动，包括洗漱、进食等，通过简单的肢体功能锻炼和适时的鼓励，使患者逐渐驱除不良情绪状态，降低依赖性，保持成功体验的精神状态。在实施心理康复的过程中，患者通过交流、沟通看电视、听音乐来缓解呈过度紧张状态的交感神经，使患者创伤后应激、焦虑等不良反应得以转移或分散。生理学研究证明，心理康复刺激大脑所分泌的鸦片样内啡肽可有效解除外伤疼痛，起到无创伤性镇痛剂的作用。

三、脊髓损伤患者的心理康复

（一）脊髓损伤的含义

脊髓损伤是脊柱损伤最严重的并发症，往往导致损伤节段以下肢体严重的功能障碍。脊髓损伤不仅会给患者本人带来身体和心理的严重伤害，还会对整个社会造成巨大经济负担。

（二）脊髓损伤的病因

脊髓损伤是由于外界直接或间接因素导致脊髓损伤，在损害的相应节段出现各种运动、感觉和括约肌功能障碍，肌张力异常及病理反射等的相应改变。脊髓损伤的程度和临床表现取决于原发性损伤的部位和性质。在中医学属外伤瘀血所致“腰痛”“痿证”“癃闭”等病证范畴。脊髓损伤可分为原发性脊髓损伤与继发性脊髓损伤，前者是指外力直接或间接作用于脊髓所造成的损伤，后者是指外力所造成的脊髓水肿、椎管内小血管出血形成血肿、压缩性骨折，以及破碎的椎间盘组织等形成脊髓压迫所造成的脊髓进一步损害。

（三）脊髓损伤临床表现

1. 脊髓震荡与脊髓休克　①脊髓震荡。脊髓损伤后出现短暂性功能抑制状态。②脊髓休克。脊髓遭受严重创伤和病理损害时，即可发生功能的暂时性完全抑制，临床表现以迟缓性瘫痪为特征，各种脊髓反射包括病理反射消失及二便功能均丧失。

2. 脊髓损伤的纵向定位　从运动、感觉、反射和植物神经功能障碍的平面来判断损伤的节段。①颈脊髓损伤。②胸髓损伤。仅影响部分肋间肌，对呼吸功能影响不大，交感神经障碍的平面也相应下降，体温失调也较轻微。③腰髓及腰膨大损伤。④第四腰脊髓损伤。⑤第五腰脊髓损伤。⑥第一骶脊髓损伤。⑦第二骶脊髓损伤。⑧脊髓圆锥损伤。

3. 横向定位（脊髓不全性损伤）　①中央性脊髓损伤综合征。上肢与下肢的瘫痪程度不一，上肢重下肢轻，或者单有上肢损伤。②脊髓半切综合征。同侧肢体运动瘫痪和深感觉障碍，而对侧痛觉和温度觉障碍，但触觉功能无影响。③前侧脊髓综合征。可由脊髓前侧被骨片或椎间盘压迫所致，也可由中央动脉分支的损伤或被压所致。④脊髓后方损伤综合征。多见于颈椎于过伸位受伤者，系脊髓的后部结构受到轻度挫伤所致。⑤马尾－圆锥损伤综合征。由马尾神经或脊髓圆锥损伤所致，主要病因是胸腰结合段或其下方脊柱的严重损伤。

（四）脊髓损伤患者心理康复

1. 脊髓损伤患者的主要心理问题　①抑郁心理。脊髓损伤患者在瞬息间由一个健康人突然成为一个残疾人，肢体的残疾、经济的压力、心理的创伤，患者常忧虑重重，悲观失望抑郁。②急躁心理。在治疗和康复期间，见效较慢，疗效的不够显著、疗程的漫长、康复的艰难缓慢，脊髓损伤患者常慌张急躁。

2. 脊髓损伤患者的心理康复措施　①缓解患者的心理压力。脊髓损伤患者很多存在抑郁心理，医护人员须与家属一起做患者的心理工作，进行心理疏导，发挥患者与疾病做斗争的主观能动性，使残疾降至最低程度；针对患者损伤的程度，医务人员要向患者及家属说明脊髓损伤的治疗过程及可能的预后与转归，解释卧床的时间及必要性，缓解其心理压力，引导患者积极配合治疗。②建立良好的护患关系。医护人员要深入细致地了解患者的心理状态，帮助他们战胜自我，树立战胜疾病的信心，向患者指出消极情绪对疾病的影响，鼓励患者积极配合治疗；要指导患者正确认识与对待疾病，稳定情绪，消除紧张急躁的心理；医护人员要与患者家属积极配合，以减轻患者的心理压力。③提高患者自我价值。告知家属此类疾病的功能恢复需要一个漫长的过程，并取得家属的配合，家属的悉心照料对患者的心理转变尤为重要，同时帮助患者树立信心，让患者懂得既然不幸已经发生，就必须面对现实，急躁、悲观、绝望都不利于疾病的恢复；给患者讲一些成功事迹，鼓励患者做到身残志坚，以提高自我的价值；为患者制定一个行之有效的康复计划，使其积极主动参与功能锻炼。

四、周围神经病损患者的心理康复

（一）周围神经病的含义

周围神经是指嗅、视神经以外的脑神经和脊神经、自主神经及其神经节。周围神经疾病是指原发于周围神经系统结构或者功能损害的疾病。周围神经纤维可分为有髓鞘和无髓鞘两种。

（二）周围神经病病因

本病病因复杂，可能与营养代谢、药物及中毒、血管炎、肿瘤、遗传、外伤或机械压迫等原因有关。

（三）周围神经病临床表现

周围神经疾病有许多特有的症状和体征，感觉障碍主要表现为感觉缺失、感觉异常、疼痛、感觉性共济失调；运动障碍包括运动神经刺激和麻痹症状。刺激症状主要表现为肌束震颤、肌纤维颤搐、痛性痉挛等，而肌力减低或丧失、肌萎缩则属于运动神经麻痹症状。另外，周围神经疾病患者常伴有腱反射减低或消失，自主神经受损常表现为无汗、竖毛障碍及直立性低血压，严重者可出现无泪、无涎、阳痿及膀胱直肠功能障碍等。

（四）周围神经病患者的心理康复

1. 周围神经病患者的主要心理问题　①恐惧心理。周围神经病变患者手脚麻疼，拿东西不方便，行走不便，随着病情的加重，脚疼加重后还会引起患者失眠，患者会觉得困倦和乏力，继而精神恍惚，使患者感到末日来临。②抑郁心理。由于患者周围神经系统结构或者功能遭受损害，丧失了大部分功能，不仅严重影响劳动工作，患者的日常生活自理也十分困难，加上恢复慢，病程长，往往患者感到极其痛苦和抑郁。③消极心理。随着病情加重、疼痛难忍、精神恍惚，周围神经病变的患者感到治疗无望、生活绝望，甚至产生自杀倾向。

2. 周围神经病患者的心理康复措施　①支持疗法。医护人员要与患者建立良好的医患关系，倾听患者的痛苦，解释患者的疑问，指导患者的康复训练，保证对患者的痛苦和困难给予高度同情，对患者关心和尊重，鼓励患者战胜疾病，帮助患者树立自信。②情志疗法。情志疗法是指以一种情志去纠正相应所胜的情志，达到调节由这种不良情志所引起的疾病的独特治疗方法，亦称之为以情胜情疗法。医护人员指导患者保持良好的心态，切忌恼怒或抑郁过度，消除紧张、激动等心理状态，保持心情舒畅豁达，情绪稳定。③矫正疗法。对于康复阶段的患者，多采取行为矫正方法。可采用医学宣教、心理咨询、集体治疗、患者示范、作业治疗等方式来消除或减轻患者的心理障碍，使其发挥主观能动性，积极地进行康复治疗。

第三节　股骨损伤患者的心理康复

一、骨折患者的心理康复

（一）骨折的含义

骨折是指骨结构的连续性完全或部分断裂。多见于儿童及老年人，中青年也时有发生。患者常为一个部位骨折，少数为多发性骨折。经及时恰当的处理，多数患者能恢复原来的功能，少数患者可遗留有不同程度的后遗症。

（二）骨折的病因

1. 直接暴力　暴力直接作用于骨骼某一部位而致该部骨折，使受伤部位发生骨折，常伴不同程度的软组织损伤。

2. 间接暴力　间接暴力是通过纵向传导、杠杆作用或扭转作用使远处发生骨折，如从高处跌落足部着地时，躯干因重力关系急剧向前屈曲，胸腰脊柱交界处的椎体发生压缩性或爆裂骨折。

3. 积累性劳损　长期、反复、轻微的直接或间接损伤可致使肢体某一特定部位骨折，又称疲劳骨折。

（三）骨折的临床表现

1. 全身表现　①休克。对于多发性骨折、骨盆骨折、股骨骨折、脊柱骨折及严重的开放性骨折，患者常因广泛的软组织损伤、大量出血、剧烈疼痛或并发内脏损伤等而引起休克。②发热。骨折处有大量内出血，血肿吸收时体温略有升高，但一般不超过38℃，开放性骨折体温升高时应考虑感染的可能。

2. 局部表现　骨折的局部表现包括骨折的特有体征和其他表现。

3. 骨折的特有体征　①畸形。骨折端移位可使患肢外形发生改变，主要表现为缩短、成角、延长。②异常活动。正常情况下，肢体不能活动的部位，骨折后出现不正常的活动。③骨擦音或骨擦感。骨折后两骨折端相互摩擦撞击，可产生骨擦音或骨擦感。

（四）骨折患者的心理康复

1. 骨折患者的主要心理问题　①焦虑心理。由于股骨颈骨折往往伴外伤或跌碰所致而突然发病，立即出现疼痛和功能障碍，生活不能自理，须住院治疗；加上住院后不熟悉住院环境，交纳住院费所致的经济负担等作为一种强烈的心理应激原，是患者术前出现过度紧张焦虑的主要原因。术后角色转变较为迅速，但疼痛、卧床、过多的探视等仍不能全面消除紧张焦虑。②恐惧心理。骨折会使患者产生“应激性情绪反应”，骨折患者大多惧手术、惧残疾。患者在骨科这样一个特殊的环境中，耳闻目睹各种意外事故及其所致伤残后果，易与自身体验相结合，承受巨大的精神压力，同时也担心手术的成败，联想预后，这些形成了长期的心理负担。③悲观心理。患者对治疗和康复方面知识了解甚少，仅通过翻阅一些科普书籍，或病友间相互交谈了解一些，容易将自己的病情与不良后果联系起来，尤其在眼前肢体功能丧失或缺如，生活自理能力下降或丧失，顾虑以后可能留下肢体残疾，需要别人照顾，怕连累家人和朋友，最终产生悲观绝望心理。④自卑心理。在医院陌生的环境中，往往只有个别亲人陪护，周围缺少平素的朋友和亲人，社会信息缺乏，想到以后参加社会活动的能力和范围受限，待在家里也是一个相对封闭的环境，而产生自卑孤独的心理。表现为沉默寡言，忧心忡忡，不善于与人交谈，夜间入睡困难。⑤期待心理。患者对未来有着美好的想象，当骨折发生后，不但躯体上发生了变化，心理上也经受着折磨。希望获得同情和支持，得到认真的诊治和护理，急盼早日康复，寄希望于医术高超医生手术的成功，以及家属的安慰和医护人员的鼓励。

2. 骨折患者的心理康复措施　①情志疗法。医务人员要采用和蔼的态度、亲切的语言，对骨折患者进行指导、解释、鼓励和安慰，以建立良好的治疗关系，消除患者的陌生感；耐心倾听患者的倾诉，及时解答患者的疑问，化解负性情绪，使患者精神上由悲观转为乐观，行动上由被动转为主动，促进并保持心理平衡。②认知疗法。用通俗易懂的语言、生动有趣的画册、图像、书籍等资料，给患者讲解骨折治疗和康复方面的知识，使患者对骨折及其康复建立正确的认识，消除或缓解因为对疾病认知偏差导致的心理问题。③支持疗法。医务人员要在不违背保护性医疗原则的前提下，尽可能将有关治疗信息告知患者，并予以支持性的心理治疗。提供有效的社会支持，帮助患者维持情感的完好状态，减轻灾害性事件的刺激，防止不良心理问题的发生。医务人员要及时做好患者家属、亲朋好友、单位同事的配合支持工作，使他们为患者提供情感支持、信息支持或物质支持，促使患者在和谐的氛围中积极配合治疗，以促进康复。另外，可采用积极的自我暗示法，充分调动患者的主观能动性，培养积极情绪，采用放松疗法，消除患者的负情绪，保持心理平衡。④认知疗法。骨折后期易出现关节强直，患者往往会担心残疾畸形，所以要了解此期患者的情绪变化，认真倾听患者提出的问题，耐心讲解并强调功能锻炼的重要性，对心理负担重的患者做好安慰，对患者不切实际的想法要加以疏导，使患者既不盲目乐观，又对康复充满信心，以良好的心态，乐观、积极、科学地进行功能锻炼。

二、颈腰椎病患者的心理康复

（一）颈椎病的含义

颈椎病又称颈椎综合征，是以颈椎退行性病理变化为基础的一种疾病。确切地说，颈椎病是颈椎椎间盘、颈椎骨关节、软骨、韧带、肌肉、筋膜等所发生的退行性改变及其继发改变，刺激或压迫了周围的脊髓、神经、血管等组织，由此产生的一系列临床症状和体征的综合症候群。

（二）颈腰椎病病因

颈腰椎病的根本原因是整个脊柱的退行性病变。外在的劳损因素促进了退行性病变的发生。正常椎间盘的髓核含 80% 以上的水分，而椎间盘又没有直接的供血，靠吸收椎体的水分及营养来维持它的功能和弹性。人体随着年龄的增大，以及每天直立时所形成的压力，使椎间隙变窄，韧带松弛，椎体失稳，同时髓核中所含的水分也逐渐减少，组织发生退变，变成瘢痕样组织，或豆腐样块，失去了原有的可流动性，纤维环也可以发生退变，失去原有的弹性，并在反复压迫下逐渐变薄甚至破裂，髓核可由破裂处突出，即椎间盘突出。

颈腰椎病的发病原因多样，病理过程复杂，诸如机体的衰老、慢性劳损、外伤、先天性椎管狭窄、先天性颈椎畸形、不适当的运动等，都是导致颈椎病的发病因素，而在日常生活中，不良的生活习惯、工作姿势不当、睡眠体位欠佳、外力伤害是引发颈椎病的最直接原因，应引起我们足够的重视。

（三）颈腰椎病临床表现

颈椎病临床表现主要有颈肩腰腿疼痛、四肢麻木、头痛头晕、耳鸣耳聋、视物不清等。

（四）颈腰椎病患者心理康复

1. 颈腰椎病患者的主要心理问题 ①恐惧心理。颈腰椎疾病导致的疼痛、麻木及活动受限等躯体障碍会使患者产生疼痛恐惧。②抑郁心理。患者对疾病的发生、发展、转归及预后都缺乏正确的认识，这些均会引起患者严重的不良情绪和心理反应，这些不良的情绪和心理反应会随着时间的推移，形成各种形式的心理障碍，如抑郁症。

2. 颈腰椎病患者心理康复措施 ①进行个性评估。对颈腰椎病患者的紧张、恐惧、焦虑、抑郁及对疾病的认识等方面内容进行个性化评估，找出患者本人的焦虑、抑郁、不良情绪等心理问题，予以个性化指导。②进行心理干预。对颈腰椎病患者的临床康复治疗时，应重视其心理问题以及心理因素对疾病的影响。即除常规治疗外，还应该对其进行积极有效的心理干预，提高颈腰椎疾病患者的依从性和治疗信心，增强患者战胜疾病的信心，缓解患者的紧张、焦虑、抑郁和恐惧等不良心理反应，对心理问题严重的患者，必要时请专科医生进行心理疏导和心理治疗。减轻患者的精神痛苦，使患者以积极乐观的态度对待疾病，提高临床康复治疗效果。③加强心理治疗。心理疏导法：建立良好的医患关系。医生、康复理疗师要对患者热情、真诚、关心、理解、鼓励，耐心倾听并详细解释患者提出的有关目前疾病的各种问题，维护患者的自尊心。认知疗法：关心了解患者的心理需求，认真解答患者的疑问，对治疗的相关知识以及注意事项都给患者细心讲解清楚，给患者讲解颈椎病的相关知识，提高患者的认知，消除恐惧心理，鼓励患者讲解一些临床治疗的成功案例，增强患者对自身价值的正确认识，引导患者积极配合治疗，在康复训练、物理治疗时给予患者多方面的关心帮助及细心周到的治疗，引导患者对预后进行正确认识，树立战胜疾病的信心，提供宽松良好的康复环境，帮助患者树立积极乐观向上的情绪。行为疗法：给予定期的文娱活动以转移其对疾病的注意力，鼓励家庭的支持和积极参与。做好宣教现身说法：请一些已经康复或明显改善的患者现身说法，增强患者康复的信心，解决患者所面对的心理困难与心理障碍，减少焦虑、抑郁、恐慌等精神症状，改善患者的非适应性行为，包括对人、事的看法，从而促进其人格成熟，使患者能以较适当的方式处理心理问题，适应生活。

三、肩周炎患者的心理康复

（一）肩周炎的含义

肩周炎又称肩关节周围炎，俗称凝肩、五十肩。以肩部逐渐产生疼痛，夜间为甚，逐渐加重，肩关节活动功能受限而且日益加重，达到某种程度后逐渐缓解，直至最后完全复原为主要表现的肩关节囊及其周围韧带、肌腱和滑囊的慢性特异性炎症。

（二）肩周炎的病因

1. 肩部原因　①肩周炎是以肩关节疼痛和活动不便为主要症状的常见病症，本病的好发年龄在50岁左右，软组织退行病变，对各种外力的承受能力减弱。②长期过度活动，姿势不良等所产生的慢性致伤力，多见于体力劳动者。③上肢外伤后肩部固定过久，肩周组织继发萎缩、粘连。④肩部急性挫伤、牵拉伤后因治疗不当等，如得不到有效的治疗，有可能严重影响肩关节的功能活动。肩关节可有广泛压痛，并向颈部及肘部放射，还可出现不同程度的三角肌萎缩。

2. 肩外因素　颈椎病，心、肺、胆道疾病发生的肩部牵涉痛，因原发病长期不愈使肩部肌肉持续性痉挛、缺血而形成炎性病灶，转变为真正的肩周炎。

（三）肩周炎的临床表现

1. 肩部疼痛　起初肩部呈阵发性疼痛，多数为慢性发作，以后疼痛逐渐加剧或钝痛，或刀割样痛，且呈持续性，气候变化或劳累后常使疼痛加重，疼痛可向颈项及上肢扩散，当肩部偶然受到碰撞或牵拉时，常可引起撕裂样剧痛，肩痛昼轻夜重为本病的一大特点，若因受寒而致痛者，则对气候变化特别敏感。

2. 肩关节活动受限　肩关节向各方向活动均可受限，以外展、上举、内旋外旋更为明显，随着病情的进展，由于长期废用引起关节囊及肩周软组织的粘连，肌力逐渐下降，加上喙肱韧带固定于缩短的内旋位等因素，使肩关节各方向的主动和被动活动均受限，特别是梳头、穿衣、洗脸、叉腰等动作均难以完成，严重时肘关节功能也可受影响，屈肘时手不能摸到同侧肩部，尤其在手臂后伸时不能完成屈肘动作。

3. 怕冷　患者肩部怕冷，患者多用棉垫包肩，即使在暑天肩部也不敢吹风。

4. 压痛　多数患者在肩关节周围可触到明显的压痛点，压痛点多在肱二头肌长头肌腱沟处、肩峰下滑囊、喙突附着点等处。

5. 肌肉痉挛与萎缩　三角肌等肩周围肌肉早期可出现痉挛，晚期可发生废用性肌萎缩，出现肩峰突起、上举不便、后伸不能等典型症状，疼痛症状反而减轻。

（四）肩周炎患者的心理康复

1. 肩周炎患者的主要心理问题　①急躁心理。很多人得了肩周炎以后，痛得晚上睡不好觉，严重影响了日常工作和生活，恨不得一下子把病治好。为此，患者四处打听最新治疗方法和各种偏方，希望医生像魔术师一样，使他们的病立竿见影般地好转。然而，“一次性治好”的保证不仅不能兑现，反而会造成患者思想的混乱，放弃需要时间和耐心的保守治疗。②抑郁心理。肩周炎给患者带来了活动的不便，加之治疗周期漫长，经济压力大，导致患者情绪低落，痛苦郁闷。③依赖心理。肩周炎使患者活动不便，久而久之，患者本人娇惯自己，总把自己放在患者的位置上，事无巨细，衣来伸手，饭来张口。

2. 肩周炎患者的心理康复措施　①克服焦虑急躁。就目前各种治疗肩周炎的方法来看，只要不错过治疗时机，都可以减轻症状，直至痊愈。②避免懒惰依赖。肩周炎患者肩膀疼痛，活动困难，甚至不能梳头、穿衣、提裤等，确实让人很痛苦，医务人员和家属应给予关怀和理解，但同时要鼓励患者加强日常自我锻炼，告知患者缺乏锻炼会使肩膀的活动范围越来越小，肩膀得不到锻炼，只能使自己越来越痛苦。③减轻心理压力。肩周炎的危害性比较大，同时治疗的周期非常漫长，往往给患者带来巨大的心理压力，导致患者情绪低落，加重病情。医务人员要帮助患者树立治疗信心，减轻心理压力，以更好的心理状态正视疾病、治疗疾病。

四、关节炎患者的心理康复

（一）关节炎的含义

关节炎泛指发生在人体关节及其周围组织，由炎症、感染、退化、创伤或其他因素引起的炎性疾病，可分为数十种。

（二）关节炎的病因

关节炎的病因复杂，主要与炎症、自身免疫反应、感染、代谢紊乱、创伤、退行性病变等因素有关。根据病因可将关节炎分为风湿性、类风湿性、外伤性、骨性及化脓性。

（三）关节炎的临床表现

关节炎的临床表现为关节的红、肿、热、痛，功能障碍及关节畸形，严重者导致关节残疾、影响患者生活质量。

1. 关节疼痛　关节疼痛是关节炎最主要的表现。不同类型的关节炎表现出不同的疼痛特点。

2. 关节肿胀　肿胀是关节炎症的常见表现，也是炎症进展的结果，与关节疼痛的程度不一定相关。

3. 关节功能障碍　关节疼痛及炎症引起的关节周围组织水肿，周围肌肉的保护性痉挛和关节结构被破坏，导致关节活动受限。慢性关节炎患者由于长期关节活动受限，可能导致永久性关节功能丧失。

4. 体征　关节炎的体征也不同，可出现红斑、畸形、软组织肿胀、关节红肿、渗液、骨性肿胀、骨擦音、压痛、肌萎缩或肌无力、关节活动范围受限及神经根受压等体征。

（四）关节炎患者的心理康复

1. 关节炎患者的主要心理问题　①抑郁心理。关节肿痛、关节畸形及功能障碍对患者生活质量造成的不良影响，长期的病痛折磨，使患者痛苦郁闷。②消极心理。关节炎的病程长、康复时间长，疗效不显著，患者往往产生放弃治疗的念头。

2. 关节炎患者的心理康复措施 ①建立良好的医患关系。良好的医患关系是患者心理康复的基础，以便患者能够积极地配合各种治疗。医护人员要根据心理学知识和社会生活经验，与患者进行真诚、热情、和蔼可亲的接触交谈，认真倾听患者的苦恼，全面了解影响患者心理失衡的多种因素，深入观察患者的心理变化，尤其注意患者对待日常生活、对待他人及对待疾病的态度。帮助患者尽快解决心理上的痛苦，耐心地倾听患者倾诉因家庭、疾病、社会、学习造成的心理障碍及对治疗的要求，尽快帮助患者解决各种困难。所有专科医生、理疗医生及护理人员通力合作，恢复患者的身心健康。②重视说明解释工作。医护人员不但要估计关节炎疾病的范围、活动和严重程度，还要看到患者的个性及其对疾病的可能反应。在初次接触患者时，就应该使患者及陪同一起看病的亲友、爱人、子女，对本病有一个较清楚的概念。要以乐观的态度，向患者提出对他们疾病治疗的希望；对于手术患者，必须将手术情况及最终效果据实告诉他们，详细说明，耐心解释，使患者对手术前后的情况有足够的了解，对手术后效果有正确的认识，消除想当然的想法，通过说明解释，增加患者医学方面的知识，使患者在心理上亦得到满意的治疗。针对关节炎患者存在的心理问题，医护人员应结合相关文献资料，编制健康教育手册，指导患者学习关节炎相关知识，并采用问卷调查及提问的方式，帮助患者正确认识负性情绪对自身疾病及康复的影响，使患者改变其负性想法。③指导患者放松训练，采取“一对一”的指导形式，指导患者及其家属学会放松的技巧：让患者取卧位或坐位，做 3 ～ 5 次深呼吸，每次持续 5 ～ 6 秒，随后指导患者进行“收缩 - 放松”训练，每次肌肉收缩 6 ～ 10 秒，放松 20 ～ 35 秒，每天 2 次，每次持续 30 分钟，直至患者全身放松，以缓解关节炎患者的紧张情绪。④家庭鼓励支持干预。要进行家庭干预，鼓励家属多与患者沟通交流，多探望患者，及时了解患者的心理变化，让家属根据患者的心理变化，给予患者更多的鼓励与安慰，采取有针对性的心理支持干预措施，使患者保持良好的心态。⑤安排患者生活多样化。在社会和家庭的支持配合下，医护人员应帮助患者恢复生活信心。从开始就要培养患者对生活积极进取的精神。对过分外向的性格，可以适当地加以抑制；对意志消沉、性格内向的患者，可以适当地加以积极鼓励。安排患者的生活多样化、合理化，鼓励患者参加写作、音乐、集邮、交友等社交活动。在病房中，允许患者适当地走动、在床上打扑克、下象棋等，但应限制一定的时间，不应过度疲劳。组织患者每天收看电视，给患者推荐本专业的书籍阅读，组织患者每天适当地进行四肢活动等，使患者在多样化的活动中缓解情绪、治疗疾病。

残疾人包括肢体、精神、智力或感官有长期损伤的人，这些损伤与各种障碍相互作用，可能阻碍残疾人在与他人平等的基础上充分和切实地参与社会。残疾人的自卑、孤独、敏感、消极、依恋等心理特点是由家庭、社会和个人造成的。残疾人心理康复的措施主要有：帮助患者完成社会角色转换，建立良好的医患关系，树立正确的角色观念，营造和谐的家庭氛围和构建和谐的社会环境。神经系统疾病的心理康复主要有：脑卒中患者的心理康复、颅脑损伤患者的心理康复、脊髓损伤患者的心理康复、周围神经病损患者的心理康复。股骨损伤患者的心理康复主要有：骨折患者的心理康复、颈腰椎病患者的心理康复、肩周炎患者的心理康复、关节炎患者的心理康复。

知识链接

英国著名化学家法拉第年轻时，因工作过分紧张，精神失调，经常头痛失眠，经过了长期药物治疗仍无起色。后来，一位名医对他进行了仔细检查，但却不开药方，临走时只是笑呵呵地说了一句英国俗语："一个小丑进城，胜过一打医生。"便扬长而去。法拉第对这句话细加品味，终于悟出了其中的奥秘。此后，法拉第常常抽空去看滑稽戏、马戏和喜剧，经常高兴得发笑。这样愉快的心境，使他的健康状况大为好转，头痛和失眠都不药而愈。

复习思考

元代的《儒门事亲》一书中，记载了一位贵妇人，她有严重的失眠，历经两年不愈，诸医无策，擅长心理治疗的名医张子和让患者的丈夫"以怒而激之"。于是，丈夫整天花很多的金钱，只顾买酒喝、买肉吃，自得其乐，而对妻子的病情却不闻不问，也不给她买药治病。结果，这位妇人便怒斥丈夫，一气之下，出了一身大汗，当天夜里便感到疲惫不堪，睡得很香，又过了八九天，食欲也好转了。

试分析名医张子和的心理治疗方法。

扫一扫，知答案

主要参考书目

[1] 彭聃龄 . 普通心理学 [M].4 版 . 北京：北京师范大学出版社，2012.

[2] 贺丹军，张宁 . 医学心理学 [M]. 北京：科学出版社，2002.

[3] 李来宏 . 减肥手册 [M]. 北京：新世纪出版社，2007.

[4] 高树中 . 针灸治疗学 [M]. 北京：中国中医药出版社，2013.

[5] 马宝璋 . 中医妇科学 [M]. 北京：中国中医药出版社，2013.

[6] 李冀 . 方剂学 [M]. 北京：中国中医药出版社，2013.

[7] 李灿东 . 中医诊断学 [M]. 北京：中国中医药出版社，2015.

[8] 李季委 . 中医学 [M]. 北京：中国中医药出版社，2015.

[9] 朱红华 . 康复心理学 [M]. 上海：复旦大学出版社 .2009.

[10] 江开达 . 精神病学 [M].2 版 . 北京：人民卫生出版社，2014.

[11] 郝伟，于欣 . 精神病学 [M].7 版 . 北京：人民卫生出版社，2014.

[12] 沈渔邨 . 精神病学 [M].5 版 . 北京：人民卫生出版社，2010.

[13] 朱玉华 . 康复心理学 [M]. 上海：复旦大学出版社，2009.

[14] 孙评，肖曙辉 . 医学心理学 [M].2 版 . 武汉：华中科技大学出版社，2014.

[15] 李静 . 康复心理学 [M]. 北京：人民卫生出版社，2017.

[16] 姚树桥，杨彦春 . 医学心理学 [M].6 版 . 北京：人民卫生出版社，2013.

[17] 马存根，张纪梅 . 医学心理学 [M]. 北京：人民卫生出版社，2014.

[18] 汪勇，杨晓文，马康孝 . 医学心理学 [M].4 版 . 西安：西安交通大学出版社，2013.

[19] 乐国安 . 咨询心理学 [M]. 天津：南开大学出版社，2002.

[20] 樊富抿，王建中 . 当代大学生心理健康教程 [M]. 武汉：武汉大学出版社，2006.

[21] 姜乾金 . 医学心理学 [M].3 版 . 北京：人民卫生出版社，2003.

[22] 施琪嘉 . 心理治疗理论与实践 [M]. 北京：中国医药科技出版社，2006.

[23] 胡佩诚 . 心理治疗 [M].2 版 . 北京：人民卫生出版社，2013.

[24] 侯再金 . 医学心理学 [M].3 版 . 北京：人民卫生出版社，2014.

[25] 朱建军 . 意象对话心理治疗 [M]. 北京：北京医科大学出版社，2006.

[26] 罗伯特 • 费尔德曼，黄希庭译. 心理学和我们 [M]. 北京：人民邮电出版社，2008.

[27] 贺丹军 . 康复心理学 [M]. 北京：华夏出版社，2016.

[28] 张卿华，王文英著 . 画树投射测验 [M]. 苏州：苏州大学出版社，2008.

[29] . 李洪伟，吴迪著 . 心理画——绘画心理分析图典 [M]. 长沙：湖南人民出版社，2010.

[30] 陈侃 . 绘画心理测验与心理分析 [M]. 广州：广东高等教育出版社，2008.

[31] 吉沅洪著 . 图片物语——心理分析的世界 [M]. 上海：华东师范大学出版社，2010.
[32] 马帮敏 . 医学心理学 [M]. 吉林：吉林大学出版社，2015.
[33] 周郁秋 . 康复心理学 [M]. 北京：人民卫生出版社，2013.
[34] 朱熊兆等，健康心理学 [M]. 主译 . 北京：人民卫生出版社；2006.
[35] 龚维义，刘新民 . 发展心理学 [M]. 北京：北京科学技术出版社，2004.
[36] 郭念锋 . 国家职业资格培训教程 [M]. 北京：民族出版社，2015.